Uwe Schnorrenberg
zusammen mit
Gabriele Goebels und Andreas Wickner

PASCAL für Wirtschaftswissenschaftler

Die Strategie der integrierten Produktenentwicklung
von Oliver Steinmetz

Qualitätsoptimierung der Software-Entwicklung
von Georg Erwin Thaller

Modernes Projektmanagement
von Erik Wischnewski

PASCAL für Wirtschaftswissenschaftler
von Uwe Schnorrenberg
zusammen mit Gabriele Goebels und Andreas Wickner

DV-gestützte Produktionsplanung
von Stefan Oeters und Oliver Woitke

Modernes Verkaufsmanagement
von Erik Wischnewski

VerkaufsManager PROSALE
von Erik Wischnewski

Telekommunikation mit dem PC
von Albrecht Darimont

Management von DV-Projekten
von Wolfram Brümmer

Offene Systeme
von Tom Wheeler

Einführung von CSCW-Systemen in Organisationen
von Ulrich Hasenkamp (Hrsg.)

Vieweg

Uwe Schnorrenberg

zusammen mit Gabriele Goebels
und Andreas Wickner

PASCAL
für Wirtschaftswissenschaftler

Eine Einführung mit
betriebswirtschaftlich orientierten Beispielen

Die Deutsche Bibliothek – CIP-Einheitsaufnahme

Schnorrenberg, Uwe:
PASCAL für Wirtschaftswissenschaftler: eine Einführung
mit betriebswirtschaftlich orientierten Beispielen / Uwe
Schnorrenberg zusammen mit Gabriele Goebels und
Andreas Wickner.

ISBN 978-3-528-05396-3   ISBN 978-3-322-91595-5 (eBook)
DOI 10.1007/978-3-322-91595-5
NE: Goebels, Gabriele:; Wickner, Andreas:

Das in diesem Buch enthaltene Programm-Material ist mit keiner Verpflichtung oder Garantie irgendeiner Art verbunden. Die Autoren und der Verlag übernehmen infolgedessen keine Verantwortung und werden keine daraus folgende oder sonstige Haftung übernehmen, die auf irgendeine Art aus der Benutzung dieses Programm-Materials oder Teilen davon entsteht.

Alle Rechte vorbehalten
© Springer Fachmedien Wiesbaden 1994
Ursprünglich erschienen bei Friedr. Vieweg & Sohn Verlagsgesellschaft mbH, Braunschweig/
Wiesbaden, 1994

Gedruckt auf säurefreiem Papier

ISBN 978-3-528-05396-3

Vorwort

Ein didaktisch gut aufbereitetes Buch zu einer Programmiersprache zu schreiben, stellt eine besondere Herausforderung an die Autoren dar. Im Fall der Programmiersprache Pascal gilt es zusätzlich zu prüfen, wieweit hierfür ein weiteres Buch seine Leser finden kann. Immerhin bietet der Markt bereits eine Reihe von Pascal-Lehrbüchern an.

Diese Frage kann durchaus positiv beantwortet werden. Einerseits bestehen für betriebswirtschaftliche Anwendungsbereiche noch deutliche Defizite. Deshalb orientieren sich im vorliegenden Buch die Einführungen in die Teilthemen zu Pascal weitgehend an betriebswirtschaftlichen Beispielen. Umfang und Komplexität dieser Beispiele wurden dem jeweiligen Teilthema angepaßt - von einer kleinen Übung bis hin zu einer umfassenden betriebswirtschaftlichen Praxisfallstudie.

Insoweit richtet sich dieses Lehrbuch an Wirtschaftswissenschaftler und Wirtschaftsinformatiker, an Wirtschaftsingenieure und Systemingenieure, an Verwaltungsorganisatoren und Anwendungsprogrammierer. Studenten und Praktiker können das Buch gleichermaßen für die Tagesarbeit nutzen.

Andererseits bemüht sich diese Ausarbeitung um eine durchgehend einheitliche, systematische Didaktik. Der Rahmen dieses Buches ist so ausgelegt, daß es eine gute Grundlage für den Einstieg in Pascal und die Anwendungen bietet. Die wichtigsten Eigenschaften der Programmiersprache Pascal werden stufenweise, kurz und anschaulich vorgestellt. Die Kombination von erklärendem Text, einheitlich gestalteten Grafiken und abgestimmten Beispielen erleichtert dem Leser das schrittweise Verständnis.

Aus didaktischen Gründen soll ein Grundlagenbuch nicht für alle Aspekte der Programmiersprache Pascal die volle Tiefe ausleuchten. Dennoch bietet dieses Buch aber auch viele nützliche Informationen für bereits fortgeschrittene Pascal-Programmierer. Interessant sind in diesem Zusammenhang die relativ neuen Möglichkeiten von „Turbo Pascal"; es unterstützt vor allem die Modularisierung und Objektorientierung. Das vorliegende Lehrbuch vermittelt diese neuen, wichtigen Techniken der Programmierung zunächst in ihrem Ablauf. Darauf aufbauend demonstriert und interpretiert es praktische Übungsbeispiele in Turbo Pascal.

Vorliegendes Buch konnte in weiten Teilen aus den Unterlagen für einen Pascal-Einführungskurs heraus weiterentwickelt werden. Sie waren für den Fachbereich Wirtschaftswissenschaft der FernUniversität Hagen ausgearbeitet worden. Ferner konnten Lehrtexte und Übungen in mehreren Lehrveranstaltungen erprobt und erweitert werden.

Dieses systematische Lehrbuch kann als gelungene Teamarbeit der drei Autoren unter Leitung von Dr. Schnorrenberg bezeichnet werden. Die intensive Zusammenarbeit in der Gruppe integrierte Anregungen und Entwürfe, Kritik und Verbesserungsvorschläge zu einem didaktischen Ganzen.

Herr cand.oec. *Marco Höhne* setzte die Änderungen der Syntaxdiagramme computer-grafisch um. Diese anschaulichen Syntaxdiagramme bilden die Grundlage für die durchgehende Systematik der Sprachbeschreibung. Dank gilt auch Frau Dipl.-Inform. *Sabine Rassenberg* für die sorgfältige Lektorierung der wesentlichen Kapitel, wodurch eine Reihe von Korrekturen möglich wurde.

Leider schleichen sich in Lehrbücher immer wieder formale oder gar inhaltliche Fehler ein; dies läßt sich faktisch nie ganz verhindern. Damit bleibt ein Buch stets verbesserungsfähig. Die Autoren wären deshalb für Korrekturen und Anregungen seitens der Leser dankbar.

Diesem gelungenen Lehrbuch für Pascal wünsche ich einen breiten und kritischen Leserkreis in Hochschulen und Software-Organisationen, in Wirtschaft und Verwaltung.

Prof.Dr.Dr.h.c. Sebastian Dworatschek
IPMI Institut für Projektmanagement und Wirtschaftsinformatik
Universität Bremen

Bremen, Oktober 1994

Inhaltsverzeichnis

Seite

Abbildungsverzeichnis

Tabellenverzeichnis

Syntaxdiagrammverzeichnis

Seite

Programmverzeichnis

1 Struktur des Buches

Für viele mit dem Computer zu lösende Aufgaben bietet der Markt sogenannte Standard-Software. Nach wie vor sind solche „Fertigprogramme" aber nicht für alle Problemlösungen verfügbar. Häufig gibt es (unternehmens-)individuelle Aufgaben, für die eine *Individualprogrammierung* unumgänglich ist. So sind Schnittstellenprogramme zu erstellen, mit deren Hilfe bestimmte Daten von einem Programm zu einem anderen übergeben werden können. Auch müssen Programme erstellt werden, die aus Ergebnisdaten von Standard-Software Folgeauswertungen vornehmen, z.B. in der Kostenrechnung. Schließlich wünschen Unternehmen Programmentwicklungen für sehr firmenspezifische betriebswirtschaftliche Lösungen, wie Vetriebsprämienerrechnungen oder eine komplette Auftragsbearbeitung. Um solche Sonderanfertigungen von Programmen erstellen und bewerten zu können sind Kenntnisse von Programmiersprachen von besonderer Bedeutung.

Insbesondere sollten auch diejenigen, die solche *Software planen und spezifizieren*, ohne sie selbst zu programmieren, wissen, über welche Möglichkeiten eine Programmiersprache verfügt.

Trotz der steigenden Verbreitung anderer Programmiersprachen, wie C++, eignet sich Pascal nach wie vor besonders gut, um die „Denkweise" des Computers leicht nachvollziehen zu können. Diese Kenntnis hilft maßgeblich, Programme beliebiger Programmiersprachen zu *verstehen* und *selbständig zu erstellen*. Natürlich können auch beliebig große Anwendungen mit Pascal umgesetzt werden. Hat man erst einmal das Prinzip einer gut strukturierten Sprache verstanden, läßt sich dieses Wissen relativ einfach auf das Erlernen einer anderen Sprache, wie etwa C++ oder COBOL übertragen.

In Pascal sind *Elementarstrukturen* der Programmierung, wie Folge-, Auswahl- und Wiederholungsstrukturen, *einfach und verständlich zu formulieren*. Das Prinzip der *strukturierten Programmierung* wird von Pascal hervorragend unterstützt, so daß auch der Anfänger gezwungen wird, systematisch zu programmieren.

In dem vorliegenden Buch liegt der Schwerpunkt auf der Pascal-Implementierung *Turbo Pascal* (© Borland International, Inc.).

Der *Sprachumfang* von *Turbo Pascal* bedeutet in vielen Bereichen eine *erhebliche Erweiterung* des ursprünglich von Wirth konzipierten Pascals. Dadurch können nicht alle Beispiele ohne Probleme in anderen Pascal-Systemen abgebildet werden. Um die möglichen Probleme so gering wie möglich zu halten, basieren die

Beispiele zunächst auf Standard-Pascal. Allerdings werden dann aber auch „Spezialitäten" von Turbo Pascal eingearbeitet.

Die Kapitel des Buches gruppieren sich in drei logischen Bereiche. Die Kapitel 2 bis 4 bieten eine *Einführung in die Programmierung*. Sie beschreiben im wesentlichen den Begriff „Algorithmus". Darüber hinaus vermitteln sie einen Einblick in die Programmspezifikation mit Hilfe von Pseudocode, Programmablaufplänen und Struktogrammen vermittelt. Die Kapitel 5 bis 9 beschreiben die *Pascal-Programm- und -Datenstruktur*, d.h. Vereinbarungen, Anweisungen und Datentypen. Der letzte Bereich (Kapitel 10 und Kapitel 11) behandelt die Technik der *Modularisierung* und der *objektorientierten Software-Entwicklung*. Der Pascal-Standard hat die Modularisierung inzwischen aufgenommen, sieht für die Objektorientierung aber noch keine Möglichkeiten vor. Turbo-Pascal jedoch bietet dafür eine Vielzahl von Erweiterungen. Die Techniken dafür lassen sich somit anschaulich mit Hilfe von Pascal-Programmen darstellen.

Verschiedene *Symbole* links in der *Marginallinie* verbessern der Lesbarkeit des Buches. Folgende Tabelle enthält die Symbolübersicht:

Symbolübersicht

	Historie		Turbo Pascal: Besonderheit
	Falsch		Beachte
	Programm		Programm-fragment
	Vorteil		Nachteil
	Pseudocode		

2 Programme und Algorithmen

Bevor eine Programmiersprache behandelt wird, sollte zunächst geklärt werden, was unter einem „Programm" zu verstehen ist. Wie sich später noch zeigen wird, ist für die Entwicklung eines Programms die Kenntniss sogenannter „Algorithmen" unerläßlich. Hier sollen deshalb zunächst diese beiden Begriffe vorgestellt werden.

2.1 Programme

Programme sind eine, durch Zeichen dargestellte, Folge von Anweisungen (Befehle) zur Lösung eines Problems, z.B. zur computergestützten Verwaltung von Adreßdaten. Diese Befehlsfolgen werden mit Hilfe von Programmiersprachen formuliert. Leider reicht die Kenntnis einer oder mehrerer Programmiersprachen nicht allein aus, um die Befehle in einer sinnvollen Reihenfolge anzugeben — also ein funktionsfähiges Programm zu erstellen.

Besonders wichtig ist die Fähigkeit, Probleme zu erkennen und deren Lösung so weit vorzubereiten, daß die Umsetzung in eine Programmiersprache möglich wird. Dieser Abschnitt bietet einige kurze Aussagen zur Programmentwicklung.

In der Vergangenheit (bis in die 60iger Jahre) wurde ein Programm zur Lösung eines vorgegebenen Problems mehr oder weniger „erfunden". Die „Datenverarbeitungsexperten" waren meist Autodidakten, eine spezielle Ausbildung in der Datenverarbeitung, wie etwa über einen Studiengang Informatik, gab es noch nicht. Sie „bastelten" an ihrem Programm solange, bis es die gewünschten Aufgaben löste. Mit zunehmender Leistungsfähigkeit der Computer wuchs auch die Komplexität der Programme. Die gebastelten Programme wurden größer und dadurch immer anfälliger für Fehler. „Programmabstürze" und falsche Berechnungen kennzeichneten oft die Situation. Eine systematische Software-Entwicklung, später unter dem Namen „Software Engineering" bekannt, wurde notwendig. Dabei rückte die methodische Planung des Programmablaufs und die Strukturierung der zu verarbeitenden Daten in den Vordergrund. Die reine Programmierung mit Hilfe einer Programmiersprache verlor dabei zusehends an Bedeutung. Die Programmierung wurde als eine mehr mechanische Umsetzung des Entwurfs betrachtet.

Als Faustregel gilt: Die Effizienz der Programmierung und die Korrektheit eines Programms steigen proportional mit dem Aufwand für einen systematischen Entwurf.

Software-Life-Cycle Im Rahmen des Software-Engineering kann ein weit verbreitetes Modell zur phasenweisen Software-Entwicklung angegeben werden, der Software-Life-Cycle:

Abb. 2.1:
Software-Life-Cycle

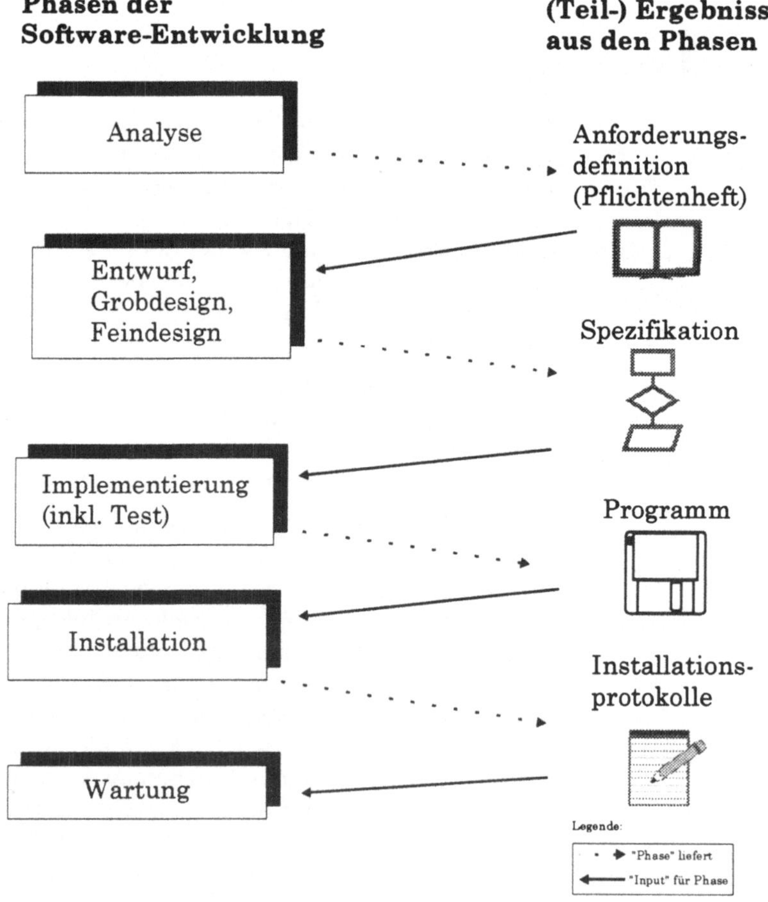

Problemanalyse	Über die Problemanalyse wird die Aufgabe gesamtheitlich, unabhängig von einer späteren Programmierung betrachtet. Im ersten Arbeitsschritt dokumentiert die Problemanalyse den derzeitigen *Istzustand*. Daraufhin gilt es, *Schwachstellen* aufzuzeigen, ohne schon eine mögliche Lösung anzugeben. Die Schwachstellenanalyse liefert *Anforderungen* an ein Datenverarbeitungssystem.
Entwurf	Der Entwurf liefert eine genaue *Spezifikation* des Programms. Heute unterstützen den Entwurfsvorgang eine Vielzahl von unterschiedlichen Methoden. Einige von ihnen werden im folgenden behandelt.
Implementierung	Über die Implementierung soll, aufbauend auf der Spezifikation, das Programm mit minimalem Aufwand mit Hilfe einer oder mehrerer Programmiersprachen realisiert werden.
Test	Liegen Fallbeispiele vor, so wird in der Testphase geprüft, ob das Programm bei bestimmten Eingaben die erwarteten Ausgaben liefert. Neben diesem funktionalen Test auf *Korrektheit* werden u.a. Überprüfungen hinsichtlich der *Robustheit* (etwa in Bezug auf fehlerhafte Eingaben) und *Sicherheit* (beispielsweise die Verhinderung von Datenverlust bei Stromausfall) vorgenommen. Erst wenn das Programm mindestens diese Anforderungen erfüllt, darf es zum Einsatz kommen. Zusätzlich gilt es zu testen, ob alle Ansprüche an die *Benutzungsfreundlichkeit* des Programms befriedigt werden.
Installation	Der Arbeitsschritt Installation bindet das Programm in die Umgebung ein, in der es tatsächlich genutzt werden soll. Nicht selten wird ein Programm auf einem Computer implementiert, der sich von dem Computer unterscheidet, auf dem später das Programm eingesetzt wird. In vielen Fällen sind deshalb Anpassungen am Programm die Folge.
Wartung	Nach der Installation folgt die Wartung des Programms. In dieser Phase gilt es, sowohl Fehler, die erst während des Einsatzes entdeckt werden, zu korrigieren und das Programm zu erweitern.
Lebenszyklus	Nicht selten zeigt erst die Implementierungsphase, daß Fehler in der Spezifikation vorhanden sind oder, daß unerwünschte Ergebnisse geliefert werden. In beiden Fällen muß dann auf die Entwurfs- oder gar die Analysephase zurückgegriffen werden, um dort Korrekturen vorzunehmen. Dieser Phasenablauf („Rückgriffe") auf vorausgehende Phasen bilden den realen *Lebenszyklus* (Software-Life-Cycle) einer Software-Entwicklung.

Moderne Software-Engineering-Methoden durchbrechen die lineare Abfolge der beschriebenen Phasen endgültig zugunsten von Ansätzen, bei denen einige oder alle Phasen parallel oder in stetigem Wechsel durchgeführt werden. Die Vorstellung, daß irgendeine Phase zu einem bestimmten Zeitpunkt endgültig abgeschlossen ist, ist jedenfalls nicht realistisch: „Simultaneous Engineering" entsteht.

Die folgenden Abschnitte befassen sich nur mit den Phasen der Analyse, des Entwurfs und der Implementierung. Die Betrachtung der übrigen Phasen würde hier den Rahmen sprengen.

Das Haupt-Ergebnis im Lebenszyklus ist jedenfalls ein Programm. Die Grundlage eines Programms bildet wiederum ein sogenannter Algorithmus.

2.2 Der Algorithmus

Ein *Algorithmus* beinhaltet eine vollständige und eindeutige Verfahrensvorschrift zur Lösung eines Problems. Die Verfahrensvorschrift muß nach endlich vielen Schritten ein Ergebnis liefern. Wichtig für die Entwicklung eines Computerprogramms ist, daß die Vorschrift präzise formuliert ist und die Reihenfolge der notwendigen Schritte (ggf. auch alternativer Wege) genau festliegt. Sie muß so detailliert sein, daß eine Maschine, z.B. ein Roboter, sie befolgen kann.

Einen Algorithmus, also eine Handlungsvorschrift zu erstellen, scheint zunächst eine einfache Aufgabe zu sein. Jedoch ist man sich bei den meisten Aufgaben ihrer wirklichen Komplexität gar nicht bewußt. Der Handlungsablauf ist einem so geläufig, daß man häufig kaum in der Lage ist, ihn detailliert und präzise zu beschreiben.

Beispiel

Nehmen wir das Beispiel „Telefonieren in einer Telefonzelle". Auf Anhieb würde eine Person diesen Vorgang vielleicht folgendermaßen beschreiben:

```
„Gehe in die Telefonzelle,
 rufe den gewünschten Teilnehmer an,
 verlasse die Telefonzelle".
```

Eine andere Person, der das Telefonieren aus einer Telefonzelle ebenfalls geläufig ist, würde dieser die Anweisung relativ problemlos verstehen.

Etwas schwieriger könnte es schon im Ausland aussehen, wo beispielsweise ein anderer Geldbetrag eingeworfen oder eine Verbindung über das Amt hergestellt werden muß. Vielleicht sind auch die Frei- und Besetztzeichen anders, so daß nicht ohne weiteres erkannt werden kann, ob die Leitung frei oder besetzt ist.

telefonierender Roboter Für eine Maschine, wie einen Roboter, ist es vollkommen unmöglich, aufgrund dieser Kurzbeschreibung auch nur annähernd in einer Telefonzelle zu telefonieren. Für ihn ist keine der Anweisungen präzise genug!

Dazu müßte der Algorithmus „Telefonieren in einer Telefonzelle" detailliert formuliert (*verfeinert*) werden. Vielleicht entstünde folgende, immer noch bei weitem nicht vollständige, Vorschrift:

Gehe in die Telefonzelle

```
Öffne die Tür der Telefonzelle,
betrete die Telefonzelle
```

rufe den gewünschten Teilnehmer an

```
hebe den Telefonhörer ab,
stelle Verbindung her,
wenn Verbindung ok ist
    - wähle die gewünschte Telefonnummer,
    - wenn das Freizeichen ertönt:
        -- warte solange, bis der Teilnehmer sich meldet,
        -- sprich mit dem Teilnehmer,
    sonst
        -- „gib auf"
hänge den Telefonhörer ein
```

verlasse die Telefonzelle

```
öffne die Tür der Telefonzelle,
gehe aus der Telefonzelle."
```

Auch diese Vorschriften lassen sich noch weiter verfeinern:

z.B. die Anweisung „stelle Verbindung her":

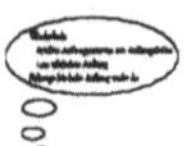

```
Nimm dein Portemonnaie aus der Tasche,
öffne das Portemonnaie,
suche 3 10-Pfennig-Münzen,
Wenn du 3 10-Pfennig-Münzen findest
    - Lege 3 10-Pfennig-Münzen auf den Telefonapparat,
    - Wiederhole
        -- nimm mit der rechten Hand eine Münze
           vom Telefonapparat,
        -- wirf die Münze in den Schlitz des Telefons
        Bis kein Geld mehr auf dem Telefonapparat ist
```

Selbst diese Vorschrift könnte immer noch weiter verfeinert werden: Was ist z.B., wenn eine Münze durchfällt? oder wenn nicht genügend Münzen vorhanden sind, aber vor der Telefonzelle jemand steht, der eventuell Geld wechseln kann? Woher soll der

Roboter wissen, was es bedeutet, mit der rechten Hand eine Münze aufzuheben? Was ist überhaupt eine Münze, ein Telefonapparat, ein Telefonhörer?

Zur Verdeutlichung, wie umfangreich ein Algorithmus für eine ganz alltägliche Angelegenheit sein kann und welche Umsicht bei der Erstellung eines Algorithmus' für ein Computerprogramm notwendig ist, reicht dieser Grad der Verfeinerung. Für einen Roboter, der in einer Telefonzelle telefonieren soll, wäre eine noch viel weitergehende Verfeinerung notwendig!

Nicht nur ein richtiger Algorithmus

Auch wenn ein Algorithmus eindeutig sein muß, gibt es aber nicht nur einen „richtigen" Algorithmus. Eine Aufgabe kann auf unterschiedlichen Wegen gelöst werden. Die Münzen können beispielsweise mit der linken Hand genommen werden oder direkt aus dem Portemonnaie in das Telefon gesteckt werden, ohne daß das Ergebnis (Telefonieren) dadurch verändert wird.

Weitere Beispiele für einen Algorithmus sind z.B. Vorschriften zum Addieren, Subtrahieren, Multiplizieren oder Dividieren von Zahlen. Die gern zitierten Kochrezepte, Spielanleitungen u.ä. sind zwar auch Algorithmen, in den meisten Fällen sind sie jedoch nicht präzise und eindeutig (nicht interpretierbar) genug formuliert, um als Grundlage für ein Computerprogramm dienen zu können.

Im allgemeinen beinhalten alle diese Beispiele für alltägliche Algorithmen *Handlungen,* die mit bestimmten *Objekten* durchgeführt werden müssen. Dementsprechend enthalten Algorithmen Beschreibungen der zu behandelnden Objekten- sogenannte Deklarationen. Den Ablauf der Handlung legen *Anweisungen* fest. Man denke zum Beispiel an den deklarativen „Man nehme"-Teil eines Kochrezeptes sowie den darauf folgenden Anweisungsteil.

Der Anweisungsteil von Algorithmen zeigt häufig eine sehr komplexe Struktur. Bei genauer Untersuchung stellt sich jedoch heraus, daß auch die komplexeste Verarbeitungsvorschrift mit Hilfe von nur vier Elementarstrukturen abgebildet werden kann:

- *Aktion* (Befehl),

- *Folge* (Sequenz),

- *Auswahl* (Selektion) und

- *Wiederholung* (Schleife).

Alle vier Elementarstrukturen kamen bereits in dem Telefonbeispiel vor:

Tab. 2.1:
Elementarstrukturen

	Beispiel	**Beschreibung**
Aktion	„Öffne die Tür der Telefonzelle"	Es handelt sich bei einer Aktion um eine unbedingte (bedingungslose) Anweisung.
Folge	„Gehe in die Telefonzelle, hebe den Telefonhörer ab" ist eine einfache Folge.	Eine Folge besteht aus mindestens zwei Elementarstrukturen, die nacheinander ausgeführt werden. Es ist hierbei unerheblich, ob es sich um gleiche oder unterschiedliche Elementarstrukturen handelt.
Auswahl	„Wenn das Freizeichen ertönt, warte bis der Teilnehmer sich meldet, sprich mit dem Teilnehmer, sonst gib auf"	In Abhängigkeit davon, ob die Bedingung erfüllt ist oder nicht, wird bei einer Auswahl der eine oder andere Ausführungsteil abgearbeitet.
Wiederholung	„Wiederhole: nimm mit der rechten Hand eine Münze vom Telefonapparat, wirf die Münze in den Schlitz des Telefons, bis keine Münze mehr auf dem Telefonapparat ist"	Bei einer Wiederholung wird der Befehl so lange ausgeführt, bis eine Ja/Nein-Bedingung erfüllt ist.

Alle vier Strukturelemente können entweder für sich stehen, Ausführungsteil einer Auswahl oder Wiederholung sein oder Teil einer Folge.

3 Programmentwicklung

Modell zum Problem und zur Problemlösung

Folgenden Abschnitte behandeln hauptsächlich diejenigen Tätigkeiten, die im Rahmen der *Problemanalyse,* dem *Programmentwurf* und der *Implementierung* anfallen. Während der Problemanalyse wird versucht, das Problem zu durchschauen und ein abstraktes Modell des Problembereichs und der Problemlösung zu erstellen. Dieses Modell entsteht zunächst im Kopf des Analytikers, der dann versucht, dieses mit Hilfe geeigneter Notationen und Grafiken zu fixieren. Gegenstand des Programmentwurfs ist danach die „programmgerechte" Umsetzung dieses Modells, die sich auch an den zur Verfügung stehenden Ausdrucksmitteln der verwendeten Programmiersprache orientieren muß. Durch die Implementierung des Modells mittels der gewählten Programmiersprache entsteht schließlich die Software-Lösung.

Abb. 3.1:
Problemanalyse und Programmentwurf

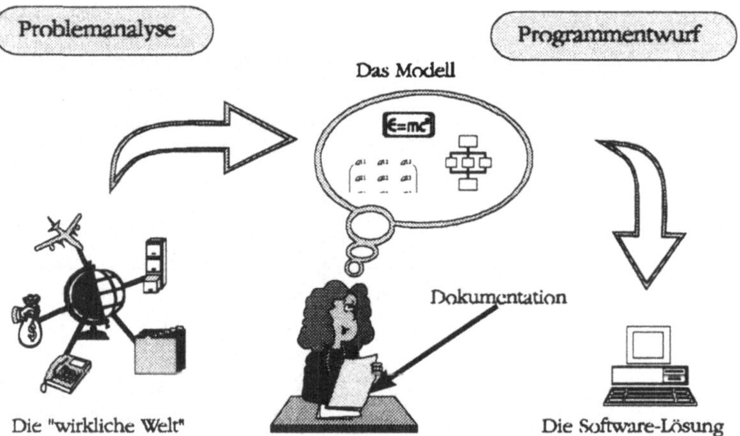

Entscheidend für die Programmentwicklung ist daher die gewählte Form des Problem- und Lösungsmodells. Aufgabe der Programmiersprache ist es, die Umsetzung des Modells möglichst gut zu unterstützen.

In der 'Frühzeit' des Programmierens wurde versucht, für die Problemanalyse ein Modell zu verwenden, welches der Maschinensprachstruktur der Computer ähnelte: Betrachtet wurde fast ausschließlich der Ablauf der Problemlösung, der aus einer Reihe von Ein-/Ausgabeanweisungen und Zuweisungen sowie aus bedingten und unbedingten Sprungbefehlen zu bestehen hatte. Entsprechend orientierten sich auch die aus diesem Modellbegriff resultierenden Programmiersprachen am Programmablauf. Er mußte hauptsächlich oder zumindestens häufig durch den GOTO-Befehl (s. u.a. „PROGRAM schlimmes_GOTO_Beispiel", S. 95) kontrolliert werden (wie bei den frühen BASIC-Dialekten). Das Resultat waren große, monolithische Programme, deren innere Struktur meistens nicht einmal mehr dem ursprünglichen Programmierer verständlich war. Eine Wartung derartiger Programme erwies sich als fast unmöglich.

strukturierte
Programmierung

Eine Abhilfe für diese Probleme versprach die Methode der *strukturierten Programmierung*. Es wird dabei versucht, das Ausgangsproblem schrittweise in einfachere „Unterprobleme" zu zerlegen, bis für jedes entstandene Unterproblem eine einfache algorithmische Lösung gefunden werden kann. Zur Umsetzung dieser Einzellösungen in Programmteile soll nur eine kleine Auswahl von standardisierten Kontrollstrukturen verwendet werden. Sie ersetzen die GOTO-Befehle. Gleichzeitig erlauben die meisten strukturierten Programmiersprachen (zum Beispiel Pascal) auch eine Strukturierung der verwendeten Daten. Die zentrale Idee der strukturierten Programmierung ist jedoch die Strukturierung des Problemlösungsverlaufs.

Letzteres ist auch der Hauptansatzpunkt für Kritik an der strukturierten Programmierung. Einerseits unterschlägt die (einfache) strukturierte Programmierung die Modellierung des Problembereichs, indem sie sich ausschließlich auf die Lösung konzentriert. Andererseits bleibt fraglich, ob eine reine Orientierung an Vorgängen und Abläufen einer Abbildung der „realen Welt" angemessen ist. Insgesamt ist der Modellierungsbegriff der strukturierten Programmierung noch zu weit entfernt vom Problem und zu dicht an den eher primitiven Strukturen des Computers.

Neue
Modellierungsverfahren

Zur Lösung dieser Probleme sind mehrere neue Modellierungsverfahren vorgeschlagen worden. In diesem Kontext sind vor allem die deklarative Programmierung sowie die funktionale Programmierung zu nennen, die auf einem eher mathematischen Modellbegriff basieren. Beide Methoden konnten beachtliche Erfolge erzielen, insbesondere im akademischen Bereich und auf dem Gebiet der sogenannten „Künstlichen Intelligenz". Bei den deklarativen Programmiersprachen wäre PROLOG (**PRO**gramming in **LOG**ic) zu nennen. LISP (**LIS**t

Processing Language) ist der bekannteste Vertreter der funktionalen Sprachen. Die entsprechenden Programmiersprachen unterscheiden sich sehr stark von den strukturierten Programmiersprachen. Sie erfordern somit vom Entwickler ein vollständiges Umdenken, was sicherlich die Akzeptanz dieser Verfahren behindert.

objektorientierte
Programmierung

Im Gegensatz zur funktionalen und deklarativen Programmierung kann die *objektorientierte Programmierung* (ebenfalls ein neues Modellierungsverfahren) als Weiterentwicklung der strukturierten Programmierung betrachtet werden. Um die objektorientierte Methodik durch eine geeignete „Programmiertechnik" zu unterstützen, sind sogar strukturierte Programmiersprachen objektorientiert „aufgerüstet" worden. So entstanden aus der Sprache C die objektorientierte Sprache C++. Für Pascal existiert bis jetzt noch keine entsprechende genormte Erweiterung. Turbo Pascal bietet jedoch ab der Version 6.0 eine vollständige Unterstützung für das objektorientierte Programmieren.

Bevor das 'objektorientierte Pascal' vorgestellt wird, soll zunächst der „klassische" strukturierte Ansatz, sowie danach dessen objektorientierte Erweiterung erläutert werden

3.1 Strukturierte Programmentwicklung

Die schrittweise Entwicklung eines Programms bei gleichzeitiger Verfeinerung seiner Komponenten verspricht große Erfolgsaussichten für die Korrektheit, die Wartbarkeit und die Dokumentierbarkeit eines Programms.

Die Basis der strukturierten Programmentwicklung liefert zum einen der Software-Lebenszyklus und zum anderen einige Methoden, die im Rahmen des Entwicklungsmodels konzipiert und praktisch umgesetzt wurden. Einige dieser Entwicklungsmethoden werden im folgenden kurz vorgestellt. Dabei sind die Methoden gewählt worden, die sich besonders gut eignen, um darauf aufbauend ein Pascal-Programm zu schreiben.

schrittweise Verfeinerung

Die schrittweise Programmentwicklung geht zunächst von einer sehr abstrakten Beschreibung des Programms aus. Anschließend „verfeinert" sie schrittweise die einzelnen Komponenten solange, bis ein konkretes Programm entsteht. Dabei bleibt die Programmentwicklung bis zu einer bestimmten Verfeinerungstiefe unabhängig von einer Programmiersprache.

Oben wurde bereits, ohne näher darauf einzugehen, das Beispiel „Telefonieren" schrittweise verfeinert. Zunächst begann die Beschreibung sehr abstrakt:

```
„Gehe in die Telefonzelle,
rufe den gewünschten Teilnehmer an,
verlasse die Telefonzelle".
```

Im nächsten Schritt wurden diese drei abstrakten „Anweisungen" konkretisiert, verfeinert. So gilt für: „rufe den gewünschten Teilnehmer an" nun:

```
hebe den Telefonhörer ab,
stelle Verbindung her,
wenn Verbindung ok ist
     - wähle die gewünschte Telefonnummer,
     - wenn das Freizeichen ertönt:
         -- warte solange, bis der Teilnehmer sich meldet,
         -- sprich mit dem Teilnehmer,
     sonst
         -- „gib auf"
hänge den Telefonhörer ein
```

Im letzten Schritt erfolgte die Verfeinerung für „stelle Verbindung her":

```
Nimm dein Portemonnaie aus der Tasche,
öffne das Portemonnaie,
suche 3 10-Pfennig-Münzen,
Wenn du 3 10-Pfennig-Münzen findest
     - Lege 3 10-Pfennig-Münzen auf den Telefonapparat,
     - Wiederhole
         -- nimm mit der rechten Hand eine Münze
               vom Telefonapparat,
         -- wirf die Münze in den Schlitz des Telefons
         Bis kein Geld mehr auf dem Telefonapparat ist
```

Hier sind zwar noch keine konkreten, in eine Programmiersprache direkt umsetzbaren Anweisungen beschrieben, aber die entsprechenden Vorarbeiten dafür sind bereits getroffen. Denkbar wäre etwa die Verfeinerung von „nimm mit der rechten Hand eine Münze". Das Ergebnis wären dann konkrete Anweisungen an den „Telefonroboter", wie er denn nun „mit der rechten Hand eine Münze vom Telefonapparat" nehmen soll.

Die schrittweise Verfeinerung sollte unbedingt für jede Programmentwicklung — und sei das Programm noch so klein — angewendet werden. Über sie kann das gesamte Programm in Teilprogramme (Routinen) zerlegt werden. So wird es übersichtlicher, Fehler können leichter vermieden und mögliche Probleme frühzeitig erkannt werden.

Spezifikation

Eine *Spezifikation* ist die detaillierte, formalisierte Vorgabe für das zu erstellende Programm. Sie sollte programmiersprachenunabhängig sein, aber dennoch so detailliert, daß eine Umsetzung in eine Programmiersprache problemlos erfolgen kann.

Die Spezifikation gibt dem „Programmierer" die Struktur und den Ablauf des Programms vor. Sie dokumentiert für die spätere Wartung!

Für die Spezifikationsphase wurde eine Vielzahl von Methoden entwickelt. Sie unterscheiden sich im wesentlichen in der Darstellungsart. Im folgenden werden nur Entwurfsmethoden vorgestellt, die eine schrittweise Verfeinerung unterstützen.

Der Pseudocode

Eine besonders schnell zu erlernende und leicht anzuwendende Spezifikationsmethode bildet der sogenannte Pseudocode. Über ihn wird weitgehend umgangssprachlich der Programmablauf beschrieben.

Die Elementarstrukturen der Programmabläufe (Aktion, Auswahl, Wiederholung und Folge) können über den Pseudocode beliebig formuliert werden − die Formulierung sollte lediglich innerhalb eines Programmentwurfs einheitlich sein. So könnte der Pseudocode einer Auswahl etwa lauten „Wenn ... sonst ...":

```
Wenn das Freizeichen ertönt:
    -- warte solange, bis der Teilnehmer sich meldet,
    -- sprich mit dem Teilnehmer,
Sonst
    -- „gib auf"
```

Der Pseudocode einer Wiederholung könnte mit „Wiederhole ... bis..." angegeben werden:

```
Wiederhole
    -- nimm mit der rechten Hand eine Münze
        vom Telefonapparat,
    -- wirf die Münze in den Schlitz des Telefons
    Bis keine Münze mehr auf dem Telefonapparat ist
```

Eine modifizierte Anweisung ist: „Solange ... tue ...".

 Pseudocode

Der Pseudocode ist schnell und einfach anzuwenden. Das Prinzip der schrittweisen Verfeinerung ist gut durchzuführen, so daß die Spezifikation leicht nachvollziehbar ist.

 Pseudocode

Für die Form des Pseudocodes gibt es keine Regeln. Dies verführt dazu, ein Programm schon früh sehr detailliert, ohne

Angabe der notwendigen Abstraktionsebenen, zu spezifizieren. Dadurch kann leicht die Übersicht verloren gehen.

Der Programm-ablaufplan

Programmablaufpläne (PAP) sind eine besonders verbreitete *Darstellungsmethode zur Programmspezifikation.* Über sie wird der Programmablauf graphisch dargestellt. PAPs bilden mit Hilfe weniger Symbole die unterschiedlichen Elementarstrukturen der Algorithmen ab. Die Verbindungen zwischen den einzelnen Symbolen, die über Linien dargestellt werden (Kanten), markieren den Programmablauf.

DIN 66001 definiert die Symbole der Programmablaufpläne:

Abb.3.2:
Symbole der Programmablaufpläne

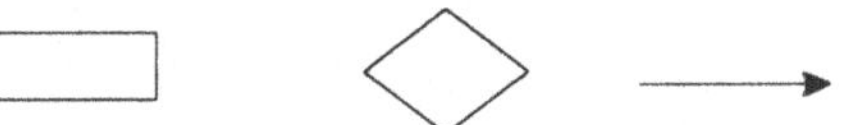

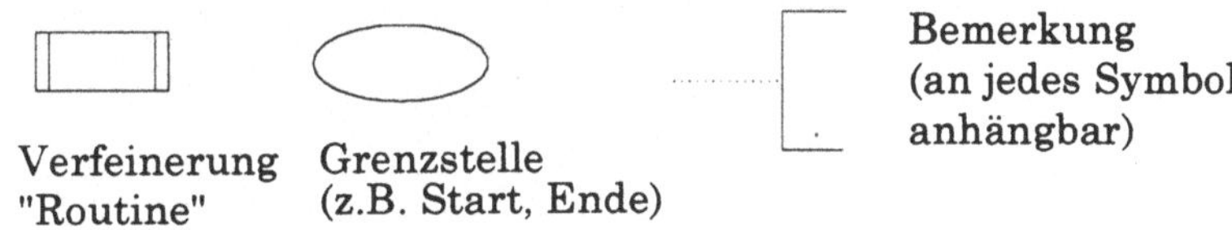

Ein PAP für das „Telefonieren" könnte etwa wie folgt aussehen:

Abb.3.3:
Beispiel eines Programmablaufplans

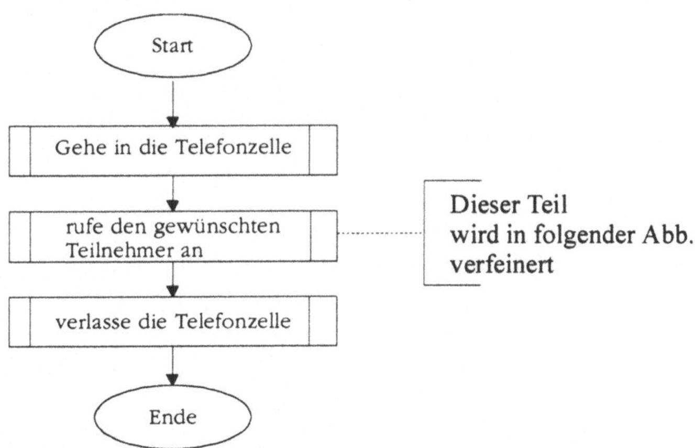

Schrittweise Verfei-nerung über PAP

Das Beispiel nutzt das Symbol zur schrittweisen Verfeinerung. Über dieses Symbol können Routinen spezifiziert werden. Der Text im „Routinen-Symbol" bezeichnet ein weiteres Diagramm, in dem die weitere Verfeinerung des Programms spezifiziert wird. Natürlich kann die Routine ihrerseits wieder Routinen benutzen, so daß beliebig viele Schachtelungen von Routinen beschrieben werden können:

Abb.3.4:
PAP: stelle die Verbindung her

Abb.3.5:
PAP: rufe den gewünschten Teilnehmer an

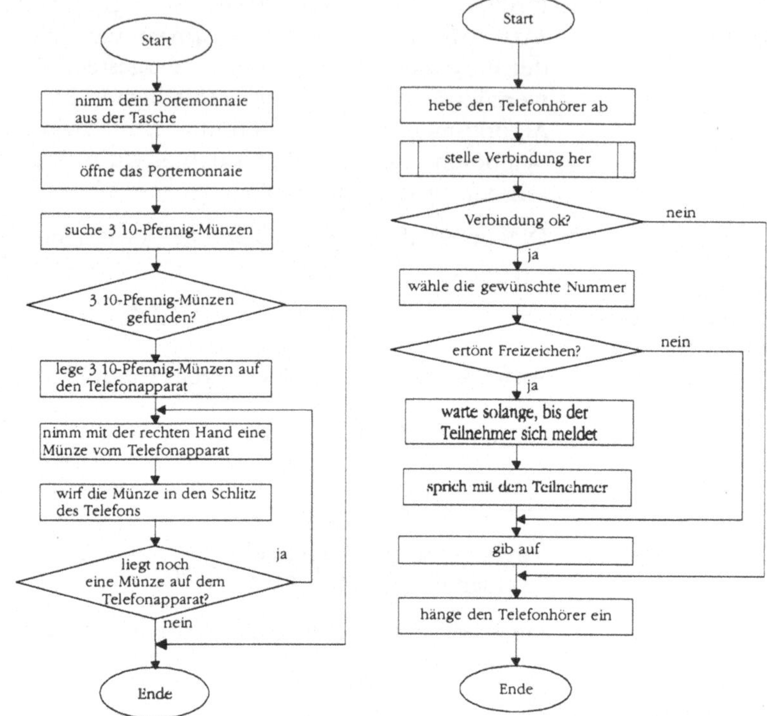

 PAP

Über PAP können sehr schnell Programme spezifiziert und die Spezifikation besonders leicht verändert werden. Der Programmablauf wird ohne die Verwendung eines schwer verständlichen Formalismus transparent. So können auch DV-Laien leicht die Struktur eines Programms verstehen.

 PAP

PAP können nicht unbedingt problemlos in eine Programmiersprache umgesetzt werden. So erfordert folgender Ablaufplan eine (unstrukturierte) GOTO-Anweisung.

Abb. 3.6:
GOTO-Anweisung

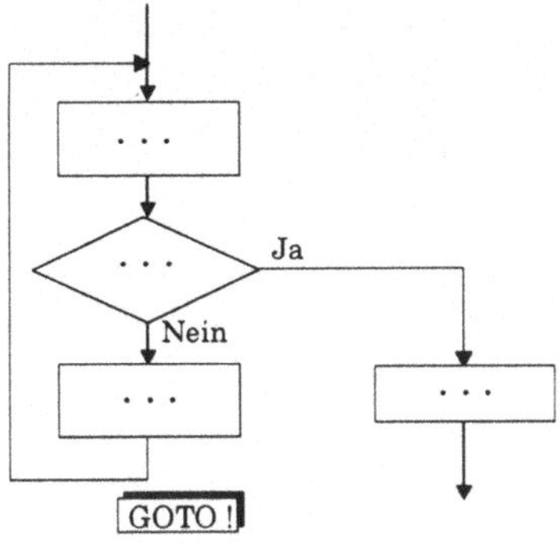

Das Struktogramm

Die Struktogramme wurden von Nassi und Shneiderman zur Programmentwicklung konzipiert. Sie werden deshalb häufig auch als *Nassi-Shneiderman-Diagramme* bezeichnet. Ebenso wie die PAP beschreiben die Struktogramme alle Elementarstrukturen (s. Abschnitt. „2.2 Der Algorithmus"). Allerdings wird der Programmablauf nicht wie bei den PAP als Graph dargestellt. Die einzelnen Elementarstrukturen werden als logische Blöcke visualisiert. Folgende Symbole können angegeben werden:

Abb.3.7:
Symbole der
Struktogramme

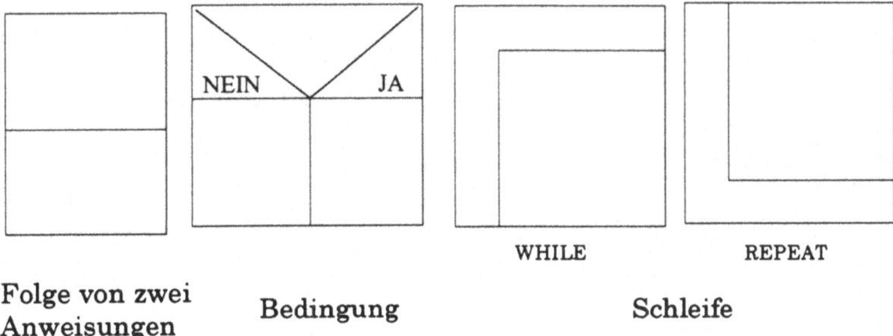

Auf das Telefon-Beispiel wurden die Struktogramme angewandt:

Abb.3.8:
Beispiel eines
Struktogramms

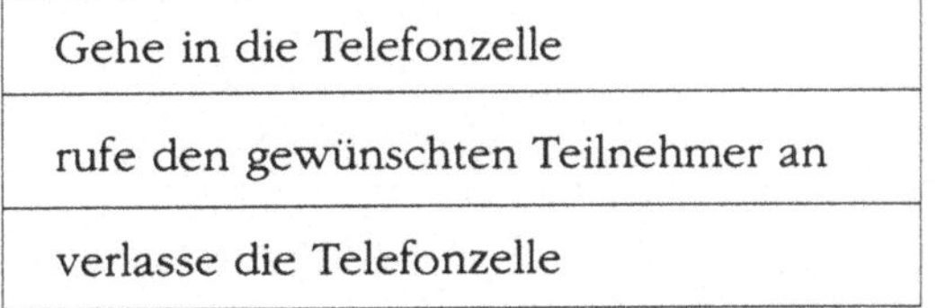

Auch hier ist wieder die Verfeinerung möglich, z.B für die zweite Anweisung:

Abb.3.9:
Struktogramm: rufe den gewünschten Teilnehmer an

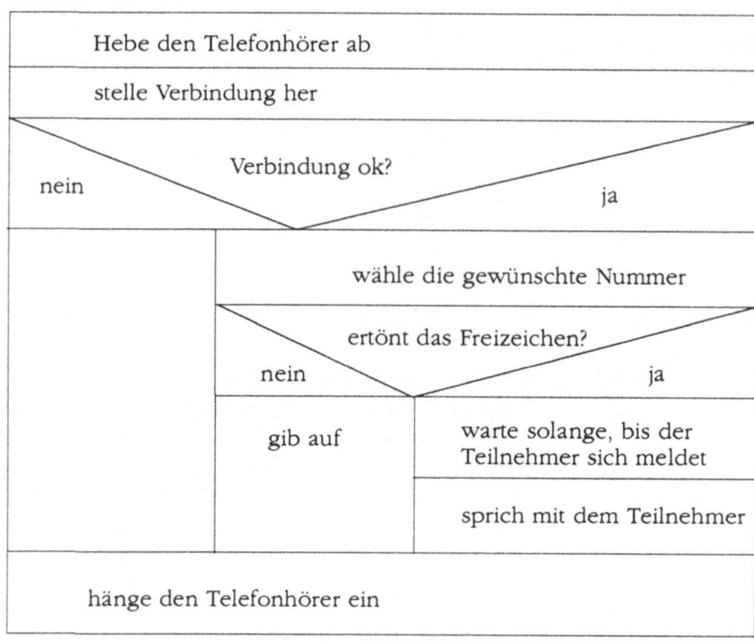

Mit der Verfeinerung für „stelle Verbindung her":

Abb.3.10:
Struktogramm: stelle die Verbindung her

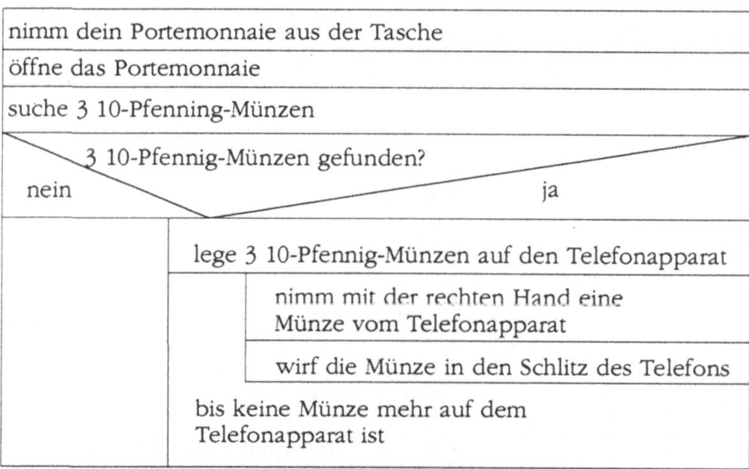

Die Logik des Programms wird deutlicher als bei den PAP. Eine Spezifikation von unbedingten Sprüngen ist ausgeschlossen, so daß der strukturierte Programmentwurf garantiert wird.

Da die Struktogramme mehr die Programmlogik als den eigentlichen Programmablauf verdeutlichen, haben Anfänger Verständ-

Struktogramme

nisprobleme, Struktogramme zu erarbeiten oder durchzugehen. Einem DV-Laien dürfte es leichter fallen, einen PAP zu erstellen als ein Struktogramm.

Ferner ist der Aufwand, Struktogramme zu erstellen und insbesondere zu ändern, erheblich höher als der für PAP. Nachträglich erforderliche Änderungen am Programm werden häufig nicht im Diagramm integriert: Verständlich, weil teilweise alle Diagramme überarbeitet werden müßten. Bereits verfügbare Software-Tools könnten weiterhelfen, da mit ihnen sowohl PAP als auch Struktogramme erheblich einfacher und änderbarer erstellt werden können.

3.2

Objekte in der Umwelt

Objektorientierte Programmentwicklung

Die objektorientierte Methode beruht auf der Überzeugung, daß das Geschehen auf der Welt, mit der wir uns konfrontiert sehen, nicht aus hierarchisch strukturierten Prozessen besteht. Vielmehr wird es geprägt von Objekten, die bestimmte *Attribute* besitzen, ein bestimmtes *Verhalten* zeigen und mit denen wir auf bestimmte Weise *interagieren* können. Zum Beispiel besitzt das Objekt „Telefon" unter anderem das Attribut „Farbe". Es zeigt ein bestimmtes Verhalten, indem es von Zeit zu Zeit klingelt. Außerdem ermöglicht es verschiedene Interaktionen, wie zum Beispiel „Hörer abnehmen" und „Nummer wählen". Der erste Schritt in einer objektorientierten Analyse besteht darin, in der Problemstellung die beteiligten Objekte aufzuspüren.

Auch an dieser Stelle kann das bereits behandelte Beispiel *Telefonieren* zur Demonstration verwenden. Es zeigte, wie eine erste Beschreibung des gewünschten Vorgangs („Gehe in die Telefonzelle. Rufe den gewünschten Teilnehmer an und verlasse die Telefonzelle.") Schritt für Schritt verfeinert werden kann, um schließlich zu einer detaillierten Anweisungsfolge zu gelangen, die (irgendwann) exakt genug für den „Telefon-Roboter" ist. Bei der strukturierten Programmentwicklung wird im ersten Ansatz bewußt die Tatsache vernachlässigt, daß unser Roboter wenig mit dieser Beschreibung anfangen kann. Wenn er nicht bereits „weiß", was die Begriffe `Telefonzelle`, `Telefonapparat`, `Telefonhörer` usw. bedeuten, wird ihm auch die detaillierteste strukturierte Anweisungsfolge nichts über die beteiligten Datenstrukturen sagen. Werden diese erst nachträglich und sozusagen

„nebenbei" definiert, entstehen – insbesondere bei größeren Projekten – schnell Probleme.

Identifizierung der Objekte

Die objektorientierte Methode versucht deshalb zunächst, alle Objekte zu identifizieren, mit denen der Telefon-Roboter konfrontiert wird. Erste Anhaltspunkte liefern dabei die *in der Problembeschreibung verwendeten Substantive*, die dann zum Beispiel in der folgenden Form graphisch dargestellt werden können:

Abb.3.11:
Objekte im Telefonbeispiel

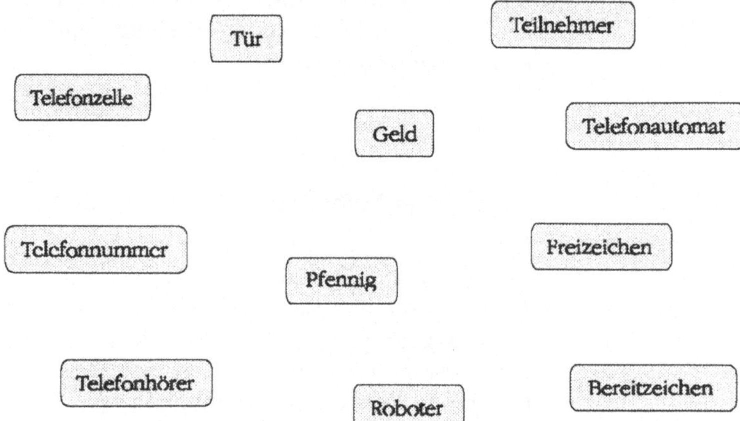

Nicht alle Substantive einer verbalen Beschreibung müssen in eine solche „vorläufige Objektübersicht" aufgenommen werden. So tauchte im Telefon-Beispiel der Begriff Gespräch auf. Er wurde allerdings nicht in die obige Grafik aufgenommen, da das Programm nur alle Vorgänge bis zum Zustandekommen des Gesprächs modellieren soll.

Im nächsten Schritt werden erste Beziehungen zwischen den Objekten festgehalten, und zwar in Form von *hat-Beziehungen* und *ist-Beziehungen*. Daraus entsteht eine Objektstruktur des betrachteten Problembereichs.

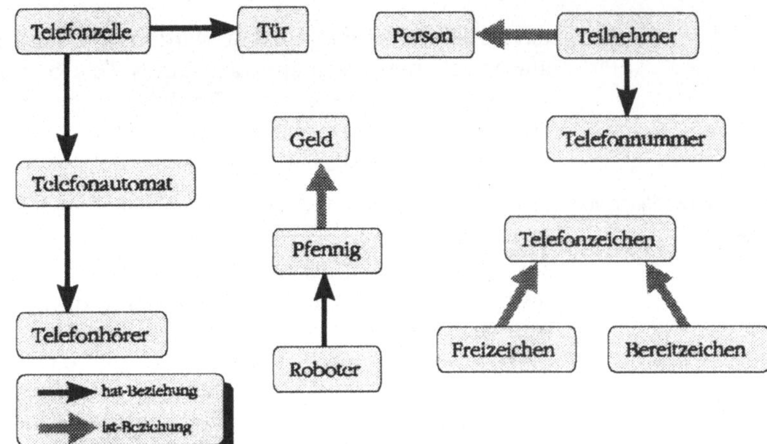

Abb.3.12:
Objektstruktur im
Telefonbeispiel

hat-Beziehung

Die Grafik zeigt die *hat-Beziehung* als dünnen Pfeil. Sie wird verwendet, wenn ein *Objekt Bestandteil oder Attribut eines anderen Objekts* ist. So sind die `Tür` und der `Telefonautomat` Bestandteile der `Telefonzelle`, während der `Telefonhörer` wiederum Bestandteil des `Telefonautomats` ist. Die `Telefonnummer` ist ein Attribut des `Teilnehmers`. Der Pfeil zwischen `Roboter` und `Pfennig` macht deutlich, daß die hat-Beziehung nicht als strikte Eins-zu-Eins-Beziehung verstanden wird, denn unser Roboter sollte für ein Telefongespräch über mehr als einen `Pfennig` verfügen können[1].

ist-Beziehung

Eine *ist-Beziehung* wurde durch breitere Pfeile gekennzeichnet. Sie besagt, daß ein *Objekt als Oberbegriff eines anderen Objekts* verstanden werden kann. Ein `Pfennig` gehört auch zur Objektklasse `Geld`. Für den Roboter ist dies eine wichtige Information. Die Beschreibung im ersten Kapitel fordert ihn auf, 10-Pfennig-Münzen in den Automaten einzuwerfen, bis kein Geld mehr auf dem Telefonapparat ist.

Zusammenfassen von Gemeinsamkeiten

Bei den Objekten `Freizeichen` und `Bereitzeichen` fällt auf, daß viele Gemeinsamkeiten existieren. Es wurde daher beschlossen, ein neues Objekt `Telefonzeichen` einzuführen. Es macht diese Beziehung deutlich, indem beide Objekte nun „eine Art von Telefonzeichen" sind. Dieses *Zusammenfassen von Gemeinsamkeiten in einem neuen Oberbegriff* ist typisch für den objektorientierten Entwurf. Viele Aussagen, die im weiteren Verlauf über

---

[1]. Die hier benutzte graphische Darstellungsform verdeutlicht nur das grundsätzliche Prinzip. In der Literatur sind verschiedene Darstellungsformen vorgestellt worden, die eine wesentlich detailliertere Darstellung ermöglichen, vgl. zum Beispiel P. Coad und E. Yourdon.

ein Telefonzeichen gemacht werden, müssen nun nicht mehr für alle möglichen Ausprägungen eines Telefonzeichens wiederholt werden. Auch die spätere Berücksichtigung neuer Telefonzeichen (z.B. `Besetztzeichen`, `Kein Anschluß unter dieser Nummer` etc.) wird vereinfacht.

Wiederverwendung von Objekten

Für das Objekt `Teilnehmer` fiel dem Entwickler auf, daß er bereits in einem früheren Software-Entwicklungsprojekt ein Objekt `Person` entwickelt hat. Es wies unter anderem auch ein Telefonnummernattribut auf. Dieses Objekt kann nun verwendet werden, um das Objekt `Teilnehmer` zu realisieren. Auch diese *Wiederverwendung von Objekten* ist ein wichtiges Element der objektorientierten Programmierung. Es ist jedoch auch notwendig, diese *Wiederverwendung vorausschauend zu ermöglichen*, in dem bereits in der Entwurfsphase auf die Wiederverwendbarkeit von Objekten geachtet wird. Es wäre zum Beispiel auf jeden Fall sinnvoll gewesen, das Objekt `Teilnehmer` auf eine `Person` zurückzuführen, auch wenn ein solches Objekt noch nicht in der zur Verfügung stehenden Bibliothek von Objekten (*Objektbibliothek*) vorhanden ist, denn ein mögliches späteres Software-Entwicklungsprojekt wird wahrscheinlich eher eine `Person` als einen `Teilnehmer` benötigen.

Eigenschaften von Objekten

Als nächstes werden die benötigten *Eigenschaften* der einzelnen Objekte festgehalten. Diese lassen sich in *Anfragen* und *Aktionen* unterteilen: An eine Tür läßt sich beispielsweise die *Anfrage* richten, ob sie `offen` oder `geschlossen` ist. Mögliche *Aktionen* sind das `Öffnen` der Tür (sofern diese geschlossen ist) sowie das `Schließen` der Tür (sofern diese geöffnet ist). Es ist sinnvoll, die *Liste der Anfragen und Aktionen* schriftlich festzuhalten, denn diese *erste Schnittstellenspezifikation* bildet einen wichtigen Teil der Projekt-Dokumentation. Solche Listen können auch noch von einem eventuell beteiligten Auftraggeber beurteilt und gegebenenfalls korrigiert werden – eine solche Beurteilung setzt allerdings ein gewisses Maß an methodischen Grundkenntnissen voraus.

In diesem Buch werden die Schnittstellenspezifikationen wie folgt dargestellt:

Abb. 3.13:
Darstellung von
Objekteigenschaften

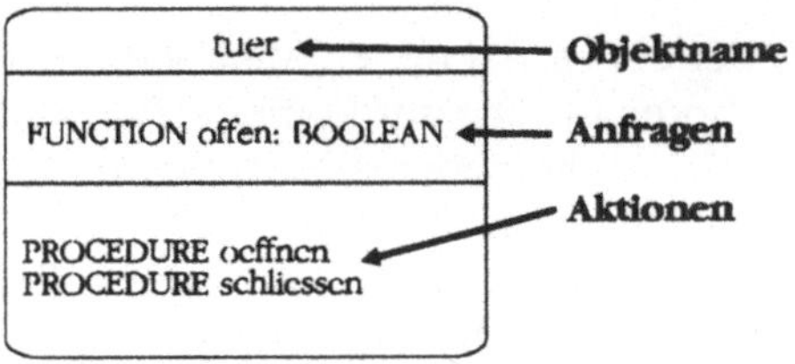

Beziehungen zwischen
Objekten

Nach der Untersuchung der Objekteigenschaften sollten nochmals die Beziehungen der Objekte untereinander überarbeitet werden. Eventuell sind an einigen Stellen *gemeinsame Eigenschaften* aufgetaucht, die es sinnvoll machen, *neue Oberbegriffs-Objekte* zu bilden. Es kann auch sein, daß ein Objekt derart *mit Eigenschaften „überladen"* ist, daß geprüft werden muß, ob es nicht *in mehrere Objekte zerlegt* werden sollte. Zwischen den Schritten der Modellierung der Objektstruktur und denen der Objekteigenschaften muß ggf. einige Male hin- und hergewechselt werden, bis ein befriedigendes Gesamtbild entsteht. Erst am Ende dieser Phase ist die Problemanalyse abgeschlossen; der Programmentwurf kann beginnen.

3.3

Strukturiert oder objektorientiert?

An dieser Stelle wird sich der Leser möglicherweise fragen, ob die objektorientierte Vorgehensweise nicht ungleich komplizierter ist als die in Abschnitt „3.1 Strukturierte Programmentwicklung" geschilderte. Es ist aber sicherlich nicht verwunderlich, daß eine Methode, die das strukturierte Programmieren mit beinhaltet, auch etwas *umfangreicher* ist. Zu bezweifeln ist jedoch, ob sie gleichzeitig auch *schwieriger* ist. Der Umgang mit Objekten und ihren Eigenschaften scheint nämlich vielen Menschen natürlicher vorzukommen als der mit einer hierarchischen Ablaufstruktur. Gleichzeitig wird die etwas größere Mühe mit Unterlagen für die Projekt-Dokumentation belohnt. Außerdem entsteht — wie die späteren Ausführungen zeigen werden — ein leichter zu pflegendes Programm. Insgesamt liegen bisher noch keine gesicherten Erfahrungen darüber vor, ob eine objektorientierte Programmentwicklung insgesamt länger dauert als eine rein strukturierte.

Eine andere berechtigte Frage ist, wo denn nun eigentlich in der oben vorgestellten Methode der Vorgang des Telefonierens beschrieben wird. Genauso berechtigt ist allerdings auch die

Frage, wo bei der strukturierten Methode beschrieben wird, was ein Telefonhörer ist. Die strukturierte Programmierung gibt auf diese Frage keine befriedigende Antwort. Die objektorientierte Methode dagegen kann die Frage nach den „Vorgängen" beantworten: `Telefonieren` ist eine *Aktion* des Objekts `Roboter` und wird durch die Durchführung anderer Aktionen des `Roboters` und anderer Objekte beschrieben; dabei werden die Methoden der strukturierten Programmierung benutzt. Der Algorithmus für diese Aktion kann dem mittels der strukturierten Methode skizzierten sogar ziemlich ähnlich sein. Er baut jedoch bereits auf relativ konkret spezifizierten Aktionen anderer Objekte auf. Die strukturierte Methode wird also nicht verworfen, sondern erst dann eingesetzt, wenn durch die übergeordnete objektorientierte Methode das Gesamtproblem in Teilprobleme zerlegt worden ist. Sie entsprechen der Problemstruktur besser als dies normalerweise durch alleinige Anwendung des strukturierten Programmierens erreicht werden kann. Das Resultat dieser Zerlegung ist eine Beschreibung von Objekten, die in Beziehung zueinander stehen. Die Aktionen dieser Objekte können strukturiert programmiert werden.

Abb.3.14:
Objektorientiert und
strukturiert

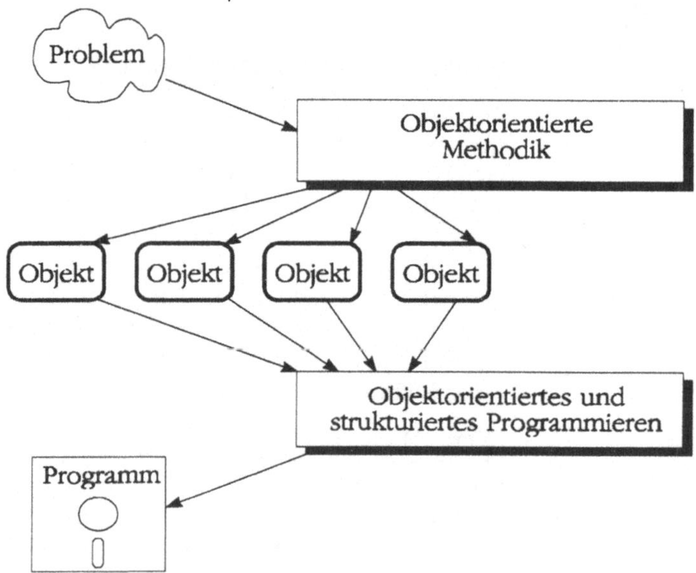

4 Elemente der Programmiersprache Pascal

Dieser Abschnitt behandelt nach einer kurzen Einführung die Grundelemente der Programmiersprache Pascal.

4.1 Programm und Programmiersprache

Programm und
Algorithmus

Ein *Programm* ist die Darstellung eines *Algorithmus* in einer für den Computer verständlichen Sprache. Mit Hilfe des Programms arbeitet der Computer Befehle in einer bestimmten Reihenfolge ab:

kleines Pascal-
Programm

```
PROGRAM mehrwertsteuer;
VAR nettoPreis, bruttoPreis: REAL;
BEGIN
  Read (nettoPreis);
  bruttoPreis := nettoPreis * 1.15;
  Writeln (bruttoPreis)
END.
```

Die zwischen den Schlüsselwörtern BEGIN und END stehenden Anweisungen werden nacheinander (sequentiell) abgearbeitet. Die ersten beiden Zeilen dienen bestimmten Vereinbarungen, die mit dem Programmablauf nicht in direktem Zusammenhang stehen.

Übersetzer/ Compiler

Die einfachste, für den Computer verständliche Form der Befehle, ist der binäre *Maschinencode*. Er liefert eine Folge von Nullen und Einsen. Im Gegensatz zum Computer, können die Menschen relativ schlecht mit dem Maschinencode umgehen – sie denken in *Symbolen*, also in Wörtern und Sätzen. Daraus folgt, daß es *Übersetzungsmechanismen* geben muß, die Symbole in binären Maschinencode umwandeln. Diese Umwandlungen werden von *Compilern* (auch: Übersetzer) vorgenommen. Ein Compiler übersetzt die Symbole einer bestimmten Programmiersprache in Maschinencode.

Programmiersprache

Voraussetzung für eine korrekte Übersetzung ist, daß die Symbole nach bestimmten Regeln strukturiert wurden. Die Regeln dafür werden durch eine sogenannte *Programmiersprache* festgelegt.

<table>
<tr><td>Syntax</td><td>

Ebenso, wie für eine „natürliche" Sprache (etwa Deutsch, Englisch usw.), existiert auch für eine Programmiersprache eine *Grammatik*: die *Syntax* der Sprache. Eine solche Grammatik legt fest, welche „Sätze" einer Sprache „wohlgeformt", also syntaktisch korrekt sind. Syntaktische Elemente aus obigem Beispiel sind z.B. die Spezialsymbole und Befehle „;", „.", „:=", `PROGRAM`, `VAR`, `REAL`, `BEGIN`, `Read`, `Writeln` und `END`. Zu der Syntax zählt aber auch, wie das Programm aufgebaut ist: zuerst das Wort `PROGRAM`, gefolgt von einem Namen, dann (wenn erforderlich) das Wort `VAR` gefolgt von (beliebigen) Namen, dann das Wort `BEGIN` usw.

</td></tr>
</table>

Syntax

Ebenso, wie für eine „natürliche" Sprache (etwa Deutsch, Englisch usw.), existiert auch für eine Programmiersprache eine *Grammatik*: die *Syntax* der Sprache. Eine solche Grammatik legt fest, welche „Sätze" einer Sprache „wohlgeformt", also syntaktisch korrekt sind. Syntaktische Elemente aus obigem Beispiel sind z.B. die Spezialsymbole und Befehle „;", „.", „:=", `PROGRAM`, `VAR`, `REAL`, `BEGIN`, `Read`, `Writeln` und `END`. Zu der Syntax zählt aber auch, wie das Programm aufgebaut ist: zuerst das Wort `PROGRAM`, gefolgt von einem Namen, dann (wenn erforderlich) das Wort `VAR` gefolgt von (beliebigen) Namen, dann das Wort `BEGIN` usw.

Semantik

Neben der Syntax existiert natürlich auch eine *Semantik*, die besagt, was einzelne Symbole der Sprache und die daraus gebildeten Sprachfragmente bedeuten. So bedeutet das Symbol `VAR`, daß im weiteren Programmtext *Variablen* vereinbart werden können, die später im Programm benutzbar sind, oder das Symbol „*" (zwischen `netto` und `1.15`) bedeutet, daß die beiden Operanden multipliziert werden sollen usw.

Syntaxfehler

Im Gegensatz zur Umgangssprache muß die Grammatik der Programmiersprache vom Programmierer akribisch eingehalten werden, damit der Computer das Programm verstehen kann. Jeder kleine Fehler wird vom Compiler sofort aufgespürt und eine Übersetzung in den Maschinencode wird unmöglich. Ein Syntaxfehler wird vom Compiler z.B. angezeigt, wenn

- ein Semikolon weggelassen wurde,

- das Wort `PROGRAM` mit zwei „M" (=PROGRAMM) geschrieben wurde,

- 1,15 statt 1.15 (in Pascal Punkt als Dezimalzeichen!) geschrieben wurde,

- hinter `VAR` der Name `nettoPreis` nicht angegeben wurde (dieser ist dann im Programm nicht bekannt).

Semantische Fehler

Die meisten semantischen Fehler hingegen kann der Compiler nicht entdecken, z.B., wenn der Programmierer `bruttoPreis := nettoPreis + 1.15` anstelle von `bruttoPreis := nettoPreis * 1.15` schreibt.

Einige semantische Fehler werden vom Programmanwender erkannt: z.B. ein nicht endendes Programm (`REPEAT i:=5 UNTIL i=99`) oder evtl. auch eine falsche Berechnung. Manche Fehler (Laufzeitfehler) werden vom Laufzeitsystem (im weitesten Sinne das Betriebssystem) erkannt: z.B. eine Division durch Null (bruttoPreis := nettoPreis / 0) oder eine fehlende Datei, auf die vom Programm zugegriffen werden soll.

Programmiersprachen im Vergleich

Wie Menschen verschiedener Nationen unterschiedliche Sprachen verwenden, so gibt es auch eine Vielzahl von Programmiersprachen. Diese unterscheiden sich in der Verbreitung, im Umfang, in der Leistungsfähigkeit und Effizienz. Verschiedene Programmiersprachen eignen sich unterschiedlich gut für bestimmte Problemlösungen.

COBOL

So ist die Programmiersprache *COBOL* (**CO**mmon **B**usiness **O**riented **L**anguage) besonders für die Programmierung von Ein-/Ausgabe-orientierten Aufgaben *kaufmännisch-betriebswirtschaftlicher Probleme* geeignet.

FORTRAN

FORTRAN (**FOR**mula **TRAN**slation) hingegen eignet sich gut zur Programmierung von *technisch-mathematischen Problemen.* FORTRAN unterstützt im Vergleich zu COBOL weit mehr mathematische Funktionen.

Pascal

Im Gegensatz zu den mehr problemspezifischen Sprachen wie COBOL und FORTRAN kann *Pascal* für die Lösung *allgemeiner Probleme* verwendet werden. So sind sowohl kaufmännische als auch mathematische Probleme zu lösen. Der Haupteinsatz von Pascal findet im *wissenschaftlichen Bereich* statt. Diese Sprache eignet sich außerdem besonders gut, um die Grundlagen der *Programmierung systematisch* zu *erlernen.*

C

Die Programmiersprache *C* wurde in den frühen 70er Jahren entwickelt, unter anderem um das Betriebssystem UNIX zu programmieren. Dank des enormen kommerziellen Erfolgs entwickelte sich C von einer „Sprache für die maschinennahe Programmierung" zu dem heutigen modernen ANSI-C, welches in vielerlei Hinsicht durchaus mit Pascal zu vergleichen ist. C gilt jedoch aufgrund seiner knappen Syntax als schwerer zu lesen und zu erlernen als Pascal.

C++

C++ ist zum gegenwärtigen Zeitpunkt der am weitesten verbreitete Vertreter der objektorientierten Programmiersprachen. Die Sprache basiert auf C, erweitert diese jedoch um viele Konzepte für die moderne Software-Entwicklung, wie zum Beispiel die Objektorientierung.

Pascal, eine Einführung

Pascal wurde in der Zeit zwischen 1968 und 1974 von *Niklaus Wirth* an der Eidgenössischen Technischen Hochschule (ETH) in Zürich auf der Grundlage von *ALGOL-60* entwickelt. Es wurde nach dem französischen Mathematiker *Blaise Pascal* (Pascal entwickelte 1690 die erste mechanische Rechenmaschine) benannt.

Ziele der Pascal-Entwicklung

N. Wirth verfolgte mit dieser neuen Programmiersprache folgende Ziele:

* Leicht implementierbarer Compiler;
* Förderung strukturierter Programme durch die Notation;
* Guter Problembezug durch die Syntax der Sprache;
* Berücksichtigung neuerer Software-Entwicklungsmethoden (z.B. schrittweise Verfeinerung);
* Schulung des algorithmischen Denkens;
* Begrenzung auf wenige Sprachkomponenten und -Prinzipien (im Gegensatz z.B. zum großen Sprachumfang von COBOL).

Der hohe Formalisierungsgrad fördert die Klarheit, macht aber vermutlich den ersten Einstieg in die Sprache mit etwa drei Dutzend „reservierten" Wörtern etwas schwieriger. Insgesamt gilt Pascal aber als leicht erlernbar.

Standardisierung von Pascal

Wird eine neue Programmiersprache entworfen, so ist nicht immer sichergestellt, daß die Implementierung der Programmiersprache bei allen Herstellern identisch ist. Vielmehr bieten sie unterschiedliche Erweiterungen des ursprünglichen Sprachkonzeptes. Dies führt dazu, daß mehrere *Dialekte* zu einer Sprache entstehen. Im Gegensatz zu anderen Programmiersprachen entstand für Pascal recht früh einen *Standard*(-Dialekt), an dem sich die meisten Hersteller orientiert haben. Er wurde 1974 von Wirth und Jensen beschrieben[2].

Ursprünglich wurde Pascal für die *Stapelverarbeitung*, bei der immer nur ein vollständiges Paket von Eingabedaten abgearbeitet werden kann, entwickelt. Daraus resultierten unzureichende Sprachmittel zur Programmierung komfortabler, interaktiver

---

[2] Vgl. Jensen, Kathleen/Wirth, Niklaus.

Benutzungsoberflächen. Die Folge war, daß eine Erweiterung des Standard-Pascal um Ein-/Ausgabefunktionen notwendig wurde. Diese und andere Erweiterung wurde ab 1979 in der *ISO-Normung* (ISO=International Standards Organisations) festgeschrieben. Diese Arbeiten mündeten in der 1983 verabschiedeten Norm ISO 7185. In Deutschland wurde sie, als deutsche Übersetzung, im März 1984 als *DIN-Entwurf 66256* veröffentlicht.

Bekannte Pascal-Systeme:
- UCSD-Pascal

Die erste Dialogversion von Pascal war das sogenannte UCSD-Pascal (University of California at San Diego), eine spezielle Implementierung für Mikro- und Minirechner. Nachdem auch eine UCSD-Version für den PC angeboten werden konnte, stieg die Verbreitung dieses Dialektes schnell an. UCSD-Pascal wurde besonders in der *Lehre und Forschung* eingesetzt — weniger aber im kommerziellen Bereich.

Turbo-Pascal

Als „Quasi"-Nachfolger von UCSD-Pascal kann Turbo Pascal eingestuft werden. Auch hier hält sich die kommerzielle Nutzung in Grenzen. Insgesamt wird Pascal nach wie vor im Bereich der Lehre und Wisssenschaft wesentlich mehr verwendet als in der Wirtschaft.

4.3 Schlüsselwörter und Bezeichner

Wie bei einer natürlichen Sprache setzt sich eine Programmiersprache aus Wörtern und Sonderzeichen zusammen. Bei natürlichen Sprachen haben alle Wörter eine mehr oder weniger feste Bedeutung. Bei den meisten Programmiersprachen hingegen wird zwischen *reservierten Wörtern* und *benutzerdefinierten Wörtern* unterschieden. Die reservierten Wörter werden auch *Schlüsselwörter* genannt und bilden die Grundstruktur eines Programmtextes. Zusätzlich zu diesen Schlüsselwörtern kann der Programmierer neue Wörter definieren, die als Namen für Datenobjekte oder Programmstücke dienen können. Diese selbstdefinierten Namen heißen auch *Bezeichner*.

Die meisten Programmiersprachen verfügen über einen mehr oder weniger umfangreichen Satz von Schlüsselwörtern — das Vokabular der Programmiersprache. Üblicherweise besteht dieses Vokabular aus selbsterklärenden englischen Wörtern.

Schreibweise

In Pascal dürfen die Schlüsselwörter in Großbuchstaben (wie zum Beispiel BEGIN), in Kleinbuchstaben (begin) oder in einer beliebigen Mischung von Klein- und Großbuchstaben (`BeGin`) geschrieben werden. Es empfiehlt sich jedoch, zumindest innerhalb eines Programms eine konsequente Schreibweise zu benutzen, um einem fremden Leser das Verständnis zu erleichtern.

Im folgenden Text werden die *Schlüsselwörter* immer in *Großbuchstaben* geschrieben, um sie von anderen Namen (s. Abschnitt „4.5 Namen") unterscheiden zu können.

Gültige Schlüsselwörter
Folgende Tabellen enthalten die von Turbo Pascal reservierten Schlüsselwörter, wobei eine Trennung zwischen Standard-Pascal und Erweiterungen in Turbo Pascal vorgenommen wurde:

Tab. 4.1:
Standard-Pascal-
Schlüsselwörter

Standard-Pascal			
AND	ARRAY	BEGIN	CASE
CONST	DIV	DO	DOWNTO
ELSE	END	FILE	FOR
FUNCTION	GOTO	IF	IN
LABEL	MOD	NIL	NOT
OF	OR	PACKED	PROCEDURE
PROGRAM	RECORD	REPEAT	SET
THEN	TO	TYPE	UNTIL
VAR	WHILE	WITH	

Tab. 4.2:
Erweiterte Pascal-
Schlüsselwörter

Erweiterungen in Turbo-Pascal			
ABSOLUTE	ASM	ASSEMBLER	CONSTRUCTOR
DESTRUCTOR	EXTERNAL	FAR	FORWARD
IMPLEMENTATION	INLINE	INTERFACE	INTERRUPT
NEAR	OBJECT	PRIVATE	SHL
SHR	STRING	UNIT	USES
VIRTUAL	XOR		

Standard-Funktionen
und -Prozeduren
Neben den reservierten Schlüsselwörtern bietet Pascal eine weitere Art von Wörtern mit fester Bedeutung an: *Standard-Funktionen* und *Standard-Prozeduren*. Darunter sind Wörter zu verstehen, die keine Steuerfunktion haben. Über sie können

bestimmte, häufig vorkommende Aufgaben erledigt werden. So existieren neben *mathematischen Funktionen* (Sin(x), Cos(x) usw.) u.a. auch *Prozeduren für die Ein- und Ausgabe* (Write, Read usw.). Diese Wörter sind den benutzerdefinierten Bezeichnern gleichgestellt.

Unterschied zwischen Funktion und Prozedur

Der wesentliche Unterschied zwischen einer *Funktion* und einer *Prozedur* liegt darin, daß eine Funktion einen *Wert* liefert, eine Prozedur hingegen eine bestimmte Anweisungsfolge abarbeitet, *ohne* einen *Wert* zu liefern. Wir werden aber im Abschnitt „7 Routinen" noch näher auf diesen Unterschied eingehen.

Schreibweise

Auch für Standard-Funktionen und -Prozeduren gilt, daß sie sowohl in Klein- als auch in Großbuchstaben geschrieben werden dürfen. Um sie aber von den Schlüsselwörtern und selbstdefinierten Namen (s. Abschnitt „4.5 Namen") unterscheiden zu können, wird im folgenden Text deren Funktions- und Prozedur-Namen mit einem Großbuchstaben begonnen (z.B. Write, Read usw.).

Verschiedene Pascal-Dialekte unterscheiden sich insbesondere durch Anzahl und Möglichkeiten dieser Standard-Funktionen und -Prozeduren.

4.4 Grammatik (Syntax)

Die Syntax einer Programmiersprache ist sehr formal und kann außerdem noch recht komplex sein. Wie kann sie kurz und verständlich dargestellt werden? Natürlich sind Beispiele geeignet, um die Sprache besser kennenzulernen. Um aber die vollständige Sprache zu beschreiben, müßten unendlich viele Beispiele angegeben werden. Beispiele können also das Verständnis für die Sprache nur didaktisch unterstützt, nicht aber vollständig übernommen werden.

Syntaxdiagramm

Da Graphiken oft mehr sagen als viele Worte, wurden sogenannte Syntaxdiagramme entwickelt, um die Syntax von Programmiersprachen zu beschreiben. Über diese Diagramme können die Grammatikregeln einer Programmiersprache besonders klar und einfach dargestellt werden. Bei den Syntaxdiagrammen handelt es sich um *gerichtete Graphen*, in denen Knoten, also die Elemente der Sprache (Schlüsselwort, Verfeinerung oder Steuerzeichen), über sogenannte Kanten, also die „Leserichtung", miteinander verbunden sind. Das

Syntaxdiagramm für ein PASCAL-PROGRAMM wird wie folgt angegeben:

Syntaxdiagramm 4.1:
PASCAL-PROGRAMM

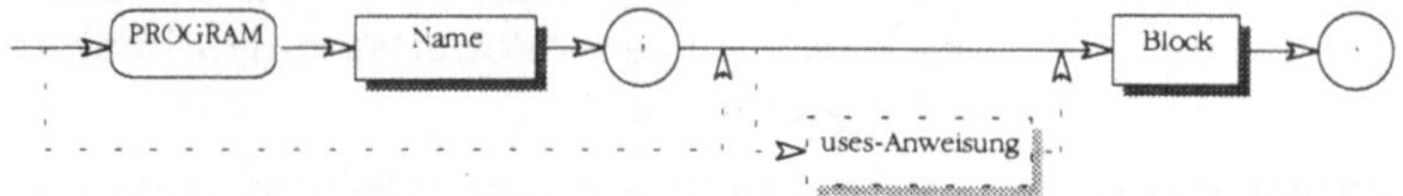

Die Bedeutungen der Syntaxdiagramm-Symbole sind in folgender Übersicht zusammengefaßt:

Abb. 4.1:
Symbole der
Syntaxdiagramme

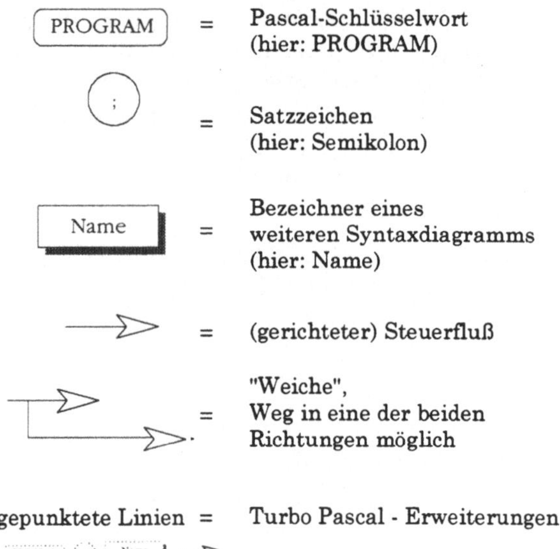

PROGRAM = Pascal-Schlüsselwort (hier: PROGRAM)

; = Satzzeichen (hier: Semikolon)

Name = Bezeichner eines weiteren Syntaxdiagramms (hier: Name)

= (gerichteter) Steuerfluß

= "Weiche", Weg in eine der beiden Richtungen möglich

gepunktete Linien = Turbo Pascal - Erweiterungen

Auch hierbei wird – wie bei der Programm-Entwicklung – das Prinzip der Verfeinerung (s. Abschnitt „3.1 Strukturierte Programmentwicklung") angewandt: Um das aktuelle Syntaxdiagramm so klein und übersichtlich wie möglich zu gestalten, werden nur die notwendigen Strukturen des aktuell zu beschreibenden Befehls abgebildet. Über die Verfeinerung können dann die nächsten Befehlsstrukturen eingesehen werden. Hinter NAME und BLOCK des Syntaxdiagramms „PASCAL-PROGRAMM" verbergen sich weitere Syntaxdiagramme. Von diesen wird aber zur Beschreibung des Programms zunächst abstrahiert.

Syntaxdiagramme sind verbreitet und eignen sich auch besonders gut zur Beschreibung der Programmsyntax. Sie werden im folgenden zur formalen Beschreibung der Programmiersprache Pascal eingesetzt (Eine vollständige Übersicht der Pascal-Syntax findet sich im Anhang C).

4.5 Namen

Ein Programm verarbeitet Daten, vor allem Zahlen, Zeichen oder Wörter. Um die vielen Daten eines Programms voneinander unterscheiden zu können, müssen symbolische Namen (Bezeichner) für die Daten vergeben werden. Die Mathematik nutzt dieses Verfahre, wenn allgemeine Formeln geschrieben werden sollen, wie

$$f(x) = ax^2 + bx + c$$

Hierbei stehen „x", „a", „b" und „c" als Namen stellvertretend für eine beliebige Zahl.

Name

Ein NAME besteht aus einer *Folge von Buchstaben und/oder Ziffern*. Er beginnt stets mit einem Buchstaben. Auf den ersten Buchstaben können weitere Buchstaben, Ziffern oder der Unterstrich („_") folgen. Das Syntaxdiagramm hierzu sieht wie folgt aus:

Syntaxdiagramm 4.2:
NAME

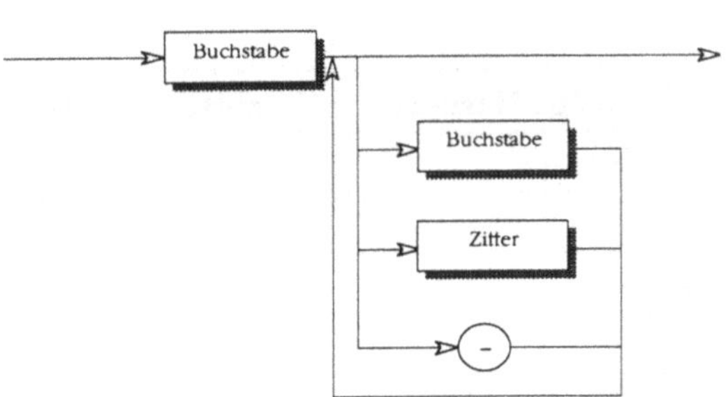

Dabei sind BUCHSTABEN und ZIFFERN wie folgt vereinbart:

Syntaxdiagramm 4.3:
BUCHSTABE

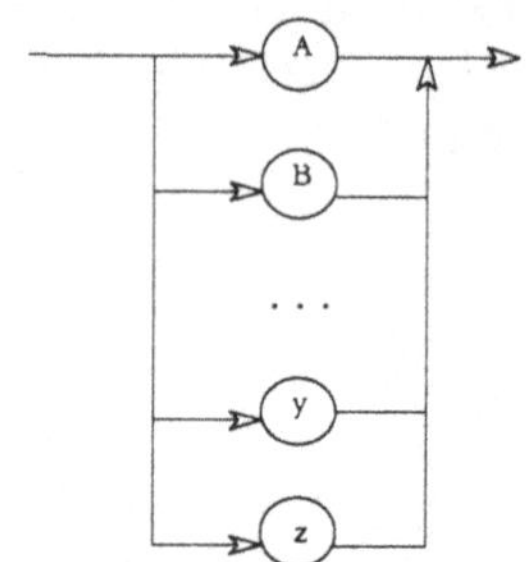

Syntaxdiagramm 4.4:
ZIFFER

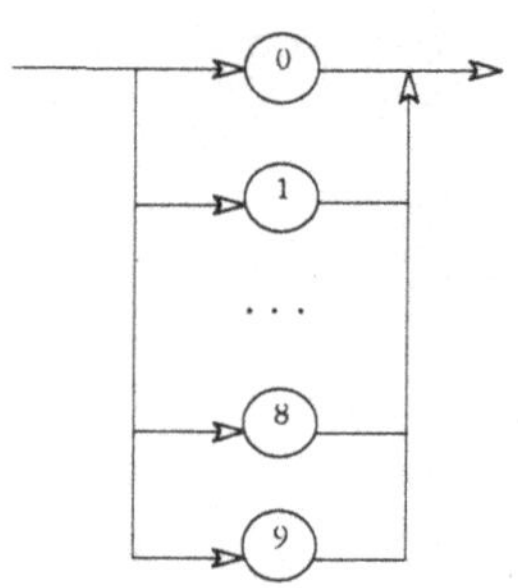

Die deutschen Umlaute („ä", „ö", „ü") und das „ß" sind nicht erlaubt. Ebenso dürfen Schlüsselwörter nicht als Namen verwendet werden. Beispiele für erlaubte und nicht erlaubte NAMEN zeigt die Tabelle.

Tab. 4.3:
Gültige und ungültige Namen in Pascal

Gültige Namen	Ungültige Namen
Adresse	Überschrift
Umsatz_pro_Monat	Anzahl Unbekannte
x8314	5y
i	***Zahl***
endwert	end

Der Unterstrich („_") wird häufig verwendet, wenn ein Begriff aus mehreren Wörtern zusammengesetzt wird (Umsatz_pro_Monat).

Die NAMEN sollten möglichst „sprechend" sein, d.h., sie sollten die Daten präzise beschreiben. So ist etwa die Wahl des NAMENS „x", für die Speicherung des Mehrwertsteuersatzes, nicht sprechend. Hier würde der NAME mwst oder mwst_in_Prozent sicher deutlicher sein.

Einzige Ausnahme können NAMEN von (relativ) bedeutungslosen Variablen (s.u.), etwa zum „Zählen" (i, j, k) und „kurzzeitigen Merkern" (merker, hilf usw.) sein. Hier ist es teilweise von Vorteil, den Schreibaufwand zu reduzieren.

Besonders in der Anfangsphase der Programmierung ist die systematische Namensvergabe ein aufwendiger und mühsamer Prozeß. Jedoch zeigt sich schnell: ein Programm läßt sich viel besser verstehen, wenn die aussagefähigen Namen verraten, auf welche Daten sie verweisen.

4.6 Variablen

Der Abschnitt „5.1.1 Variablen-Deklaration" wird die Technik der Deklaration und die Verwendung von Variablen erklären. Zuvor gilt es aber kurz zu beschreiben,was Variablen sind und wofür sie notwendig sind.

Bildlich gesehen, können Variablen als Schubladen verstanden werden. Jede Schublade hat einen eigenen NAMEN und natürlich einen Inhalt (Daten, wie Zahlen oder Zeichen). Den Inhalt erreicht man über den NAMEN, z.B. anzahl, der Schublade. Demnach kann z.B. eine Zahl in die Schublade gelegt oder aus ihr herausgenommen werden. Der Inhalt z.B. die Zahl, muß auch in die Schublade passen (ein DIN A4-Ordner würde kaum in eine 10*10 cm große Schublade passen).

Abb. 4.2:
Variablen als
Schubladen

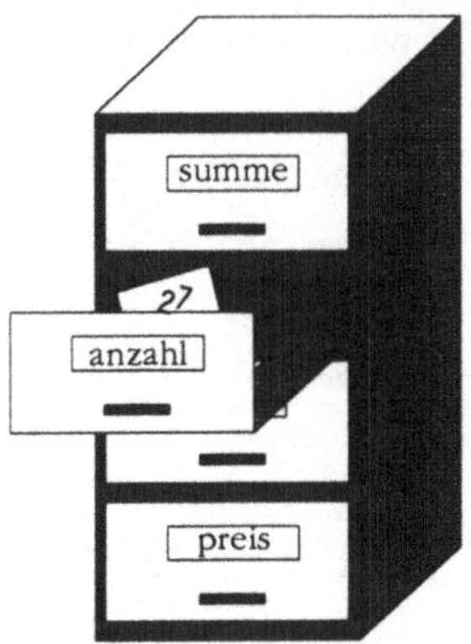

Pascal nennt diese Schubladen *Variablen*. In ihnen können verschiedene Inhalte gespeichert werden, z.B. Zahlen oder Buchstaben. Sowohl der *Name* als auch die *Größe* einer Variablen muß aber, bevor sie benutzt wird, im Vereinbarungsteil festgelegt werden.

Interne Repräsentation von Variablen

Die Daten des Programms können ausschließlich über Variablen verarbeitet werden.

Angenommen im Programm stünde folgende Variablenvereinbarung:

```
VAR
    jahr: INTEGER;
    jahreszeit: CHAR;
```

Während der Übersetzung wandelt der Übersetzer die Namen (`jahr` und `jahreszeit`) in Adressen um. Hinter dieser Adresse verbirgt sich eine Speicherstelle des Hauptspeichers in der der Variableninhalt abgelegt wird. Um die richtige Speichergröße für eine Variable zu reservieren, muß der Compiler den Datentyp (s. Abschnitt „5.1.4 Typen-Definition") kennen.

Zuweisung

Um nun den Inhalt in den entsprechenden Speicherstellen abzulegen, bedient man sich der Zuweisung (s. auch Abschnitt „5.4.1 Zuweisungen"). Über diese Zuweisungen wird der Inhalt an einen Variablennamen „gebunden". In Pascal erfolgt die Zuweisung über den Zuweisungsoperator „:=" (sprich: „wird zu"). So könnte etwa folgende Zuweisungen erfolgen:

- `jahr := 1994`

- `jahreszeit := 'S'`

(sprich: jahr wird zu einhunderttausendneunhundertvierundneunzig, jahreszeit wird zu S).

In folgender Abbildung wird diese Arbeitsweise skizziert:

Abb. 4.3:
Interner Aufbau von Variablen

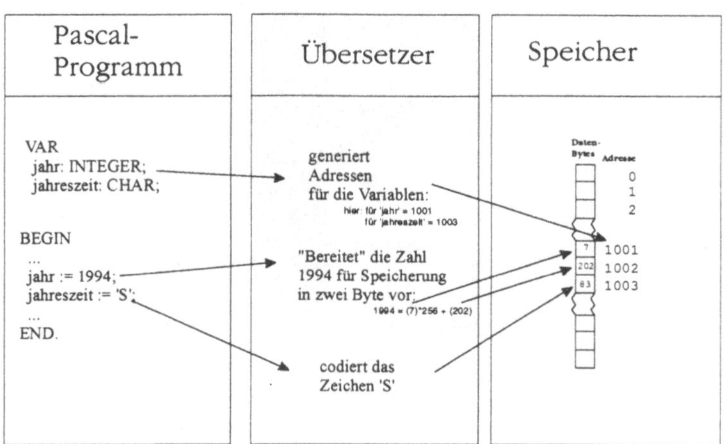

4.7

Interne Programmdokumentation

Kommentare

Um Programme (insbesondere größere und komplizierte) für sich selbst und für andere über einen längeren Zeitraum hinweg nachvollziehbar zu gestalten, kann der Programmtext um sogenannte *Kommentare* ergänzt werden. Bei einem Kommentar handelt es sich um einen Text, der im Programm aufgenommen werden kann, um bestimmte Programmabläufe zu erklären. Auf diese Weise wird das Programm bereits im Quelltext dokumentiert. Ein Kommentar steuert nicht den Ablauf. Er wird vom Compiler während der Übersetzung ignoriert, also überlesen.

Ein Kommentartext kann über die Zeichenfolge „(*" eröffnet und über die Zeichenfolge „*)" geschlossen werden. Der Textteil

```
(* dies ist ein Kommentar *)
```

würde vom Compiler überlesen. Eine Schachtelung von Kommentaren ist grundsätzlich nicht erlaubt:

```
(* Dies ist ein (* schlechter *) Kommentar *)
```

Neben (* und *) existiert ein weiteres Steuerzeichenpaar zur Markierung eines Kommentars, die geschweiften Klammern: „{" und „}":

```
{ auch ein Kommentar }
```

Vorrangregel für Kommentare

Für die beiden Kommentarsteuerzeichen gilt eine Vorrangregel, über die ein Kommentar im Kommentar möglich wird:

„(*, *) kann {, } einschließen":

```
(* Dies ist ein { guter } Kommentar *)
```

Die Möglichkeiten der Kommentierung im Quellcode zeigt dieses Programm:

4.1: Kommentar

```
(* Dies ist das Programm zur Berechnung der Mehrwersteuer
     { es stammt aus vorheriger Einfuehrung }
*)
PROGRAM kommentar; { Programmkopf }
VAR nettoPreis, bruttoPreis: REAL; { Variablen festlegen }
BEGIN  { Start des Anweisungsteils }
   Read (nettoPreis);          { Eingabe des Netto-Preises }
   bruttoPreis := nettoPreis * 1.15; { Bruttopreis errechnen }
   Writeln (bruttoPreis)       { Ausgabe des Bruttopreises }
END.   { Programmende }
```

Kommentare dürfen auch innerhalb von Anweisungen aufgeführt werden:

```
IF n > 200 { Feldgrenze überschritten}
   OR eingabefehler
   OR eingabewert = 0   { Null ist unzulässig }
   THEN Writeln ('Fehler ')
```

5 Programmstruktur

Der syntaktische Aufbau eines Programms wurde bereits in Abschnitt „4.4 Grammatik (Syntax)" zur Erklärung der Syntaxdiagramme angegeben. An dieser Stelle wird deshalb nur noch die grundsätzliche Struktur eines Pascal-Programms skizziert:

Abb. 5.1:
Aufbau eines Pascal-Programms

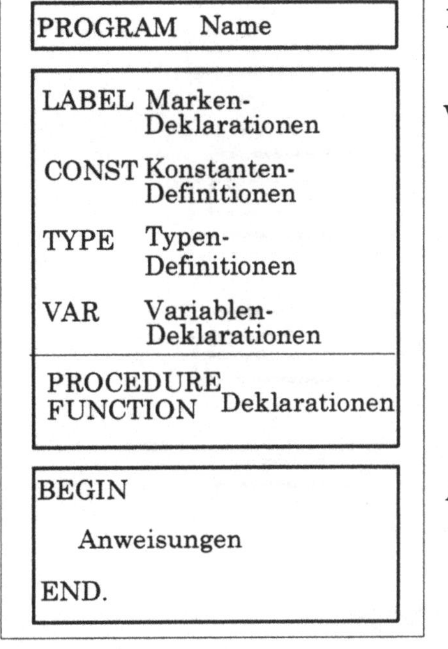

Der Abbildung 5.1 ist zu entnehmen, daß ein Pascal-Programm grundsätzlich aus den drei Bereichen

- *Identifikationsteil,*
- *Vereinbarungsteil* und
- *Anweisungsteil*

aufgebaut wird.

Identifikationsteil

Im Identifikationsteil wird der Programmname angegeben.[3]

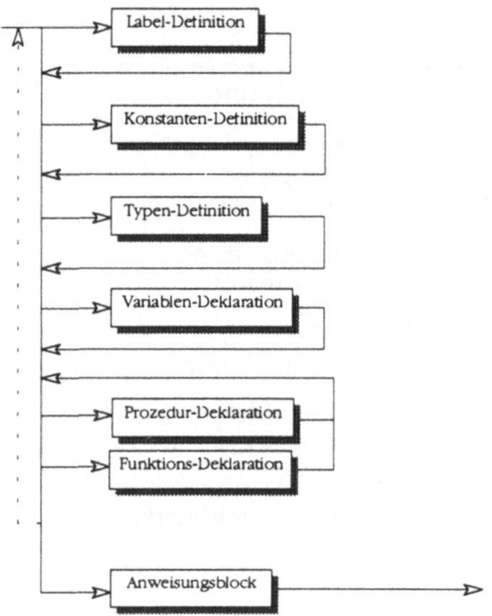

Wie aus dem Syntaxdiagramm PASCAL-PROGRAMM (S.32) hervorgeht, weicht Turbo Pascal vom Standard-Pascal dahingehend ab, daß der Identifikationsteil weggelassen werden kann (<u>nicht</u> muß!). Aus Dokumentationsgründen sollte der Programmierer aber nicht auf den Identifikationsteil verzichten.

Ein „Block"

Die Vereinbarungsteile und der Anweisungsteil werden als sogenannter BLOCK oder Verbundanweisung zusammengefaßt.

Syntaxdiagramm 5.1:
BLOCK

5.1 Vereinbarungen

Vereinbarung von
Daten und
Datenbeschreibungen

Im Vereinbarungsteil werden alle für das Programm notwendigen Daten, Datenbeschreibungen, Prozeduren und Funktionen festgelegt. Grundsätzlich wird hierbei zwischen *Definition* und *Deklaration* unterschieden.

---

[3] Früher mußte zusätzlich eine Liste der „Dateinamen" folgen, mit denen das Programm kommunizieren sollte. Aus diesen „Dateien" wurden Eingabedaten entnommen und in diese Dateien wurden Ausgabedaten geschrieben. Die Vereinbarung war notwendig, da die Eingabe des Benutzers häufig z.B. von Lochkarten erfolgte, während die Ausgabe beispielsweise auf dem Drucker vorgenommen wurde. Heutzutage kann auf diese Vereinbarung weitestgehend verzichtet werden, da Tastatureingabe und Bildschirmausgabe der Standard sind.

Definition

Bei der *Definition* werden *konkrete Werte* vereinbart. So kann etwa die Notwendigkeit bestehen, eine Konstante pi anstelle der Zahl 3.1415... im Programm zu benutzen. Diese Konstante würde dann *definiert.*

Deklaration

Bei einer *Deklaration* wird eine Variable, eine Prozedur oder eine Funktion lediglich *beschrieben,* es wird jedoch kein eigentlicher Wert festgelegt. So kann etwa vereinbart werden, daß in einem Programm eine Variable preis eine ganze Zahl (INTEGER) ist. So ist dann *deklariert* worden, daß preis nur als ganze Zahl, nicht aber etwa als Zeichenfolge oder als reelle Zahl benutzt werden kann.

Die Deklaration ist notwendig, damit der Compiler während der Übersetzung Speicherplatz für die zu verwendenden Daten reservieren kann. So werden etwa für die Variable preis nach der Deklaration 2 Speicherstellen[4] reserviert (vgl. Abschnitt „5.1.4 Typen-Definition"). Außerdem ermöglicht die Vereinbarung von Datenbeschreibungen eine Typ-Überprüfung. Es wird hierdurch nämlich z.B. verhindert, daß Zeichen-Daten (CHAR) in ganzzahlige Variablen (INTEGER) eingegeben oder etwa vergleichende Operationen zwischen diesen unterschiedlichen Datentypen vorgenommen werden können.

Reihenfolge
der Vereinbarungen

Im Syntaxdiagramm des BLOCKS (S.40) wird die Reihenfolge, in der die Daten vereinbart werden, deutlich. Daß diese Reihenfolge eingehalten werden muß, wird leicht verständlich, wenn man bedenkt, daß z.B. eine Konstante Grenzwert für den zulässigen Wertebereich einer Variablen sein kann. Hierfür muß dem Compiler bei der Umsetzung der Variablendeklaration (s. Abschnitt „5.1.1 Variablen-Deklaration") der Wert der Konstanten bereits bekannt sein.

```
CONST
     preisobergrenze=1250;
VAR
     preis: 1..preisobergrenze;
```

Es dürfen also nur „Informationen" verwendet werden, die *vorher* vereinbart wurden.

Im Gegensatz zu dieser Konvention, dürfen in Turbo Pascal beliebig viele, unsortierte Vereinbarungsteile (Marken, Konstanten, Typen usw.) existieren. Von dieser Möglichkeit sollte aller-

---

[4] Eine Speicherstelle wird üblicherweise Byte genannt. Ein Byte besteht wiederum aus 8 Bits, wobei jedes Bit den „Zustand" an (1) oder aus (0) haben kann (vgl. Dworatschek: Grundlagen der Datenverarbeitung, 8. Auflage)

dings zur besseren Übersicht und Wartbarekeit kein Gebrauch gemacht werden.

Im folgenden werden die Vereinbarungsteile kurz erläutert. Um diese Erläuterungen bereits mit kleineren Beispielen unterstützen zu können, wird zuerst der Vereinbarungsteil von Variablen beschrieben. Erst danach folgen Marken-, Konstanten-, Typen- sowie Prozedur- und Funktionsvereinbarungen.

5.1.1 Variablen-Deklaration

In Abschnitt „4.6 Variablen" wurde bereits erläutert, was Variablen sind und wofür sie eingesetzt werden. Deswegen soll hier nur noch auf die Syntax der VARIABLEN-DEKLARATION eingegangen werden:

Syntaxdiagramm 5.2:
VARIABLEN-DEKLARATION

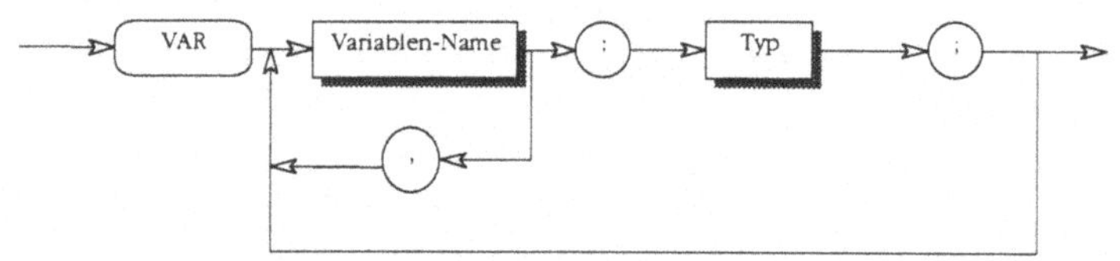

Mit folgendem Syntaxdiagramm für VARIABLEN-NAME:

Syntaxdiagramm 5.3:
VARIABLEN-NAME

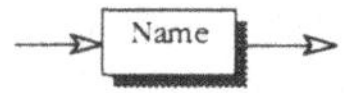

In der VARIABLEN-DEKLARATION wird dem (im Rahmen der Syntax) frei wählbaren Bezeichner der Variablen (VARIABLEN-NAME) ein bestimmter Typ zugeordnet. Nur über den NAMEN der Variablen kann der eigentliche Inhalt (etwa die ganze Zahl oder das Zeichen) angesprochen werden. An dieser Stelle betrachten wir zunächst nur die BASIS-TYPEN (INTEGER, REAL, CHAR und BOOLEAN). Das vollständige Syntaxdiagramm von TYP wird in Abschnitt „Typen-Definition" angegeben.

Beispiele für VARIABLEN-DEKLARATIONEN sind:

```
PROGRAM variablen_Beispiel;

VAR
    zaehler,index, x,y: INTEGER;
    preis: REAL;
    zeichen: CHAR;
...
```

5.1: Variablen

Wenn eine Variable deklariert wird, ist sie noch nicht *initialisiert*, d.h. es existiert noch kein „brauchbarer" Inhalt. Der Grund liegt darin, daß zwar dem Namen eine Speicheradresse zugeordnet, dieser aber noch kein Wert zugewiesen wurde. So zeigt die Variablenadresse auf eine Speicherstelle, in der u.U. zunächst noch alte Daten gespeichert sind. Erst nach der ersten Zuweisung eines Inhalts an die Variable ist diese auch initialisiert.

Bevor eine Variable rechts vom Zuweisungszeichen (:=) benutzt wird, muß sie initialisiert werden. Anderenfalls kann es zu fatalen, nicht nachvollziehbaren Fehlern kommen:

5.2:
Variablen(schlechte
Verwendung)

```
PROGRAM schlechtes_Variablen_Beispiel;

VAR
    rechnungsbetrag,bestellmenge: INTEGER;

BEGIN
    rechnungsbetrag := bestellmenge * 24;
    Write (rechnungsbetrag);
END.
```

Bei diesem Beispiel ist nicht sicher, welcher Wert in der Variablen rechnungsbetrag nach der Zuweisung gespeichert ist, da bestellmenge nicht initialisiert wurde.

5.1.2

LABEL =
Sprungadressen

Programm-Marken-Deklaration

Marken werden in Pascal LABEL genannt. Es handelt sich dabei um *Markierungen* (ganze Zahlen) in einem Programm. Sie markieren Programmadressen, zu denen von beliebiger Stelle aus *verzweigt* (man sagt auch: *gesprungen*) werden kann. Um dem Compiler mitzuteilen, welche Label im Programm verwendet werden, müssen diese in der Label-Vereinbarung deklariert werden:

Syntaxdiagramm 5.4:
LABEL-DEKLARATION

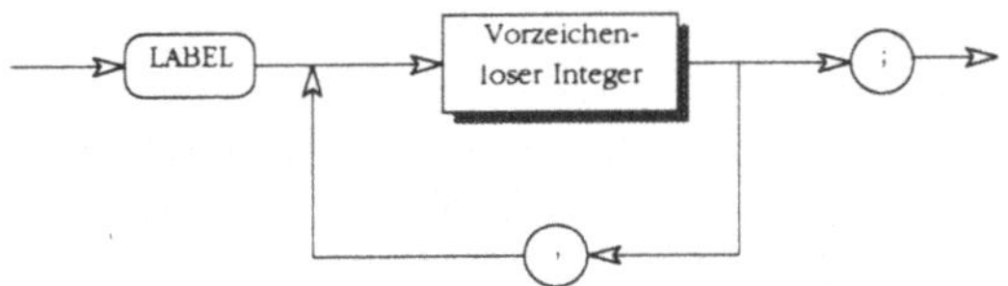

GOTO-Sprung

Da LABEL im Zusammenhang mit GOTO-Sprüngen (s. Abschnitt „5.4.4 Sprunganweisung") behandelt werden, wird hier nicht weiter auf ihre Verwendung eingegangen.

5.1.3

Konstanten-Definition

Über Konstanten-Definitionen werden bestimmten NAMEN dauerhaft feste Inhalte zugeordnet. Im Programm werden die Konstanteninhalte, genau wie bei den Variablen, über den NAMEN angesprochen. Der Unterschied zu den Variablen liegt darin, daß der Inhalt von Konstanten im Laufe des Programms nicht verändert werden kann. Sie sind deshalb im Programm nicht auf der linken Seite eines Zuweisungszeichens erlaubt, sondern nur auf der rechten Seite. Darüber hinaus können sie auch zur Variablendeklaration oder Typendefinition herangezogen werden.

Syntaxdiagramm 5.5:
KONSTANTEN-DEFINITION

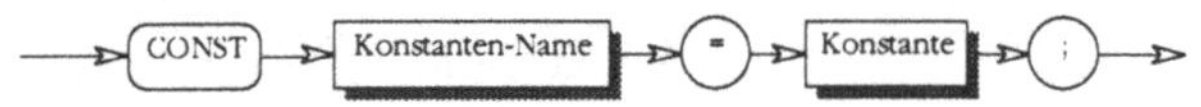

Die Verfeinerung von KONSTANTE liefert folgendes Syntaxdiagramm:

Syntaxdiagramm 5.6:
KONSTANTE

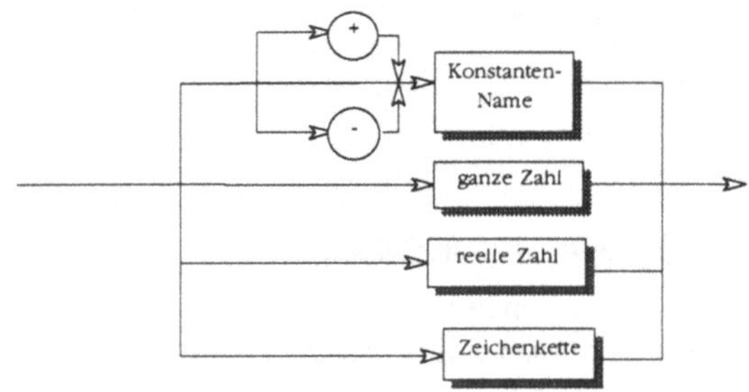

Wobei KONSTANTEN-NAME folgendermaßen definiert ist:

Syntaxdiagramm 5.7:
KONSTANTEN-NAME

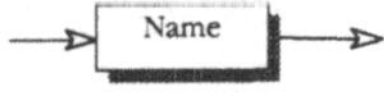

Beispiel

Die Verwendung einer Konstanten bietet sich z.B. für den Mehrwertsteuersatz an, auf den im Programm möglicherweise auch mehrfach zurückgegriffen wird.

5.3: Konstanten

```
PROGRAM Konstanten_Beispiel;

CONST
    mwst_satz = 0.15;
    waehrung = 'Deutsche Mark';

VAR
    netto_preis: REAL;

BEGIN
    Write ('Bitte den Preis in ´',waehrung, '´ eingeben: '
    Readln (netto_preis);
    Writeln ('Brutto: ', netto_preis*(1+mwst_satz):6:2,waehrung);
END.
```

Mit diesem Programm könnte beispielsweise folgender Dialog erfolgen:[5]

```
Bitte den Preis in ´Deutsche Mark´ eingeben: 100
Brutto:     115.00Deutsche Mark
```

reduzierter
Änderungsaufwand

Der wesentliche Vorteil der Verwendung von Konstanten ist die Reduzierung des Änderungsaufwands. Soll etwa im obigen Beispiel die Währung verändert werden, so muß dieses nur *einmal* in der Konstanten-Vereinbarung erfolgen. Auch eine Erhöhung des Mehrwertsteuersatzes macht so nur eine geringe Programmänderung notwendig. Dies macht sich insbesondere bei großen Programmen bemerkbar, in denen an mehreren Stellen auf die Konstante (hier: `mwst_satz`) zugegriffen wird.

Zur besseren Lesbarkeit und Wartbarkeit eines Programms sollte genau überprüft werden, ob verwendete Zahlen oder Texte nicht durch Konstanten ersetzt werden können.

5.1.4 Typen-Definition

Programme verarbeiten Daten. Daten gehören einem Datentyp (Zahlen, Zeichen usw.) an.

Neben den von Pascal vorgegebenen BASIS-TYPEN (s. S.47) können auch eigene Datentypen definiert werden:

Syntaxdiagramm 5.8:
TYPEN-DEFINITION

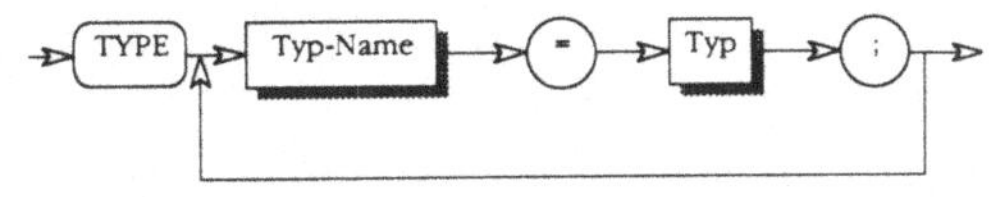

---

[5] Die Benutzereingabe ist <u>unterstrichen.</u>

Syntaxdiagramm 5.9:
TYP-NAME

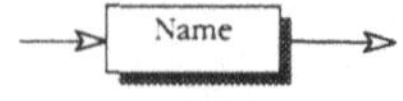

Hierbei können rechts vom Gleichheitszeichen auch vorgegebene Datentypen (=BASIS-TYPEN) stehen. Insgesamt können die folgenden Datentypen (TYP) auf der Zuweisungsseite stehen:

- TYP-NAME, d.h. Namen von selbstdefinierten Typen,
- BASIS-TYP,
- AUFZÄHLUNGSTYP,
- STRUKTURIERTER TYP und
- ZEIGER-TYP.

Syntaxdiagramm 5.10:
TYP

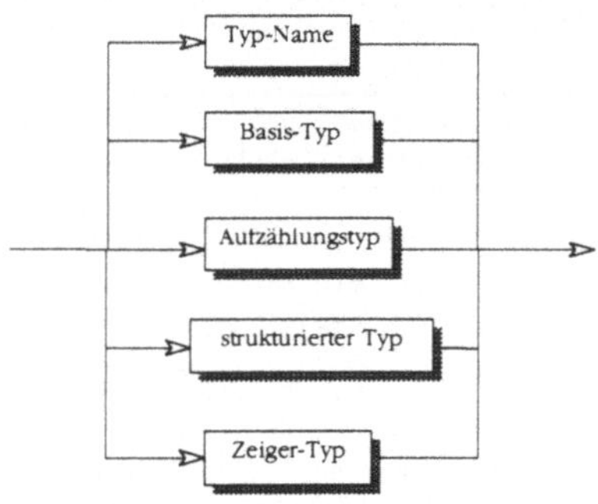

Mit Hilfe der TYP-DEFINITION ließe sich z.B. ein anderer NAME für den Datentyp REAL festlegen:

```
PROGRAM typen_Beispiel;

CONST
    mwst_satz = 0.15;
    waehrung = 'Deutsche Mark';

TYPE
    dm = REAL

VAR
    netto_preis: dm;

BEGIN
    Write ('Bitte den Preis in ',waehrung, ' eingeben: '
    Readln (netto_preis);
    Writeln ('Brutto: ', netto_preis*(1+mwst_satz):6:2,waehrung);
END.
```

5.4: Typen

Typen-Definition

Der neu definierte Datentyp dm steht jetzt nicht nur für Variablen-Deklarationen und andere Typen-Definitionen im Vereinbarungsteil des Programms zur Verfügung, sondern auch für Vereinbarungen in Prozeduren und Funktionen (s. Abschnitt „7 Routinen"). Wird also nachträglich entschieden, daß Preise (z.B. auch ein in Prozeduren als Typ `dm` deklarierter `brutto_preis`) nicht mit reellen (`REAL`), sondern mit ganzen Zahlen (`INTEGER`) verarbeitet werden sollen, genügt es, den Typ `dm` im Vereinbarungsteil des Programms umzudefinieren.

Sowohl STRUKTURIERTE DATENTYPEN (s. Kapitel „6 Grundlegende Datentypen und -strukturen") als auch ZEIGER-TYPEN (s. Kapitel „8 Zeiger und Listen") werden später behandelt. In diesem Abschnitt wollen wir uns nachfolgend auf die BASIS-TYPEN und die AUFZÄHLUNGSTYPEN beschränken.

Syntaxdiagramm 5.11:
BASIS-TYP

Basis-Typen

Die BASIS-TYPEN

- `INTEGER` (= *ganze Zahlen)*,
- `REAL` (= *reelle Zahlen*),
- `CHAR` (= *Zeichen*) und
- `BOOLEAN` (= *logische Daten*)

sind von Pascal vorgegeben.

INTEGER

Die ganze Zahl, in Pascal `INTEGER` genannt, ist einer der am häufigsten verwendeten Datentypen. Die Struktur einer GANZEN ZAHL ist sehr einfach und kann über folgende Syntaxdiagramme beschrieben werden:

Syntaxdiagramm 5.12:
GANZE ZAHL

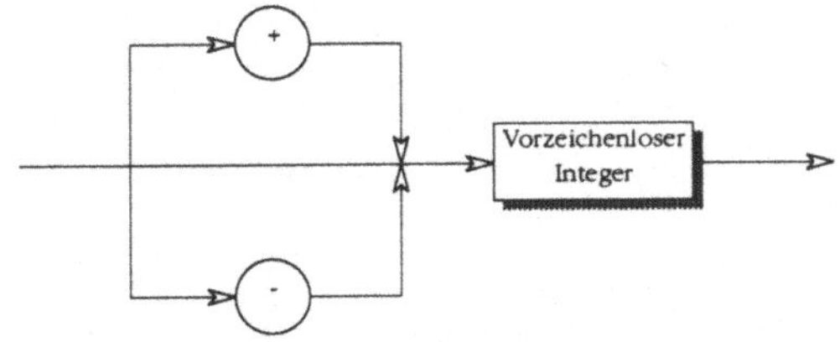

Ein VORZEICHENLOSER INTEGER wird wie folgt beschrieben:

Syntaxdiagramm 5.13:
VORZEICHENLOSER
INTEGER

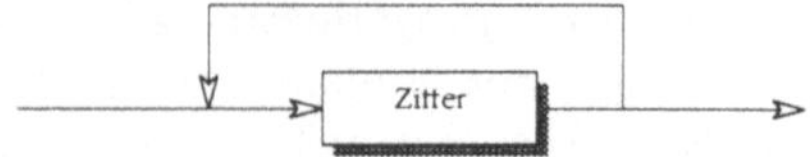

Beispiele für korrekte INTEGER-Werte sind:

4712   -12   +516

16 Bit für INTEGER

Da bei den meisten Pascal-Implementierungen ein INTEGER üblicherweise über *zwei Byte* (15 Bit für die Ziffern und 1 Bit für das Vorzeichen) kodiert wird, existieren die beiden Grenzwerte[6]

Wertebereich für
INTEGER

$+32\,767$ (Maxint = 2^{15}-1)   und

$-32\,768$ (minint = -2^{15}).

Turbo Pascal stellt die Konstante Maxint zur Verfügung. Eine entsprechende „minint"-Konstante hingegen existiert nicht.

Wird einer INTEGER-Variablen ein Wert größer als Maxint zugewiesen (etwa: 32000 * 2), so entsteht ein „Überlauf". Je nach Pascal-System führt dieser zu einem Laufzeitfehler oder zu einem falschen Ergebnis. In Turbo Pascal würde im Beispiel der Wert -1536 errechnet!

Neben dem Datentyp INTEGER gibt es in Turbo Pascal noch einen weiteren ganzzahligen Datentyp, den sogenannten LONGINT. Da Daten vom Typ LONGINT intern über *32 Bit* (=4 Byte) repräsentiert werden, ist über diesen Datentyp die Verarbeitung von Zahlen zwischen

LONGINT

Wertebereich für
LONGINT

$+2\,147\,483\,647$ (= 2^{32}-1)   und

$-2\,147\,483\,648$ (= -2^{32})

möglich.[7]

Mathematische
Funktionen

Die folgende Tabelle enthält die wichtigsten Operationen, die auf ganze Zahlen angewendet werden können. Der Abschnitt „5.3 Ausdrücke" erklärt diese Operationen ausführlicher.

---

[6]   Der positive INTEGER-Bereich umfaßt die 2^{15} (=32 768) Zahlen 0 - 32 767.

[7]   Der positive LONGINT-Bereich umfaßt die 2^{32} (2 147 483 648) Zahlen 0 - 2 147 483 647.

Tab. 5.1:
Operationen mit GANZEN ZAHLEN

Operator	Wirkung	Beispiel
+	Addition	1000 + 1 = 1001
-	Subtraktion	1002 - 1 = 1001
*	Multiplikation	3121 * 3 = 9363
DIV	Division (Rest abgeschnitten)	1001 DIV 12 = 83
MOD	Modulus (Rest einer ganz-zahligen Division)	1001 MOD 12 = 5

Die MOD-Operation kann mit Hilfe von Division, Multiplikation und Subtraktion „simuliert" werden:

```
1001 - (1001 DIV 12)*12 = 5
```

REAL

Neben den ganzen Zahlen (INTEGER) „kennt" Pascal noch die reelen Zahlen (REAL).

Die allgemeine Syntax der Darstellung reeller (Pascal-)Zahlen kann wie folgt angegeben werden:

Syntaxdiagramm 5.14:
REELLE ZAHLEN

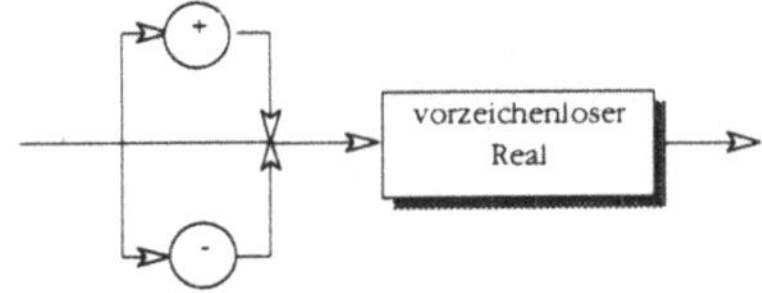

Exponential-
schreibweise

REAL-Daten werden immer in *Exponentialform* umgewandelt, d.h. 1278 wird als 1.278E+03 ausgegeben. Ausgesprochen werden kann dieser Ausdruck als: *1,278 mal 10 hoch 3.*

Punkt statt Komma

Das Dezimalzeichen ist im Gegensatz zur üblichen Schreibweise *kein Komma*, sondern ein *Punkt*. Pascal kennt kein Komma in reellen Zahlen.

48 Bit für REAL

REAL-Daten werden (in Turbo Pascal) *intern* durch 48 Bit darge-stellt. Davon entfällt 1 Bit auf das Vorzeichen, 39 Bit entfallen auf die Mantisse (ganze Zahl!) und 8 Bit (inkl. 1 Bit Vorzeichen) auf den Exponenten.[8]

Die Signifikanz REELLER ZAHLEN ist beschränkt, d.h. in Turbo Pascal werden lediglich die ersten 11 Ziffern berücksichtigt. Alle

---

8 Hieraus ergibt sich, daß die *Mantisse* Werte bis 281 474 976 710 700 ($=2^{48}$) annehmen kann (durch das Vorzeichenbit: positiv oder negativ) und die *Potenz* (Basis 10 und Exponent) zwischen 10^{38} ($\approx 2^{127}$) und 10^{-39} ($\approx 2^{-128}$) liegen kann.

weiteren Stellen werden gerundet. So wird aus der Zahl 0.123456789018 die Zahl 1.2345678902E-01.

Wertebereich für REAL

Die *größte* darstellbare REELLE ZAHL ist also: $\pm2.8147497671E{+}38$ und die *kleinste* darstellbare REELLE ZAHL ist: $\pm1E{-}39$

Mathematische Funktionen

Auf REELLE ZAHLEN können, ebenso wie auf ganze Zahlen, die Grundrechenoperationen (ohne MOD) angewendet werden. Einziger Unterschied ist die Division, für die das Divisionszeichen „/" (anstelle des Schlüsselwortes DIV) verwendet werden muß:

Tab. 5.2:
Operationen mit
REELLEN ZAHLEN

Operator	Wirkung	Beispiel
+	Addition	1.15 + 1 = 2.15
-	Subtraktion	1.15 - 1 = 0.15
*	Multiplikation	1.15 * 12 = 13.8
/	Division	1.15 / 2 = 0.575

CHAR

Ein Zeichen, in Pascal CHAR genannt, kann eine ZIFFER, ein BUCHSTABE oder ein SONDERZEICHEN sein.

Syntaxdiagramm 5.15:
ZEICHEN

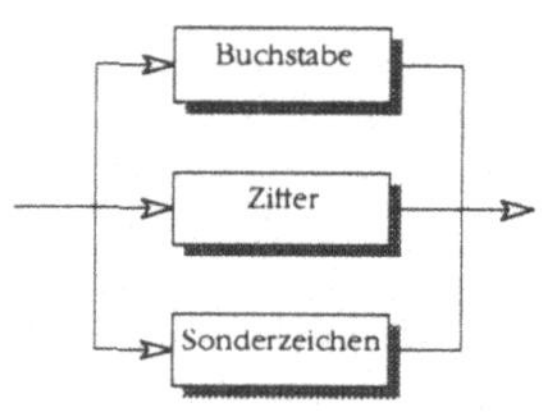

Zeichen in Hochkommata

Um ein ZEICHEN (CHAR) von einer ZIFFER (INTEGER) zu unterscheiden, wird in Pascal das ZEICHEN in Hochkommata (') dargestellt: 'A', 'b', '1', '2' usw.

ASCII

In Pascal sind maximal 256 verschieden Zeichen nutzbar. Jedes Zeichen wird über eine ganze Zahl zwischen 0 und 255 codiert. Der Code basiert auf dem sogenannten *ASCII-Zeichensatz* (American Standard Code of Information Interchange), der für die digitale Codierung von Ziffern, Buchstaben und einer Auswahl von Sonderzeichen die Grundlage bildet. Definiert wurde dieser Code von der *ISO* zwischen 1968 und 1973.

Über den (ursprünglichen) ISO-Code können aber nur *128* verschiedene *Zeichen* codiert werden. Darin sind allerdings die nationalen Sonderzeichen einzelner Länder, wie etwa die Umlaute und das „ß" der deutschen Sprache, nicht enthalten.

Erweiterter Code

Damit der Computer aber auch sinnvoll in Ländern mit speziellen Sonderzeichen genutzt werden kann, wurde dieser Code um ein zusätzliche Stelle erweitert, so daß *256* Zeichen codiert werden können. In dem erweiterten, nicht über die ASCII-Norm definierten, Zeichensatz sind dann etwa die Umlaute „Ä", „ä" usw. enthalten. Dieser Zeichensatz ist in folgender Tabelle zusammengefaßt:

Tab. 5.3:
Erweiterte ASCII-Tabelle

	0	16	32	48	64	80	96	112	128	144	160	176	192	208	224	240
0		►		0	@	P	`	p	Ç	É	á	▒	└	╨	α	≡
1	☺	◄	!	1	A	Q	a	q	ü	æ	í	▓	┴	╥	β	±
2	■	↕	"	2	B	R	b	r	é	Æ	ó	▓	┬	╥	Γ	≥
3	♥	‼	#	3	C	S	c	s	â	ô	ú	│	├	╙	π	≤
4	♦	¶	$	4	D	T	d	t	ä	ö	ñ	┤	─	╘	Σ	⌠
5	♣	§	%	5	E	U	e	u	à	ò	Ñ	╡	┼	╒	σ	⌡
6	♠	▬	&	6	F	V	f	v	å	û	ª	╢	╞	╓	µ	÷
7	•	↨	'	7	G	W	g	w	ç	ù	º	╖	╟	╫	τ	≈
8	◘	↑	(	8	H	X	h	x	ê	ÿ	¿	╕	╚	╪	Φ	°
9	○	↓	)	9	I	Y	i	y	ë	Ö	⌐	╣	╔	┘	Θ	∙
10	◙	→	*	:	J	Z	j	z	è	Ü	¬	║	╩	┌	Ω	·
11	♂	←	+	;	K	[	k	{	ï	¢	½	╗	╦	█	δ	√
12	♀	∟	,	<	L	\	l	|	î	£	¼	╝	╠	▄	∞	ⁿ
13	♪	↔	-	=	M	]	m	}	ì	¥	¡	╜	═	▌	ø	²
14	♫	▼	.	>	N	^	n	~	Ä	₧	«	╛	╬	▐	ε	■
15	☼	▲	/	?	O	_	o	Δ	Å	ƒ	»	┐	╧	▀	∩	

Die 16 Zeilen (0-15) und 16 Spalten (0,16,32 usw.) beschreiben die Code-Nummern der einzelnen Zeichen. Der Code ist über die Addition der Spalten- und Zeilen-Angaben des jeweiligen Schnittpunktes zu erhalten. So ist etwa der Code für das Herz 3 (Spalte=0 + Zeile=3) während der Code für das Zeichen „]" 93 ist (Spalte=80 + Zeile=13). Der Code für das Leerzeichen ist 32 (Spalte=32 + Zeile=0).

Da die Zeichen > 127 nicht standardisiert sind, kann deren Verwendung auf unterschiedlichen Computer-, Software- oder Betriebssystemen Probleme bereiten. So können z.B. die *Semi-Graphikzeichen* (Code-Nummern 179-218) unter der Graphik-Software *MS-Windows* nicht dargestellt werden.

Zeichen-Funktionen

Mit ZEICHEN kann nicht „gerechnet" werden. Es gibt aber dennoch einige Funktionen, die auf ZEICHEN angewendet werden können:

Tab. 5.4:
Operationen mit Zeichen

Operator	Wirkung	Beispiel
Ord (c)	liefert die Code-Nummer (INTEGER) von c. Dieser Code basiert auf der ASCII-Tabelle.	Ord ('A') = 65
Chr (x)	liefert das Zeichen mit der Code-Nummer x	Chr (65) = 'A'
Succ (c)	liefert das auf c folgende Zeichen	Succ ('A') = 'B'
Pred (c)	liefert das vor c liegende Zeichen	Pred ('A') = '@'

BOOLEAN

Logische Daten vom Datentyp BOOLEAN können nur die WAHRHEITSWERTE TRUE (Wahr) und FALSE (Falsch) annehmen.

Syntaxdiagramm 5.16:
WAHRHEITSWERT

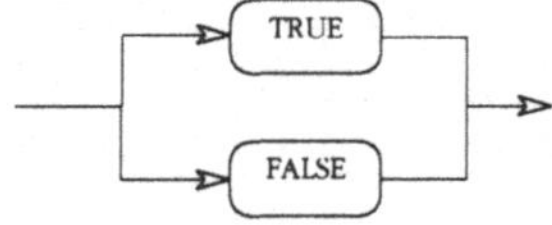

Logische Funktionen

Soll mit logischen Daten „gerechnet" werden, so ist dies über die Operatoren der *Booleschen Algebra* möglich. Diese Algebra stellt u.a. die logischen Verknüpfungsoperatoren: *und, oder* und *nicht* zur Verfügung.

Das Ergebnis dieser logischen Verknüpfung ist wiederum einer der beiden WAHRHEITSWERTE TRUE oder FALSE. In den folgenden Wahrheitstabellen sind die Ergebnisse der logischen Verknüpfungen aufgestellt:

Tab. 5.5:
'und'-Wahrheitstabelle

X	Y	X AND Y
TRUE	TRUE	TRUE
TRUE	FALSE	FALSE
FALSE	TRUE	FALSE
FALSE	FALSE	FALSE

Tab. 5.6:
'oder'-Wahrheitstabelle

X	Y	X OR Y
TRUE	TRUE	TRUE
TRUE	FALSE	TRUE
FALSE	TRUE	TRUE
FALSE	FALSE	FALSE

Tab. 5.7:
'nicht'-Wahrheitstabelle

X	NOT X
TRUE	FALSE
FALSE	TRUE

Vergleichsoperationen

Weitere Operatoren, über die logische Ergebnisse geliefert werden können, sind die *Vergleichsoperatoren* („>", „<", „=" usw.). Verschiedene Kombinationen, wie etwa größer/gleich (>=), kleiner/gleich (<=) oder ungleich (<>) sind möglich. Werden Daten eines beliebigen Datentyps über diese Operatoren miteinander verglichen, so kann das Ergebnis nur entweder TRUE oder FALSE sein:

5 > 6 liefert FALSE,

0 < 999 liefert TRUE.

Logische Standard-Funktionen

Pascal bietet darüber hinaus noch einige *Standard-Funktionen*, die einen der beiden WAHRHEITSWERTE als Ergebnis liefern:

Tab. 5.8:
Logische Standard-Funktionen

Funktion	Ergebnis
Odd (x)	TRUE, wenn x (vom Typ INTEGER) gerade ist
Eoln (f)	TRUE, wenn das Ende der Zeile in der Datei f erreicht wurde
Eof (f)	TRUE, wenn Dateiende von f erreicht wurde

Dabei ist x vom Typ INTEGER und f vom Typ FILE (s. Abschnitt „9 Dateiverwaltung").

Aufzählungsdatentyp

Der zweite, in diesem Abschnitt zu behandelnde Datentyp ist der AUFZÄHLUNGSTYP.

Syntaxdiagramm 5.17:
AUFZÄHLUNGSTYP

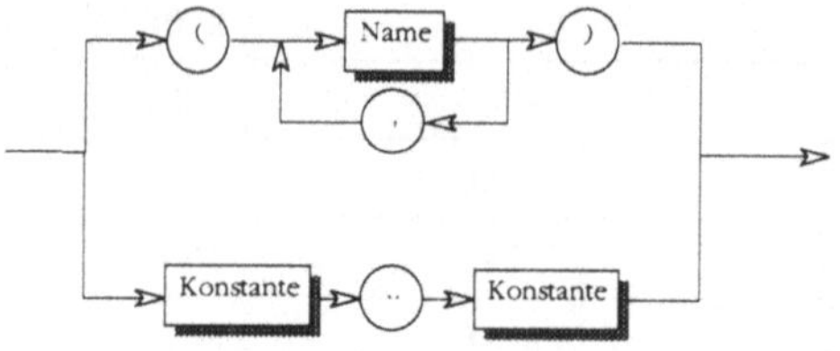

Beispiel

Ein Beispiel für die Definition eines AUFZÄHLUNGSTYPS könnte wie folgt aussehen:

```
TYPE
    produktarten=(schreibpapier,zeichenpapier,packpapier,
                  loeschpapier);

VAR
    artikel: produktarten;
```

Typen-Definition

Sollte sich die Produktpalette ändern, ist eine Anpassung sehr einfach möglich, da die *Änderung nur in der Typen-Definition* und nicht im gesamten Programm notwendig ist.

5.1.5

Routinen

Deklaration Prozeduren und Funktionen

Prozeduren und Funktionen bedeuten eigenständige *Routinen.* Grundsätzlich ist ihr Aufbau fast identisch mit dem eines Programms (Identifikationsteil, Vereinbarungsteil und Anweisungsteil). So können auch wieder Prozeduren und Funktionen innerhalb von Prozeduren oder Funktionen vereinbart werden. Ausführlich werden Prozeduren und Funktionen in Kapitel „7 Routinen" behandelt.

5.2

Tastatur, Bildschirm

Interaktion

Die eigentliche *Kommunikation* zwischen Mensch und Computer findet über den *Bildschirm* und über die *Tastatur* statt. Der Anwender kann seine Daten über die Tastatur eingeben, während er über den Bildschirm die Ergebnisse der vom Programm geleisteten Berechnungen verfolgen kann.

Externe Speicher

Daneben besteht aber auch die Möglichkeit, Eingabedaten statt von der Tastatur von einem *externen Speicher,* wie etwa *Diskette* oder *CD-ROM*, einzulesen. Ebenso können Ausgabedaten statt

auf den Bildschirm an externe Speicher ausgegeben werden. In Pascal wird nicht wesentlich zwischen Tastatur, Bildschirm und externen Speichern unterschieden. Jedes *Ein- oder Ausgabemedium* wird einfach als *Datei* (File) behandelt. Auf diese *Files* kann nur *sequentiell* zugegriffen werden. Die sequentielle Verarbeitung ist vergleichbar mit Musikkassetten, bei denen das Band nur in eine Richtung (nach vorn) „gespult" werden kann, um ein bestimmtes Musikstück spielen zu können. (Im Gegensatz z.B. zu Musik-CD's, bei denen einzelne Titel direkt angesprungen werden können.)

Der Ursprung dieser Philosophie ist in der Historie von Pascal zu suchen. N. Wirth schrieb Pascal für einen Computer, bei dem die *Eingaben* entweder *sequentiell über Lochkarten* oder *zeilenweise am Bildschirm* erfolgten (heute sind interaktive Eingaben üblich, bei denen der Rechner sofort auf jedes über die Tastatur eingegebenes Zeichen reagiert). Die *Ausgaben* erfolgten entweder auf einem *Drucker* oder auf *Magnetbändern*.

5.2.1

Write

Ausgabe

Pascal stellt neben den Schlüsselwörtern noch eine Vielzahl von sogenannten *Standard-Prozeduren und -Funktionen* zur Verfügung. Für die Ausgabe ist die Standard-Prozedur `Write` zuständig:

Syntaxdiagramm 5.18:
WRITE

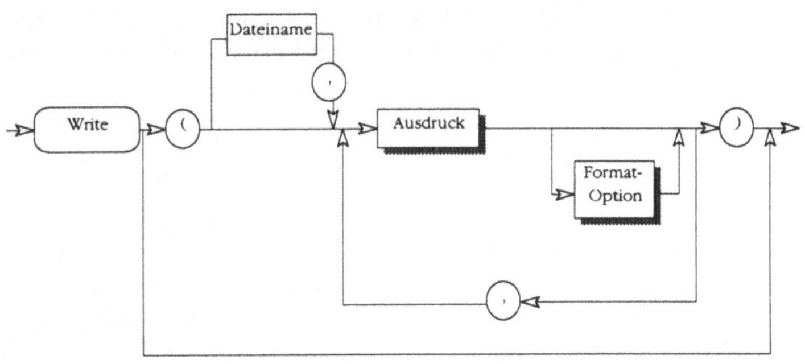

Parameter

Damit die `Write`-Prozedur „weiß", was sie in welcher Form auszugeben hat, muß ihr dieses mitgeteilt werden. Diese Daten, die Parameter (s. Kapitel „7 Routinen") genannt werden, sind innerhalb der Klammern der Standard-Prozedur zu übergeben. Der erste Parameter, *Dateiname*, wird in Abschnitt „9

Dateiverwaltung") behandelt. Wie das Syntaxdiagramm zeigt, kann er weggelassen werden.

Da die *Ausdrücke*, die hier ebenfalls Parameter sind, sehr komplex sein können, werden wir uns an dieser Stelle zunächst auf zwei einfache Ausdrücke konzentrieren: ZEICHENKETTEN und NAMEN (für mehr Informationen zu den Ausdrücken s. Abschnitt „5.3 Ausdrücke").

Syntaxdiagramm 5.19:
ZEICHENKETTE

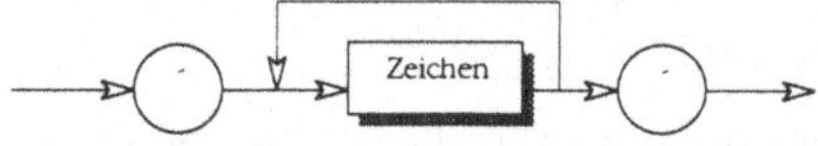

Zeichenketten

Zeichenketten sind beliebige, in *Hochkommata* angegebene Buchstabenfolgen: `'Ich habe Hunger!'` oder `'A mal B ist C oder so ...'`. Soll innerhalb einer Zeichenkette ein Hochkomma mit ausgegeben werden, so wird dieses durch die *Verdopplung* des auszugebenden Anführungszeichens möglich:

```
Write('Die ''Write''-Prozedur ist sehr wichtig.')
```

liefert als Ausgabe:

```
Die 'Write'-Prozedur ist sehr wichtig.
```

Variablen in der Write-Prozedur

Ist einer der Parameter ein NAME, so wird der *Inhalt der entsprechenden Variablen oder Konstanten* ausgegeben. Angenommen, `preis` hätte den Wert 123, so würde nach `Write (preis)` die Zahl 123 ausgegeben.

Inhalt von Ausdrücken

Ein Ausdruck kann im einfachsten Fall eine Zahl (`Write (123)`) oder eine Zeichenkette (`Write ('Hallo')`) sein. Desweiteren können Ausdrücke mathematische Ausdrücke (s. Abschnitt „5.3.1 Arithmetische Ausdrücke") sein. So wird über den Ausgabebefehl `Write (5*4)` die berechnete Zahl 20 (=5*4) ausgegeben.

Zeilenumbruch mit Writeln

Bei der `Write`-Prozedur bleibt der Cursor direkt hinter der Ausgabe stehen, d.h. die Zeichen und Zahlen erscheinen sequentiell in der Reihenfolge der `Write`-Aufrufe. Um einen *Zeilenumbruch* nach Beendigung einer Ausgabe zu erreichen, kann man sich der `Write`-verwandten Standard-Prozedur `Writeln` bedienen. `Writeln` unterscheidet sich von `Write` nur darin, daß nach Ausgabe aller Parameter der *Cursor an den Anfang der nächsten Zeile* positioniert wird. Da auch die Möglichkeit besteht, keine Parameter anzugeben, kann mit `Writeln` auch „nur" ein Zeilenumbruch durchgeführt werden (z.B. für Leerzeilen zur Ausgabegestaltung).

Die Anzahl der Leerzeichen, die *zwischen zwei Ausdrücken* ausgegeben werden, sind bei verschiedenen Pascal-Systemen unterschiedlich. In Turbo Pascal werden *keine Leerzeichen* zwischen zwei Ausdrücken ausgegeben. Sollen mit der Write- (oder genauso mit der Writeln-) Prozedur beispielsweise 2 Preise nacheinander in einer Zeile ausgegeben werden, könnte dies mit folgender Programmzeile erreicht werden:

```
Write('Die Preise sind: ',102,113)
```

die Ausgabe dazu wäre allerdings:

```
Die Preise sind: 102113
```

Das Problem, daß die *Zahlen zusammengeschrieben* werden, so daß die einzelne Zahl gar nicht mehr erkennbar ist, ließe sich notfalls durch das explizite *Einfügen eines Leerzeichens* lösen:

```
Write('Die Preise sind: ',102,' ',113)
```

Soll auf diese Weise aber beispielsweise eine Tabelle erstellt werden, deren Inhalt möglicherweise berechnet wurde (die Stellenanzahl also nicht vorhersehbar ist), hilft diese Methode nicht mehr weiter.

Ausgabe reeller Zahlen

Ein Problem stellt auch die Ausgabe REELLER ZAHLEN dar:

```
Write('Der Preis für ein Paket Löschpapier beträgt: DM ',12.37)
```

Die Ausgabe erfolgt nämlich in Exponentialform:

```
Der Preis für ein Paket Löschpapier beträgt: DM
1.2370000000E+01
```

Format-Option

Um diese Probleme in den Griff zu bekommen, kann ein Ausdruck in einer Write- oder Writeln-Prozedur um die *Format-Option* ergänzt werden.

Syntaxdiagramm 5.20:
FORMAT-OPTION

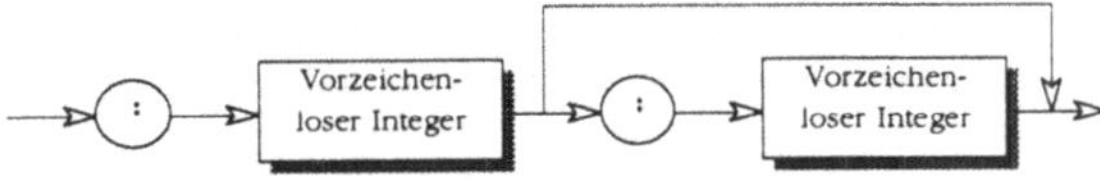

Gesamtstellen

Der erste VORZEICHENLOSE INTEGER gibt die *gesamte Anzahl der Stellen* (inklusive Dezimalpunkt und Dezimalstellen) für den Ausdruck an. Der Ausdruck wird innerhalb dieser Stellen *rechtsbündig* geschrieben, d.h. links werden ggf. Leerzeichen eingefügt.

Dezimalstellen

Der zweite VORZEICHENLOSE INTEGER gibt bei reellen Zahlen die *Anzahl der Dezimalstellen* an. Bei der Ausgabe wird, wenn notwendig, *gerundet.*

Folgendes Programmbeispiel zeigt verschiedene Ausgabe- und Formatierungsmöglichkeiten:

5.5: Ausgabe-Formatierung

```
PROGRAM preisliste;

CONST
    mwst_satz = 0.15;
    schreibp_netto = 18.48;
    zeichenp_netto = 20.16;
    packp_netto = 98.23;
    loeschp_netto = 12.37;

BEGIN
    Write('Sehr geehrter Kunde!');
    Writeln;   Writeln;
    Writeln('Wir möchten Ihnen unsere aktuelle Preisliste');
    Writeln('für unsere Papier-Produkte vorstellen:');
    Writeln;
    Writeln('Pos.','Produkt':9,'Netto-Preis':19,
            'Brutto-Preis':14);
    Writeln('-------------------------------------------------');
    Write(1:4,'  Schreibpapier',schreibp_netto:13:2);
    Writeln(schreibp_netto*(1+mwst_satz):14:2);
    Write(2:4,'  Zeichenpapier',zeichenp_netto:13:2);
    Writeln(zeichenp_netto*(1+mwst_satz):14:2);
    Write(3:4,'  Packpapier',packp_netto:16:2);
    Writeln(packp_netto*(1+mwst_satz):14:2);
    Write(4:4,'  Löschpapier',loeschp_netto:15:2);
    Writeln(loeschp_netto*(1+mwst_satz):14:2);
    Writeln;
    Writeln('Wir bedanken uns für Ihr Interesse und hoffen bald');
    Writeln('wieder von Ihnen zu hören!');
    Writeln;   Writeln('Ihre PAPIERDRUCK GmbH':30);
END.
```

Die Ausgabe dieses Programms sieht wie folgt aus:

```
Sehr geehrter Kunde!

Wir möchten Ihnen unsere aktuelle Preisliste
für unsere Papier-Produkte vorstellen:

Pos.   Produkt          Netto-Preis  Brutto-Preis
-------------------------------------------------
   1   Schreibpapier          18.48         21.25
   2   Zeichenpapier          20.16         23.18
   3   Packpapier             98.23        112.96
   4   Löschpapier            12.37         14.23

Wir bedanken uns für Ihr Interesse und hoffen bald
wieder von Ihnen zu hören!

        Ihre PAPIERDRUCK GmbH
```

5.2.2

Zeilenweise
Eingabeverarbeitung

Eingabe

Mini- und Großrechner, für die Pascal ursprünglich konzipiert wurde, verarbeiten *Eingaben* meist, nicht zeichenweise, sondern ausschließlich *zeilenweise*. Das hat zur Folge, daß alle über die Tastatur eingegebenen Zeichen mit Hilfe der Eingabetaste (⏎) als Zeilenabschluß bestätigt werden müssen. *Korrekturen* (etwa ein Zeichen löschen) können *nur innerhalb der aktuellen Zeile* erfolgen, solange die Eingabetaste noch nicht betätigt wurde. Die fertig editierte Zeile wird *erst nach* diesem *Zeilenabschluß* an den Computer geschickt, der daraufhin mit der *Bearbeitung* beginnt. Diese (zeilenweise) Verarbeitung findet heute bei modernen PC's kaum noch statt. Diese Computer reagieren praktisch sofort auf jedes Zeichen. So wird es beispielsweise möglich, Funktionstasten, etwa zur Cursorbewegung, zu implementieren. Das wäre bei zeilenweiser Verarbeitung nicht möglich. Bei zeilenweiser Verarbeitung müßte nach jeder Betätigung einer Cursor-Taste die Eingabetaste gedrückt werden, damit der Cursor-Befehl interpretiert wird.

Pascal-Eingabe

In Pascal wird grundsätzlich nur die zeilenweise Ein- und Ausgabetechnik verwendet. Es gibt aber auch *erweiterte Funktionen* bei der *Ein- und Ausgabe*, über die diese benutzerunfreundliche Technik umgangen werden kann (s. Abschnitt „5.2.3 Erweiterte Ein- und Ausgabe").

Read

Pascal stellt für die Eingabe von Daten die *Standard-Prozedur* Read zur Verfügung. Über diese Standard-Prozedur können Daten eines *einfachen Datentyps* eingelesen werden. Bei der Read-Prozedur werden die Daten in Variablen eingelesen, deren NAMEN beim Aufruf der Read-Prozedur als Parameter angegeben werden:

5.6: Read(einfach)

```pascal
PROGRAM read_Beispiel;

VAR
    pos_nr: INTEGER;

BEGIN
    Write ('Bitte geben Sie die Positionsnummer des Sie');
    Write ('interessierenden Produkts an:');
    Read (pos_nr);
    Writeln ('Sie haben Positionsnummer ',pos_nr,' gewählt');
END.
```

Wirkung der Read-Prozedur	Wird die Read-Prozedur ausgeführt, wartet das Programm auf eine Eingabe des Benutzers. Sind die Daten über die Tastatur eingegeben worden, werden diese den entsprechenden Variablen zugeordnet: es findet also eine *Zuweisung der Eingabedaten zu den Variablen* statt.

Trennung mehrerer Eingabewerte

Sollen mehrere Variablen mit einer Read-Prozedur eingelesen werden, muß der Anwender die einzelnen Eingaben durch *Leerzeichen* oder einen *Zeilenumbruch* (⏎) trennen. Die *letzte Eingabe* muß in jedem Fall mit einem *Zeilenumbruch* (⏎) bestätigt werden (zeilenweise Verarbeitung!).

5.7: Read(mehrere Variablen)

```pascal
PROGRAM mult_Read_Beispiel;

VAR stueck,preis,rabatt: INTEGER;

BEGIN
   Write ('Bitte geben Sie die Stückzahl, den Preis und den');
   Write ('Rabatt ein:');
   Read (stueck,preis,rabatt)
END.
```

Eingabe von Zahlen

Sollen numerische Daten (INTEGER oder REAL) eingegeben werden, so *überprüft* das *Pascal-System zur Laufzeit* des Programms selbständig, ob die *Eingabe syntaktisch korrekt* ist, d.h. ob nur Ziffern, ein Vorzeichen und, bei einer reellen Zahl, ein Dezimalpunkt verwendet wurden. Ist die Eingabe syntaktisch korrekt, werden die *Ziffern* automatisch *in eine Zahl umgewandelt*, mit der später arithmetische Operationen möglich sind. Ist die Eingabe syntaktisch falsch (Buchstaben statt Ziffern etc.), bricht die Ausführung des Programms mit einer Fehlermeldung ab.

Eingabe reeller Zahlen

Für die Eingabe REELLER ZAHLEN mit Dezimalstellen sind zwei *Eingabeformate* zugelassen (s. Abschnitt „5.1.4 Typen-Definition"):

- *normales Dezimalformat*, z.B. 1022.109 oder 0.14 und
- *Exponentialschreibweise*, z.B 1.022109E+3 oder 1.4E-1.

Readln

Wie bei der Write-Prozedur existiert neben der Read-Prozedur eine weitere *Standard-Eingabeprozedur* : die Readln-Prozedur. Über diese wird eine Eingabezeile vollständig eingelesen.

Unterschied Read und Readln

Bei Read „merkt" sich der Computer alle Eingaben (inkl. ⏎) und weist *überzählige Eingaben* ggf. bei den nächsten Read/Readln-Aufrufen zu. Dies kann zu verblüffenden Ergebnissen führen, indem nachfolgende Read/Readln-Aufrufe scheinbar gar nicht ausgeführt werden. Im Gegensatz dazu „merkt" sich die Readln-Prozedur *keine überzähligen Eingaben*. Werden mehr

„Antworten" eingegeben als verlangt, wird nur die erste eingelesen, der Rest wird „ignoriert".

Besonders problematisch kann dieses Verhalten bei der Eingabe von Zeichen sein, da hier ein Leerzeichen oder RETURN (⏎) sowohl als Trennung zweier Variablen als auch als ASCII-Zeichen (Chr(32), Chr(13)) interpretiert werden kann. Sollen Zeichen und andere Datentypen wechselnd eingelesen werden, verschärft sich dieses Problem noch. Die Wahl und Gestaltung der Aufrufe muß also gut überlegt werden.

5.2.3

Erweiterte Ein- und Ausgabe

Da die Ein- und Ausgabemöglichkeiten des Standard-Sprachumfangs bei weitem nicht ausreichen, um komfortable, nicht-zeilenorientierte Benutzungsoberflächen zu programmieren, werden von Turbo Pascal eine Vielzahl von erweiterten Ein-/Ausgabe-Prozeduren angeboten. Diese Prozeduren sind in einer speziellen Bibliothek (UNIT) abgelegt. Soll ein Turbo Pascal-Programm mit dieser UNIT arbeiten, ist der Vereinbarungsteil um den Hinweis einer UNIT-Nutzung und den Namen der UNIT zu erweitern (s. Syntaxdiagramm PASCAL-PROGRAMM). Das Syntaxdiagramm der USES-ANWEISUNG kann wie folgt angegeben werden:

Syntaxdiagramm 5.21:
USES-ANWEISUNG

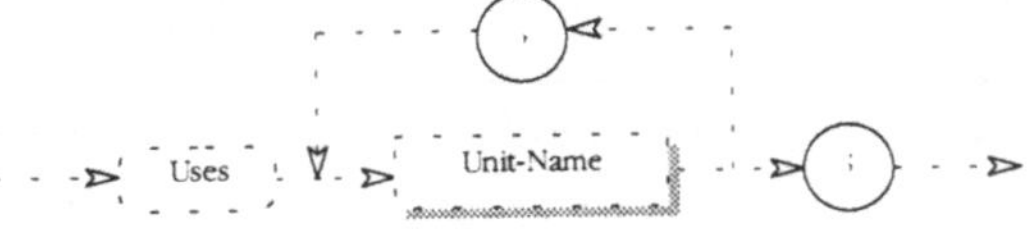

Die USES-ANWEISUNG muß gleich hinter dem Programmkopf angegeben werden. Sie bildet somit die erste Vereinbarung. Sollen z.B. in einem Programm die erweiterten Ein- und Ausgabeprozeduren der UNIT mit dem Namen *crt* (*Cathode Ray Tube* = Bildschirm) verwendet werden, so muß dieses im Programm wie folgt vereinbart werden:

```
PROGRAM unit_Benutzung;

USES crt;

...
```

Danach kennt der Compiler die Namen der Funktionen und Prozeduren der UNIT, so daß sie im Programm benutzt werden dürfen.

Soll ein Programm, welches diese Funktionen und Prozeduren verwendet, unter einem anderen Pascal-System (etwa UCSD-Pascal) übersetzt werden, so ist mit teilweise erheblichem Änderungsaufwand zu rechnen. Selbst bei der Herausgabe einer neuen Version von Turbo Pascal muß damit gerechnet werden, daß die eine oder andere Prozedur aus crt geändert oder gänzlich gestrichen wird.

Folgende Ein- und Ausgabeprozeduren werden über die crt-UNIT bereitgestellt (in der Tabelle werden nur die unmittelbar zur Bildschirmverwaltung dienenden Prozeduren aufgeführt):

Tab. 5.9:
Ausgabeprozeduren der crt-Unit

Name	Funktion	Aufrufbeispiel
ClrEol	Löscht alle, dem Cursor folgenden Zeichen einer Zeile.	ClrEol;
ClrScr	Löscht den gesamten Bild-schirm.	ClrScr;
DelLine	Löscht die aktuelle Zeile und rollt den unteren Bild-schirminhalt um eine Zeile aufwärts.	DelLine;

GotoXY (s,z)	Positioniert den Cursor auf Zeile und Spalte. Dabei wird von der linken obe-ren Ecke des Bildschirms (Zeile 1, Spalte 1) ausgegangen.	zeile := 5;
		spalte := 40;
		GotoXY(spalte, zeile);

InsLine	Fügt eine leere Zeile ein, wobei der Bildschirminhalt unterhalb der aktuellen Zeile um eine Zeile abwärts gerollt wird.	InsLine;

Tab. 5.10:
Eingabeprozeduren der
crt-Unit

Name	Funktion	Aufrufbeispiel

KeyPressed	Prüft, ob ein Zeichen ein-gegeben wurde. In diesem Fall wird der Wert TRUE zurückgeliefert, ansonsten ist das Ergebnis FALSE. KeyPressed wartet nicht auf eine Taste!	`REPEAT`
		`    Write ('x')`
		`UNTIL KeyPressed;`
		
		(vgl. REPEAT-Anwei-sung in Abschnitt „5.4.3 Wieder-holungs-anweisungen")

ReadKey	Wartet auf eine Taste. Das eingelesene Zeichen wird nicht angezeigt.	`Ch := ReadKey;` `Write (Ch);`

5.3 Ausdrücke

Bisher sind Variablen und Konstanten der BASIS-TYPEN betrachtet worden. Nun sollen die Möglichkeiten aufgezeigt werden, um mit deren Inhalten zu „rechnen".

Ausdruck liefert Wert

Ein *Ausdruck* (engl.: expression) ist syntaktisch das komplexeste Sprachkonstrukt von Pascal. Zunächst sind nur die wichtigsten Ausdrucksarten zu behandeln. Allgemein kann man sagen, daß jeder Ausdruck einen *Wert als Ergebnis* liefert. Dieser ist von einem der bisher vorgestellten Datentypen.

Die folgenden, didaktisch gekürzten Syntaxdiagramme beschreiben formal die Struktur der AUSDRÜCKE:

Syntaxdiagramm 5.22:
AUSDRUCK

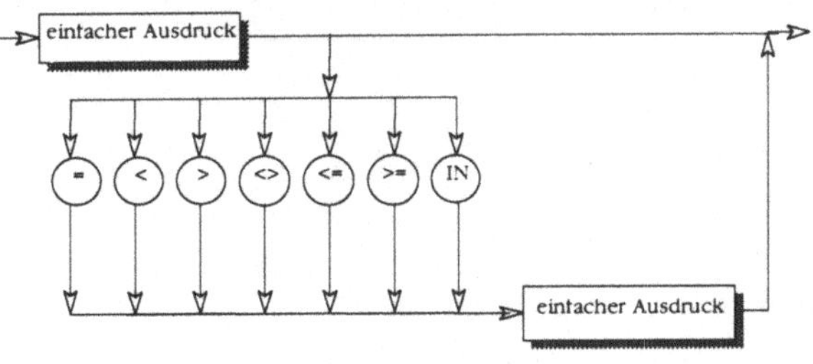

Der EINFACHE AUSDRUCK kann wie folgt angeführt werden:

Syntaxdiagramm 5.23:
EINFACHER AUSDRUCK

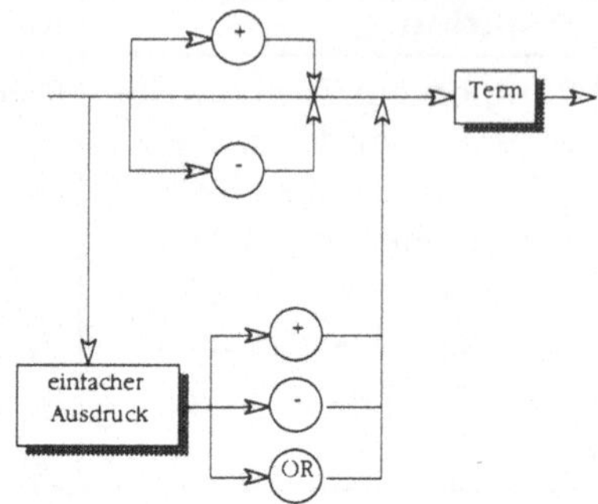

Für das Verständnis des EINFACHEN AUSDRUCKS ist das Syntaxdiagramm für TERM notwendig:

Syntaxdiagramm 5.24:
TERM

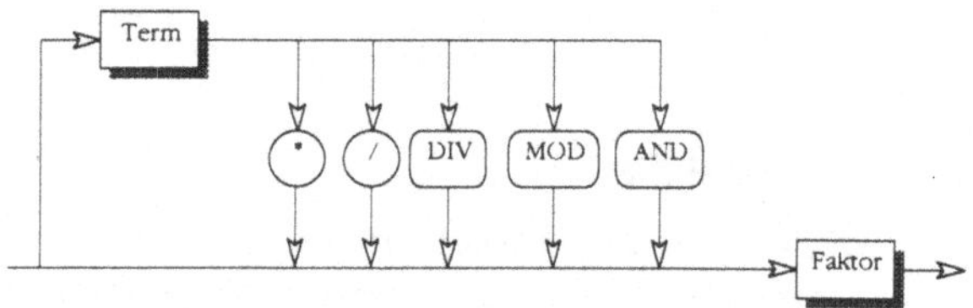

Zum Abschluß der formalen Beschreibung eines AUSDRUCKS muß jetzt noch der FAKTOR angegeben werden:

Syntaxdiagramm 5.25:
FAKTOR

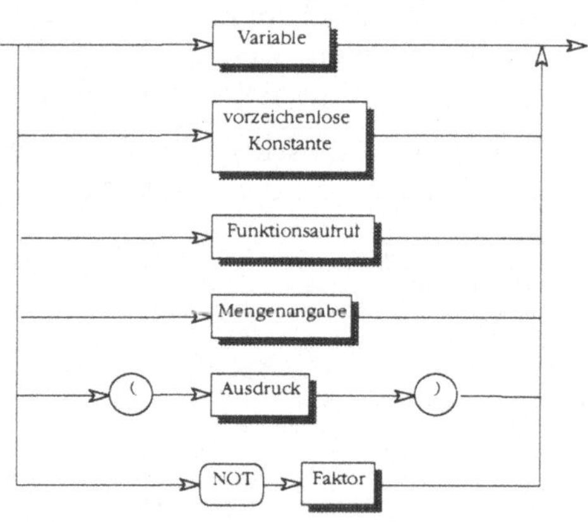

Auf Basis dieser Syntaxbeschreibung können folgende Beispiele für Ausdrücke angeführt werden

    13 + 7

    2 * 8

    3 * x / 4

```
y <= z
```

Die *Operatoren* (z.B. +, * usw.) eines Ausdrucks müssen mit den *Operanden* (z.B. 8, 13 usw.) „*verträglich*" sein, d.h. es dürfen nur solche Operationen durchgeführt werden, die auf die verwendeten Datentypen anwendbar sind. Dies setzt auch voraus, daß die beiden Operanden − unter Berücksichtigung des Operators(!) − verträgliche Datentypen haben, d.h., daß sie vom gleichen Datentyp sind. So ist etwa eine Multiplikation eines Zeichens (Datentyp: CHAR) mit einer ganzen Zahl (Datentyp: INTEGER) nicht zulässig. Die folgenden Ausdrücke sind zulässig:

```
10 < 10,

6 * 3 - 5,

b1 OR b2 <> b3, { falls b1, b2 und b3 vom Datentyp BOOLEAN }

5 * 9 < 6 <> TRUE und

'c' <> 'x'
```

Hingegen liegt bei folgenden Ausdrücken:

```
10 > TRUE

5 * 'a'

TRUE * FALSE

NOT (5) AND TRUE
```

ein Konflikt der Openandentypen (Typkonflikt) vor.

Klammerung von Ausdrücken

Über Klammern können beliebig viele Ausdrücke ineinander geschachtelt werden.

```
4 * (8 + 13)

x < (11 * (y-17))
```

Im folgenden werden die am häufigsten vorkommenden *arithmetische* und *logische Ausdrücke* näher erläutert.

5.3.1 Arithmetische Ausdrücke

Berechnung von Zahlen

Über arithmetische Ausdrücke werden ganze oder reelle Zahlen berechnet. Die Operanden solcher Ausdrücke sind entweder vom Datentyp INTEGER oder REAL.

Datentyp

Üblicherweise müssen alle Operanden eines Ausdrucks vom gleichen Datentyp sein. Die einzige Ausnahme ist die Verknüpfung eines INTEGER- und eines REAL-Wertes. Da in diesem Fall der INTEGER-Wert intern in einen REAL-Wert umgewandelt wird, ist das Ergebnis dieses „gemischten" arithmetischen Ausdrucks vom Typ REAL. So wird der Ausdruck 1.14 * 10 intern als 1.14 * 10.0 verarbeitet.

Arithmetische
Operatoren

Als Operatoren für arithmetische Ausdrücke sind folgende Grundrechenarten verfügbar:

Tab. 5.11:
Arithmetische
Operatoren

Operator	Rechenart	Operandentyp	Ergebnistyp
+	Addition	INTEGER, INTEGER	INTEGER
		REAL, REAL	REAL
		REAL, INTEGER	REAL
		INTEGER, REAL	REAL
-	Subtraktion	INTEGER, INTEGER	INTEGER
		REAL, REAL	REAL
		REAL, INTEGER	REAL
		INTEGER, REAL	REAL
*	Multiplikation	INTEGER, INTEGER	INTEGER
		REAL, REAL	REAL
		REAL, INTEGER	REAL
		INTEGER, REAL	REAL
/	REAL-Division	REAL, REAL	REAL
		INTEGER, INTEGER	REAL
		REAL, INTEGER	REAL
		INTEGER, REAL	REAL
DIV	INTEGER-Division (ganzzahlige Division, ohne Nachkommastelle)	INTEGER, INTEGER	INTEGER
MOD	Modulus (Rest einer INTEGER-Divison)	INTEGER, INTEGER	INTEGER

Standard-Funktionen

Pascal stellt weitere mathematische Operatoren in der Form von sogenannten Standard-Funktionen zur Verfügung. Dabei werden die Operanden der Funktion als Parameter (s. Abschnitt „7.1.2 Parameter") übergeben. Das Ergebnis der Funktion ist dann entweder eine ganze oder eine reelle Zahl. Soll etwa z mit der Quadratwurzel von x multipliziert werden:

$$z * \sqrt[2]{x}$$

so kann in Pascal die Standard-Funktion zur Ermittlung der Quadratwurzel sqrt (engl.: square root) zum Einsatz kommen:

```
z * sqrt(x)
```

In Pascal lassen sich auch verschiedene Funktionen gestuft verwenden. Unter Verwendung der Quadratfunktion sqr könnte etwa folgende geschachtelte Funktion angegeben werden:

$$100 * \sqrt[2]{1.5x^2}$$

Diese wird in Pascal wie folgt angegeben:

```
100*sqrt(1.5 * sqr(x))
```

Neben sqr und sqrt existiert noch eine Vielzahl weiterer Standard-Funktionen in Pascal:

Tab. 5.12:
Arithmetische
Standard-Funktionen

Funktion	Operandentyp	Ergebnistyp	Bedeutung
Abs (x)	INTEGER, REAL	wie Operand	Betrag von x
ArcTan (x)	INTEGER, REAL	REAL	arctan von x im Bogenmaß
Cos (x)	INTEGER, REAL	REAL	cos von x im Bogenmaß
Exp (x)	INTEGER, REAL	REAL	Berechnung von e^x, mit $e=2.7182...$
Ln (x)	INTEGER, REAL	REAL	natürlicher Logarithmus von x
Pred (x)	INTEGER	Wie Operand	„Vorgänger" von x (=x - 1)
Sin (x)	INTEGER, REAL	REAL	sin von x im Bogenmaß
Succ (x)	INTEGER	Wie Operand	„Nachfolger" von x (=x + 1)
Sqr (x)	INTEGER, REAL	Wie Operand	Quadrat von x
Sqrt (x)	INTEGER, REAL (x>=0)	REAL	Quadratwurzel von x

Tab. 5.13:
Erweiterte
arithmetische Standard-
Funktionen

Funktion	Operandentyp	Ergebnistyp	Bedeutung
Frac (x)	REAL	REAL	gebrochener Teil von x (Trunc(x) + Frac(x) = x)
Pi	---	REAL	$\pi = 3.141592...$
Random	---	REAL	Zufallszahl zwischen 0 und 1
SizeOf (x)	beliebig	INTEGER	Anzahl der für x intern reservierten Bytes

Tab. 5.14:
Standard-Transfer-
Funktionen

Funktion	Operandentyp	Ergebnistyp	Bedeutung
Chr (x)	INTEGER	CHAR	Zeichen mit der ASCII-Nr. x
Ord (y)	CHAR, BOOLEAN, Aufzählungstyp	INTEGER	ASCII-Nr. des Zeichens y
Round (x)	REAL	INTEGER	Ganzzahliges Runden von x
Trunc (x)	REAL	INTEGER	Abschneiden der Dezimalstellen (ohne zu runden)

5.3.2 Logische Ausdrücke

Die logischen Ausdrücke liefern immer einen Boole'schen Wahrheitswert als Ergebnis. In Pascal sind dies die Konstanten TRUE (wahr) und FALSE (falsch).

Logische Operatoren

Die Grundlage für die Erläuterung der logischen Ausdrücke sollen die folgenden Tabellen der logischen und der Vergleichsoperatoren, also der möglichen Operatoren für logische Ausdrücke, bilden:

Tab. 5.15:
Logische Operatoren

Operator	Operand(en)	Bedeutung
NOT a	BOOLEAN	nicht
a AND b	BOOLEAN	und
a OR b	BOOLEAN	oder

Tab. 5.16:
Vergleichsoperatoren

Operator	Operanden	Bedeutung
x > y	BASIS-TYP	größer
x < y	BASIS-TYP	kleiner
x = y	BASIS-TYP	gleich
x <> y	BASIS-TYP	ungleich
x >= y	BASIS-TYP	größer oder gleich
x <= y	BASIS-TYP	kleiner oder gleich

Unter der Voraussetzung, daß a und b als Variablen vom Datentyp BOOLEAN deklariert wurden, sind folgende einfache logische Ausdrücke denkbar:

```
NOT a

a OR b

a = b
```

Vergleichsoperatoren

Sollen die Vergleichsoperatoren in Verbindung mit den logischen Operatoren NOT, OR und AND verwendet werden, so sind die Vergleichsausdrücke zu geklammern. Nur über die Klammerung kann erreicht werden, daß die Operanden des logischen Operators vom Datentyp BOOLEAN sind.

```
(x = y) OR b

(x > y) AND (x > z)
```

Das folgende Programm erstellt eine Wahrheitstabelle für die logische Funktion NOT(x AND y):

```
PROGRAM logikfunktion;

VAR
    x,y: BOOLEAN;

BEGIN
    Writeln('x':3,'y':8,'NOT (x AND y)':17);
    Writeln('-----------------------------');
    x:=TRUE;
    y:=TRUE;
    Writeln(x:5,y:8,NOT(x AND y):11);
    x:=FALSE;
    Writeln(x:5,y:8,NOT(x AND y):11);
    y:=FALSE;
    Writeln(x:5,y:8,NOT(x AND y):11);
    x:=TRUE;
    Writeln(x:5,y:8,NOT(x AND y):11);
END.
```

5.8: Logische Operatoren

Die Ausgabe hat folgendes Aussehen:

```
  x       y      NOT(x AND y)
------------------------------
TRUE    TRUE       FALSE
FALSE   TRUE       TRUE
FALSE   FALSE      TRUE
TRUE    FALSE      TRUE
```

Arithmetisch-Logische Ausdrücke

Es ist auch möglich, arithmetische und logische Ausdrücke miteinander zu verknüpfen. Auch hierbei müssen wieder Klammern gesetzt werden, um logische Operationen von mathematischen Operationen zu trennen:

```
(x * y) > 8

b AND (x > (1.14 * y))
```

Grundregeln der Boole'schen Algebra

Da die logischen Ausdrücke häufig verwendet werden (vgl. z.B. innerhalb der Elementarstrukturen Auswahl und Wiederholung in den Abschnitten „2.2 Der Algorithmus", „5.4.2 Auswahl-Anweisungen" und „5.4.3 Wiederholungsanweisungen") kommt diesen eine besondere Bedeutung zu. Es ist deshalb nützlich, einige Grundregeln der sogenannten Boole'schen Algebra zu kennen:

```
b = NOT (NOT b)

NOT (b1 OR b2)    =   (NOT b1) AND (NOT b2)

NOT (b1 AND b2)   =   (NOT b1) OR (NOT b2)

(NOT (x < y))     =   (x >= y)

(NOT (x <> y))    =   (x = y)
```

Der Vergleich zweier reeller Zahlen auf Gleichheit (=) kann zu unerwarteten Ergebnissen führen. Da Zahlen intern nur durch eine begrenzte Anzahl von Bits dargestellt werden, kann es vorkommen, daß etwa bei arithmetischen Operationen Stellen abgeschnitten werden, so daß sogenannte *Rundungsdifferenzen* entstehen. Folgender logischer Ausdruck liefert nicht immer das erwartete TRUE:

```
3 = sqr(sqrt(3))
```

In diesem Fall liefert folgender Ausdruck das erwartete Ergebnis:

```
Abs (3 - sqr(sqrt(3))) < epsilon { mit „CONST epsilon = 0.00001" }
```

5.3.3

Abarbeitungsfolge

Vorrang von Operatoren

Arithmetische als auch der logische Operatoren sind nach einer bestimmten Folge (*Vorrang*) abzuarbeiten.

Für die mathematischen Operatoren gelten einfache Faustregeln:

* „Punktrechnung geht vor Strichrechnung" und

* „Abarbeitung von links nach rechts"

Nach der ersten Regel werden zunächst Multiplikation und Division durchgeführt. Danach folgen die Addition und die Subtraktion:

So werden bei dem Ausdruck

    27 + 3 * 5 + 1 - 18 / 3

zunächst von links nach rechts abarbeitend die *Punktrechnungen* durchgeführt: 3*5 und 18/3. Danach werden die *Strichrechnungen* berechnet, so daß sich folgender Rechenweg ergibt:

$$
\begin{array}{cccccc}
 & 27 + 3 & * & 5 & + 1 - & 18/3 \\
= & 27 + & & 15 & + 1 - & 6 \\
= & & & 37 & &
\end{array}
$$

Eine weitere Faustregel lautet:

- „Klammerung geht vor Nicht-Klammerung".

Soll nun das kleine Rechenbeispiel derart abgeändert werden, daß die Addition vor der Multiplikation erfolgen soll, so ist dieses über eine Klammerung anzuzeigen:

    ((27 + 3) * (5 + 1) - 18)/3.

Hierbei werden zunächst die „inneren" Klammerausdrücke: 27 + 3 und 5 + 1 ausgewertet, bevor die „äußere" Klammerung ((27 + 3) * (5 + 1) - 18) berechnet wird. So ergibt sich folgender Rechenweg:

$$
\begin{array}{ccccc}
 & ((27 + 3) & * & (5 + 1) & - 18) / 3 \\
= & (\quad 30 & * & 6 & - 18) / 3 \\
= & & & (180 & - 18) / 3 \\
= & & & 162 & / 3 \\
= & & & & 54
\end{array}
$$

Allgemein gilt folgende Vorrangfolge für arithmetische und logische Operatoren:

Tab. 5.17:
Vorrangfolge
arithmetischer und
logischer Operatoren

Operator	Vorrangstufe
( )	höchste
NOT	hoch
*, /, DIV, MOD, AND	mittel
+, -, OR	niedrig
=,<,>,<=,>=,<>	niedrigste

5.4 Anweisungen

Anweisungen (engl.: statements) sind Befehle, die dem Computer sagen, was er als nächstes zu tun hat. Ein Pascal-Programm besteht aus einer Sammlung von Anweisungen.

Aus Kapitel „5 Programmstruktur". ist bereits der Begriff ANWEISUNGSBLOCK bekannt. Damit sind mehrere zusammengehörende Anweisungen gemeint.

Syntaxdiagramm 5.26:
ANWEISUNGSBLOCK

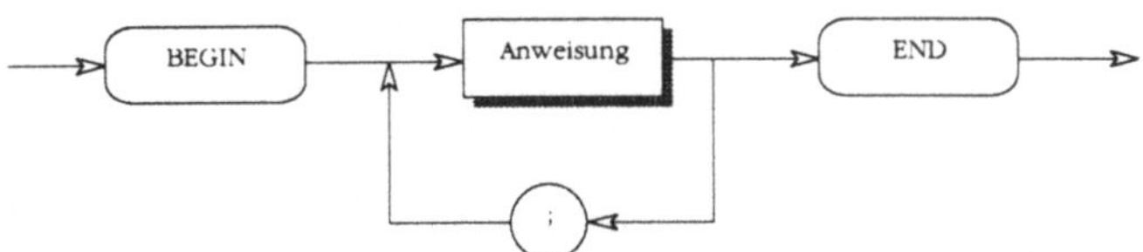

Über dieses Diagramm wird deutlich, daß zwischen den Schlüsselwörtern BEGIN und END beliebig viele Anweisungen stehen dürfen, die jeweils über ein Semikolon voneinander getrennt werden.

Ebenfalls ist erkennbar, daß unmittelbar vor dem Schlüsselwort END (also nach der letzten Anweisung innerhalb des ANWEISUNGSBLOCKS) kein Semikolon angegeben werden muß. Laut Syntaxdiagramm würde ein Semikolon vor dem END sogar verboten sein. Da es aber auch sogenannte Leeranweisungen (s. Abschnitt „5.4.5 Leeranweisung") gibt, darf ein Semikolon vor dem END gesetzt werden.

Syntaxdiagramm 5.27:
ANWEISUNG

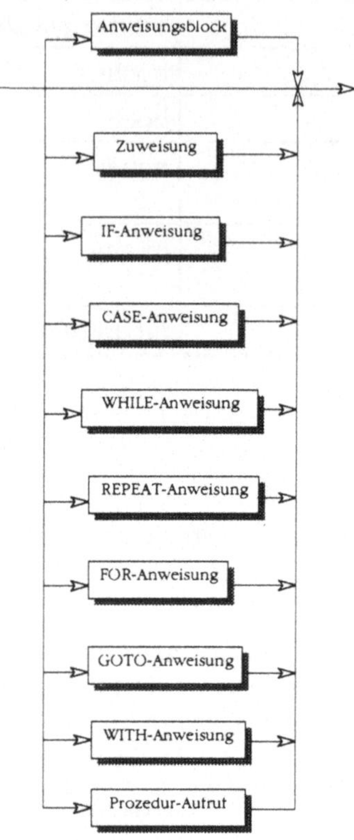

Im folgenden sollen nun die Anweisungsarten genauer betrachtet werden.

5.4.1 Zuweisungen

Zuweisungen wurden bereits im Zusammenhang mit Variablen-Deklarationen angesprochen (vgl. S.36). Über eine Zuweisung erhält eine Variable einen bestimmten Wert zugewiesen:

Syntaxdiagramm 5.28:
ZUWEISUNG
(VEREINFACHT)

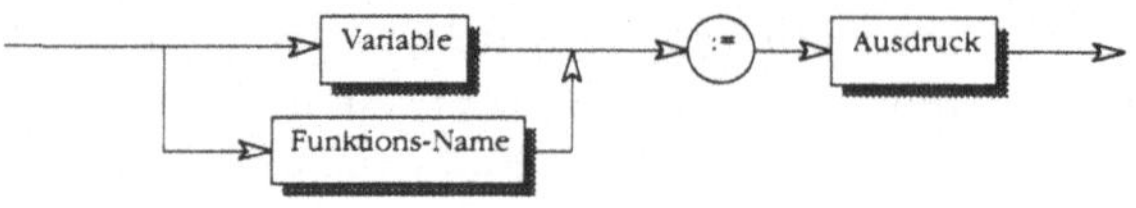

Wobei VARIABLE folgende Syntax hat:

Syntaxdiagramm 5.29:
VARIABLE

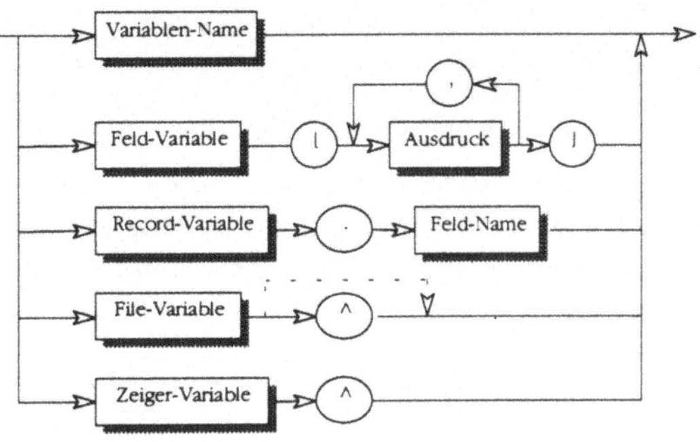

Beispiele erlaubter Zuweisungen sind:

5.9: Zuweisung

```
PROGRAM zuweisung_Beispiel;

VAR
    stueckpreis,betrag_netto,anzahl: INTEGER;
    betrag_brutto: REAL;
    bestellung, große_bestellmenge: BOOLEAN;
    anredekuerzel: CHAR;

BEGIN
    stueckpreis:=18;anzahl:=97;
    betrag_netto:= stueckpreis * anzahl;
    betrag_brutto := betrag_netto * 0.15;
    bestellung := TRUE; große_bestellmenge := anzahl > 100;
    anredekuerzel := 'H'
END.
```

In einer Zuweisung wird zunächst der Name einer Variablen angegeben. Dieser Variablen wird über das Zuweisungssymbol := (zwischen dem Doppelpunkt und dem Gleichheitszeichen darf kein Leerzeichen stehen!) ein Ausdruck (s. Syntaxdiagramm AUSDRUCK) zugewiesen. Die Zuweisung x := 10 *wird „x wird zu zehn"* gesprochen.

Über das Zuweisungssymbol := ist eine Unterscheidung zwischen dem logischen Operator „Gleich", der über das Symbol = dargestellt wird, und der Zuweisung möglich: a = b ist demnach ein logischer Ausdruck, während a := b eine Zuweisung ist. In anderen Programmiersprachen, wie etwa BASIC oder COBOL, gibt es diese Unterscheidung nicht.

5.4.2

Auswahl-Anweisungen

Soll eine Anweisung nur unter einer bestimmten Bedingung (Voraussetzung) ausgeführt werden, wird eine *Auswahl-Anweisung* benötigt. Eine Auswahl-Anweisung wird in Pascal über die IF-ANWEISUNG umgesetzt:

Syntaxdiagramm 5.30:
IF-ANWEISUNG

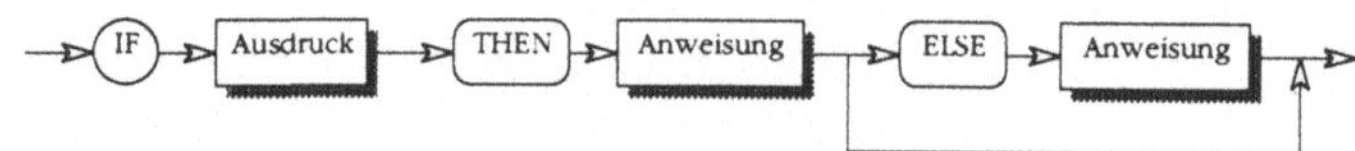

Die Division durch Null hat z.B einen fatalen Fehler zur Folge, so daß vorher überprüft werden sollte, ob der Divisor ungleich Null ist. Soll etwa für die Division durch den Wert der Variablen anzahl, abgeprüft werden, ob dieser ungleich Null ist, so kann folgende IF-ANWEISUNG angegeben werden:

```
IF anzahl <> 0
    THEN durchschnitt := betrag_netto / anzahl
    ELSE Write ('Keine Division möglich!');
```

Das Struktogramm zu dieser IF-ANWEISUNG hat folgendes Aussehen:

Abb. 5.2:
Struktogramm zur IF-ANWEISUNG

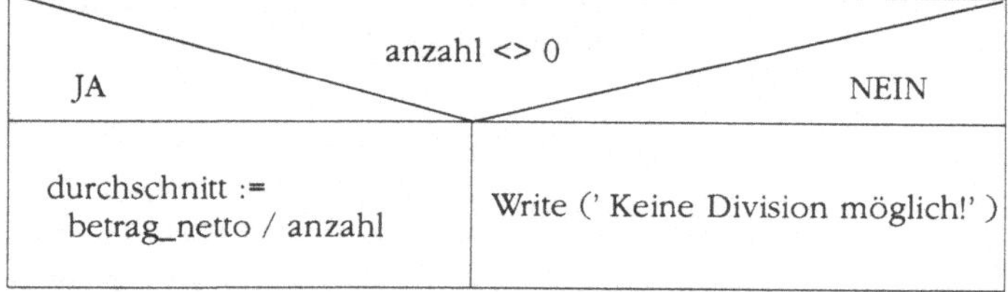

Nach dem IF dürfen nur logische Ausdrücke verwendet werden. Da das Ergebnis entweder TRUE oder FALSE sein kann, stellt die IF-Anweisung quasi eine duale Weiche für den Programmablauf dar. Über diese Weiche wird gesteuert, ob der THEN-Zweig (Ausdruck = TRUE) oder der ELSE-Zweig (Ausdruck = FALSE) abgearbeitet werden soll.

Da die IF-Anweisung insgesamt nur eine einzige Anweisung ist, darf auch nur ein einziges Semikolon — am Ende der IF-Anweisung — geschrieben werden. Falsch wäre etwa folgende Anweisung:

```
IF anzahl <> 0
   THEN durchschnitt := betrag_netto / anzahl;
                    { FALSCH: Semikolon zu viel !!! }

   ELSE Write ('Divison nicht möglich')
```

In diesem Fall würde der Compiler ELSE als eigenständige Anweisung interpretieren. Da ELSE aber nur im Zusammenhang mit IF...THEN...ELSE korrekt ist, würde er hierbei einen Syntaxfehler erkennen (ein Semikolon zu viel).

Weglassen des ELSE-Zweiges

Gelegentlich soll der Fall, bei dem der logische Ausdruck den Wert FALSE liefert, ignoriert werden. Dann kann der ELSE-Zweig einer IF-Anweisung weggelassen werden. Dafür muß allerdings hinter der Anweisung des THEN-Zweiges ein Semikolon gesetzt werden. Dieses markiert dann das Ende der IF-Anweisung:

```
IF anzahl <> 0
   THEN durchschnitt := betrag_netto / anzahl;
```

In diesem Fall wird die Anweisung

```
durchschnitt:= betrag_netto / anzahl
```

nur bedingt ausgeführt — der Fall anzahl=0 wird nicht weiter betrachtet.

Soll der THEN-Zweig weggelassen werden, so ist dieses nur über die Umkehrung des Ausdrucks möglich:

```
IF NOT (anzahl<>0) { oder anzahl = 0 }
   THEN Write ('Die Anzahl ist 0');
```

Anweisungsblock innerhalb der IF-Anweisung

Grundsätzlich gilt für beide Zweige der IF-Anweisung, daß konkret nur eine einzige Anweisung abgearbeitet werden kann. Sollen in einem Zweig mehrere Anweisungen in Folge abgearbeitet werden, so müssen diese über einen ANWEISUNGSBLOCK zusammengefaßt werden.

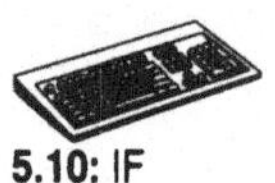

5.10: IF

```
PROGRAM if_Beispiel;

VAR
    anzahl:INTEGER;
    betrag_netto,durchschnitt: REAL;

BEGIN
    Readln(anzahl);
    Readln(betrag_netto);

    IF anzahl <> 0 THEN
        BEGIN
            durchschnitt := betrag_netto / anzahl;
            Write ('Durchschnittliches Netto-Bestellvolumen: ',
                    durchschnitt)
        END
    ELSE
        Write ('Keine Divison möglich!');

END.
```

5.11: IF (falsch)

Einige mögliche Fehlerquellen bei der Anwendung von Anweisungsblöcken sollen anhand des folgenden Beispiels skizziert werden.

```
PROGRAM if_Problem_Beispiel;

VAR
    anzahl:INTEGER;
    betrag_netto,durchschnitt: REAL;

BEGIN
    Readln (anzahl);Readln(betrag_netto);

    IF anzahl <> 0
        THEN   durchschnitt := betrag_netto / anzahl;
                Writeln('Das durchschnittliche Netto-Bestellvolumen
                        beträgt: ',durchschnitt)
        ELSE Write ('Es wurde nichts bestellt!'););

END.
```

Hier wird der Übersetzer auf einen Syntaxfehler stoßen: Das Semikolon hinter der Anweisung

```
durchschnitt:=betrag_netto / anzahl
```

wird als Ende der bedingten Anweisung interpretiert (eine bedingte Anweisung, ohne den ELSE-Zweig). Beim weiteren Übersetzungsvorgang wird ein ELSE ohne „IF-Teil" vorgefunden, was zu dem genannten Syntaxfehler führt.

Ein derartiger Fehler kann leicht korrigiert werden, da der Compiler ihn „aufgespürt" hat. Anders ist dies bei folgendem Beispiel:

```
IF anzahl <> 0
    THEN   Readln (betrag_netto);
           durchschnitt := betrag_netto / anzahl;
```

Hier wurde die `BEGIN-END`-Klammerung für die beiden Anweisungen des `THEN`-Zweiges irrtümlich weggelassen. Der Übersetzer meldet keinen Syntaxfehler, denn syntaktisch sind diese Anweisungen korrekt. Die Anweisungen können aber dennoch zu einem Laufzeitfehler führen, wenn `anzahl` den Wert Null hat. Die Anweisung `durchschnitt:=betrag_netto / anzahl` wird unbedingt, also unabhängig davon, ob `anzahl` gleich Null oder ungleich Null ist, abgearbeitet.

Hinzu kommt, daß im Falle `anzahl` gleich Null, `betrag_netto` nicht definiert ist, da die `Readln`-Prozedur nicht abgearbeitet wurde. Also wird bei dieser Anweisung sicherlich ein falsches Ergebnis herauskommen.

Geschachtelte
IF-Anweisungen

Innerhalb einer `IF`-Anweisung darf jede Anweisungsart in einem der beiden Zweige vorkommen. Innerhalb einer `IF`-Anweisung dürfen also auch weitere `IF`-Anweisungen stehen. Soll etwa über eine `IF`-Anweisung ermittelt werden, wie der Kunde aufgrund seines durchschnittlichen Bestellpreises einzustufen ist, so könnte folgendes Programmfragment angegeben werden:

```
IF durchschnitt < 1000
    THEN Writeln ('kleiner Kunde')
    ELSE IF durchschnitt < 10000
            THEN Writeln ('mittlerer Kunde')
            ELSE Writeln ('großer Kunde');
```

Im Beispiel gibt es also nicht nur zwei Möglichkeiten (`durchschnitt < 1000` oder `durchschnitt >= 1000`), sondern es soll darüber hinaus der Bereich zwischen 1000 und 10000 abgeprüft werden.

Besonders bei geschachtelten `ELSE`-Anweisungen muß darauf geachtet werden, daß jedes `ELSE` dem jeweils letzen `IF` zugeordnet wird:

```
IF durchschnitt >= 1000
    THEN IF durchschnitt >= 10000
            THEN grosser_Kunde := TRUE
            ELSE grosser_Kunde := FALSE;
```

Hier ist für den Fall, daß `durchschnitt` einen Wert kleiner als 1000 besitzt, keine Anweisung angegeben.

Folgendes Programmfragment macht auf ein Problem im Zusammenhang mit geschachtelten IF-Anweisungen deutlich:

```
Readln (zahl);
IF Odd(zahl) { Odd = ungerade, z.B.: Odd (5) = TRUE }
   THEN IF zahl > 0
           THEN Writeln ('Die Zahl ist positiv')
        ELSE Writeln ('Die Zahl ist gerade')
```

Angenommen für zahl werden der Reihe nach die Werte 6, -6 und 3, -3 eingegeben. Das Ergebnis dieser IF-Anweisung entspricht sicher nicht dem erwarteten Ergebnis:

- die Eingabe von 6 liefert gar nichts,

- die Eingabe von -6 liefert gar nichts,

- die Eingabe von 3 liefert „Die Zahl ist positiv" und

- die Eingabe von -3 liefert „Die Zahl ist gerade".

„dangling" ELSE   Um das gewünschte Ergebnis zu erzielen, darf eine leere ELSE-Anweisung (dangling ELSE) angegeben werden (auf keinen Fall ein Semikolon vor dem ELSE Writeln ('Die Zahl ist ungerade')):

```
Readln (zahl);
IF Odd(zahl)
   THEN IF zahl > 0
           THEN Writeln ('Die Zahl ist positiv')
           ELSE   { dangling ELSE !}
        ELSE Writeln ('Die Zahl ist gerade')
```

Das jetzt erreichte Ergebnis entspricht den Erwartungen:

- die Eingabe von 6 liefert „Die Zahl ist gerade",

- die Eingabe von -6 liefert „Die Zahl ist gerade",

- die Eingabe von 3 liefert „Die Zahl ist positiv"

- die Eingabe von -3 liefert gar nichts.

CASE-Anweisung   Da viele ineinander geschachtelte IF-Anweisungen sehr schnell unübersichtlich werden können, stellt Pascal eine andere Auswahl-Anweisung zur Verfügung: die CASE-ANWEISUNG. Über diese kann anstelle der logischen Bedingung ein Ausdruck angegeben werden:

Syntaxdiagramm 5.31:
CASE-ANWEISUNG

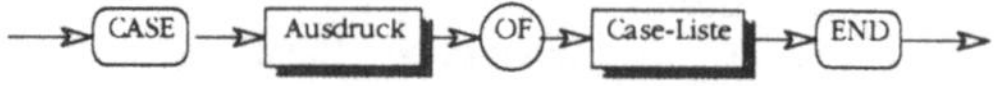

Soll etwa in folgendem Beispiel aufgrund des Wertes der Variablen produkt_nr entschieden werden, welches Papierprodukt der

5.12: CASE

Kunde bestellt hat (1=Schreibpapier, 2=Zeichenpapier usw.), so könnte dieses Programm angegeben werden:

```
PROGRAM case_Beispiel;

VAR
    produkt_nr: INTEGER;

BEGIN
    Write('Bitte geben Sie die Produktnummer ein: ');
    Readln(produkt_nr);
    Write ('Das Produkt ist: ');

    CASE produkt_nr OF
        1: Writeln ('Schreibpapier');
        2: Writeln ('Zeichenpapier');
        3: Writeln ('Packpapier');
        4: Writeln ('Löschpapier');
    END;
END.
```

Abb. 5.3:
Struktogramm zur
CASE-ANWEISUNG

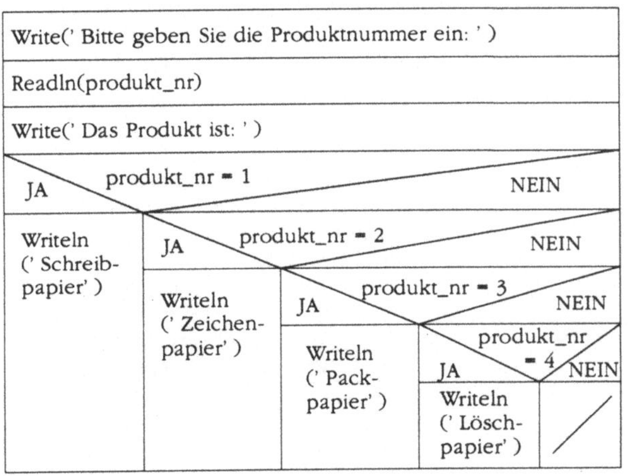

Das Ergebnis des CASE-AUSDRUCKS ist genau wie die CASE-KONSTANTEN immer von einem der Datentypen INTEGER, CHAR oder BOOLEAN, also nicht vom Datentyp REAL. Die CASE-Konstanten müssen immer feste Werte sein, also nicht etwa:

```
CASE produkt_nr OF
    ...
    >4: Writeln ('Das Produkt haben wir nicht!');
    ...
```

Soll mehr als eine CASE-KONSTANTE für einen CASE-Zweig angegeben werden, so sind diese über Kommata voneinander zu trennen:

```
CASE produkt_nr OF
   ...
   4: Writeln ('Löschpapier');
   5,6,7,8: Writeln ('Das Produkt haben wir nicht');
END;
```

Die CASE-ANWEISUNG wird mit dem Schlüsselwort END abgeschlossen, ohne daß hierfür ein BEGIN am Anfang der CASE-Anweisung angegeben wird.

Wird im obigen Beispiel als produkt_nr ein Wert < 1 oder ein Wert > 4 (8) angegeben, so wird dieses nicht durch die CASE-Anweisung abgefangen. Um diesen (Fehler-) Fall aber dennoch berücksichtigen zu können, könnte die CASE-ANWEISUNG um eine „vorgeschaltete" IF-ANWEISUNG erweitert werden:

5.13: CASE und IF

```
PROGRAM case_Beispiel;

VAR
    produkt_nr: INTEGER;

BEGIN
    Write('Bitte geben Sie die Produktnummer ein: ');
    Readln(produkt_nr);
    Write ('Das Produkt ist: ');

    IF (produkt_nr < 1) OR (produkt_nr > 4)
        THEN Writeln ('Falsche Eingabe')
        ELSE BEGIN
            CASE produkt_nr OF
                1: Writeln ('Schreibpapier');
                2: Writeln ('Zeichenpapier');
                3: Writeln ('Packpapier');
                4: Writeln ('Löschpapier');
            END;
        END
END.
```

Um die etwas umständliche Ergänzung um eine IF-Anweisung zu erleichtern, wurde in Turbo Pascal die CASE-Anweisung um einen ELSE-Zweig erweitert. Über diesen werden alle Ergebnisse des Ausdrucks abgedeckt, die nicht durch die CASE-Konstanten erfaßt sind:

5.14: CASE(mit TP-Erweiterung ELSE)

```
PROGRAM case_Beispiel;

VAR
    tag: INTEGER;

BEGIN
    Read (tag);
    Write ('Der Wochentag ist: ');
    CASE tag OF
        1: Writeln ('Montag');
        2: Writeln ('Dienstag');
        3: Writeln ('Mittwoch');
        4: Writeln ('Donnerstag');
        5: Writeln ('Freitag');
        6: Writeln ('Sonnabend');
        7: Writeln ('Sonntag');
        ELSE Write ('Falsche Eingabe')
    END
END.
```

Bei der Verwendung von ELSE innerhalb der CASE-Anweisung, darf (nicht muß!) vor dem ELSE ein Semikolon stehen, da der ELSE-Zweig eine selbständige Anweisung repräsentiert.

Natürlich sind Verbundanweisungen in den CASE-Zweigen ebenso wie in den THEN- und ELSE-Zweigen der IF-Anweisung erlaubt:

```
...
CASE produkt_nr OF
    1: BEGIN
            Write ('Schreib'); Write ('papier')
        END;
    2: Write ('Zeichenpapier');
    ...
END;
...
```

5.4.3

Wiederholungsanweisungen

Schleife

Wiederholungsanweisungen sind Anweisungen zur Programmierung von Schleifen (s. „2.2 Der Algorithmus"). Innerhalb einer Schleife wird eine Anweisung/Anweisungsfolge (Schleifenrumpf) solange ausgeführt, bis eine Bedingung (Schleifenbedingung) erfüllt ist.

Beispiel

Angenommen es soll ein bestimmtes Kapital vier Jahre verzinst werden. Dabei sollen die Zinsen zum Kapital addiert und in dem nächsten Jahr mitverzinst werden (Zinseszins). Am Ende des Programms soll das neue, angewachsene Kapital ausgegeben werden. Für diese Berechnung soll nicht die allgemeine Verzinsungsformel benutzt werden. Es soll die Möglichkeit bestehen, das Programm so zu ändern, daß das Kapital und/oder der Zinssatz jährlich geändert (reduziert/erweitert) werden kann

Mit den bisherigen Pascal-Fragmenten kann bereits ein einfaches Programm zum Berechnen der Verzinsung angeführt werden:

5.15: Einfaches Programm zur Zinseszinsrechnung

```
PROGRAM zinsberechnung;

CONST
    zinssatz = 0.05   { 5% Zinsen }

VAR
    kapital: REAL;

BEGIN
    kapital := 1000;      { Startwert des Kapitals }
    kapital := kapital + kapital * zinssatz; { erstes Jahr }
    kapital := kapital + kapital * zinssatz; { zweites Jahr }
    kapital := kapital + kapital * zinssatz; { drittes Jahr }
    kapital := kapital + kapital * zinssatz; { viertes Jahr }
    Writeln ('Nach vier Jahren beträgt das Kapital: ',kapital)
END.
```

Diese Lösung kann jedoch keineswegs befriedigen, da das Programm das Kapital nur für einen vorher festgelegten Zeitraum verzinsen kann und sehr umständlich ist.

Eine bessere Lösung kann nur unter Zuhilfenahme einer Schleife erreicht werden.

Zur strukturierten Programmentwicklung ist es sinnvoll, zunächst die mögliche Lösung auf der Grundlage von Pseudocode aufzuschreiben.:

```
1. Initialisiere das Startkapital
2. Wiederhole viermal:
3.     Berechne Verzinsung eines Jahres
4.     Addiere diesen Betrag zum Kapital
5. Gib den Wert des Endkapitals aus
```

Offen bleibt hier die Frage, wie die Bedingung im zweiten Schritt. auszusehen hat — insbesondere wie das Programm „merken" soll, wann „vier Berechnungen erfolgten". Für diesen Zweck muß ein „Zähler" für das Zählen der Jahre eingeführt werden.

Obiger Pseudocode wird jetzt unter Berücksichtigung dieses Zählers und einer Schleife erweitert.

```
1.  Setze Jahreszähler auf null
2.  Wiederhole Schitte 3-5 solange bis Jahreszähler gleich vier
3.      Berechne Verzinsung eines Jahres
4.      Addiere diesen Betrag zum Kapital
5.      Erhöhe Jahreszähler um 1
6.  Gib den Wert des Endkapitals aus
```

Aus diesem Pseudocode könnte bereits das Pascal-Programm abgeleitet werden. An dieser Stelle soll aber der Vollständigkeit halber auch das entsprechende Struktogramm angegeben werden:

Abb. 5.4:
Struktogramm zur
Zinsberechnung

Setze Jahreszähler auf 0
Berechne Verzinsung für ein Jahr
Addiere Ergebnis zum Kapital
Erhöhe Jahreszähler um eins
bis Jahreszähler der Wert 4 hat
gib den Wert des Endkapitals aus

Für die Umsetzung dieses Programmentwurfs benötigen wir eine Schleifen-Anweisung. In Pascal können drei syntaktisch unterschiedliche Schleifenanweisungen verwendet werden:

- die REPEAT-Schleife,

- die WHILE-Schleife und

- die FOR-Schleife.

Für jedes „Schleifenproblem" kann meist jede der Schleifen benutzt werden. Jede Schleifenart hat jedoch ihre Besonderheiten, die sie für das eine oder andere Problem geeigneter oder ungeeigneter machten als die anderen Schleifenarten.

REPEAT-Anweisung

Die erste hier zu behandelnde Schleife ist die REPEAT-ANWEISUNG:

Syntaxdiagramm 5.32:
REPEAT-ANWEISUNG

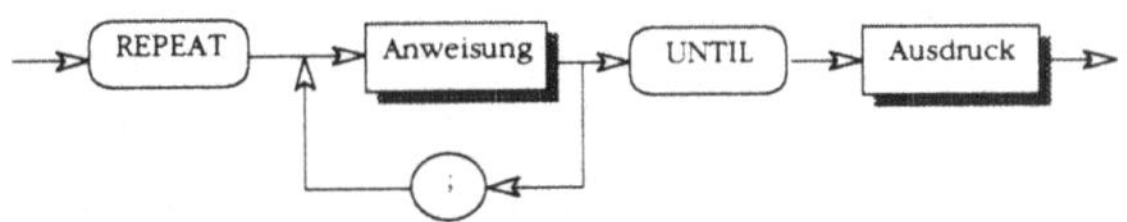

Ein Beispiel der REPEAT-ANWEISUNG verdeutlicht die Pascal-Schreibweise:

```
...
REPEAT { Wiederhole }
   i:=i+1
UNTIL i >= 10  { bis i größer gleich 10 }
...
```

Verbundanweisung
innerhalb der
REPEAT-Anweisung

Genau wie bei der IF-ANWEISUNG muß der Ausdruck einen logischen Wahrheitswert liefern.

Vor dem Schlüsselwort UNTIL muß, wie bei dem Schlüsselwort END, kein Semikolon stehen.

Soll innerhalb einer REPEAT-Anweisung eine Verbundanweisung angegeben werden, so braucht diese nicht in BEGIN-END geklammert zu werden. Die beiden Schlüsselwörter REPEAT und UNTIL stehen stellvertretend für diese Klammerung.

Die Schleife zur Zinsberechnung würde mit einer REPEAT-Anweisung wie folgt programmiert werden:

```
...
jahr:=0;
REPEAT
    kapital := kapital + kapital * zinssatz;
    jahr := jahr + 1
UNTIL jahr=4
...
```

Den Abbruch der Schleife bildet hier die einfache Bedingung jahr=4: Wenn der Wert der Variablen jahr gleich 4 ist, endet die Schleife.

Unter Verwendung der REPEAT-ANWEISUNG sieht das Programm zur Zinsberechnung wie folgt aus:

5.16: REPEAT

```
PROGRAM zinsberechnungen_mit_REPEAT;

CONST
    zinssatz = 0.05;  { 5% Zinsen }

VAR
    kapital: REAL;
    jahr: INTEGER;

BEGIN
    kapital := 1000;        { Startwert des Kapitals }
    jahr := 0;              { Startwert für jahr }
    REPEAT
        kapital := kapital + kapital * zinssatz;
        jahr := jahr + 1     { Jahr wird um 1 weitergezählt }
    UNTIL jahr=4
    Writeln ('Nach vier Jahren beträgt das Kapital: ', kapital)
END.
```

WHILE-Anweisung

Die zweite Schleifenart ist die WHILE-Anweisung:

Syntaxdiagramm 5.33:
WHILE-Anweisung

Ein Beispiel der WHILE-Anweisung verdeutlicht die Pascal-Schreibweise:

```
...
WHILE i < 10 DO i:=i+1; { Solange i kleiner 10 tue ... }
```

Vergleicht man die Bedingung der WHILE-Anweisung mit derjenigen der REPEAT-Anweisung, so fällt auf, daß der logische Ausdruck negiert wurde: aus i>=10 (REPEAT) wurde i<10 (WHILE).

Verbundanweisung innerhalb einer WHILE-Schleife

Natürlich sind auch innerhalb einer WHILE-Anweisung ANWEISUNGSBLÖCKE erlaubt.

Unter Zuhilfenahme des ANWEISUNGSBLOCKS kann jetzt das Programm zur Zinsberechnung mit einer WHILE-Schleife umgesetzt werden.

Um über die WHILE-ANWEISUNG die gleiche Wirkung wie bei der REPEAT-Anweisung zu erreichen, muß die Schleifenbedingung verändert werden:

Anstelle der Bedingung jahr = 4 muß dieser Ausdruck negiert werden: jahr <> 4.

5.17: WHILE

```
PROGRAM zinsberechnungen_mit_WHILE;

CONST
    zinssatz = 0.05;  { 5% Zinsen }

VAR
    kapital: REAL;
    jahr: INTEGER;

BEGIN
    kapital := 1000;           { Startwert des Kapitals }
    jahr := 0;                 { Startwert für jahr }
    WHILE jahr <> 4 DO
    BEGIN     { BEGIN muß hier stehen, da Verbundanwesiung folgt }
        kapital := kapital + kapital * zinssatz;
        jahr := jahr + 1         { Jahr wird um 1 weitergezählt }
    END { WHILE }
    Writeln ('Nach vier Jahren beträgt das Kapital: ', kapital)
END.
```

Häufige Fehlerquellen

In diesem Beispiel würde das „Vergessen" der BEGIN-END-Klammerung zu einem fatalen Ergebnis führen:

```
...
WHILE jahr <> 4 DO
        kapital := kapital + kapital * zinssatz;
        jahr := jahr + 1
...
```

Endlos-Schleifen

Bei diesem Fehlerbeispiel würde die Anweisung

```
kapital:= kapital + kapital * zinssatz
```

innerhalb der WHILE-ANWEISUNG immer wieder ausgeführt, ohne daß sich etwas an dem logischen Wert des Ausdrucks jahr <> 4 ändert. In diesem Fall spricht man von einer *Endlos-Schleife.*

Eine besonders „gemeine" Endlos-Schleife würde über folgendes Programmfragment entstehen:

```
...
WHILE jahr <> 4 DO; { !!! }
BEGIN
        kapital := kapital + kapital * zinssatz;
        jahr := jahr + 1
BEGIN
...
```

Hier wurde irrtümlich ein Semikolon hinter dem Schlüsselwort DO gesetzt. Durch dieses Semikolon wird eine Leeranweisung (vgl. Abschnitt „5.4.5 Leeranweisung") eingefügt. Diese bildet dann unerwünschterweise den Schleifenrumpf, so daß der eigentlich „gemeinte" Schleifenrumpf nie erreicht wird.

Die Variablen einer Schleifenbedingung sollten immer genauestens auf ihre Veränderung innerhalb der Schleife untersucht werden. Nur so kann gewährleistet werden, daß die Bedingung für die Beendigung einer Schleife erfüllbar ist.

Folgende REPEAT-Anweisung endet ebenfalls nie, weil die Schleifenbedingung nie erfüllt werden kann:

```
...
jahr := 1994;
REPEAT
        Writeln ('Heute schreiben wir das Jahr:', jahr:4);
        jahr := jahr + 1
UNTIL jahr = 1994
...
```

In diesem Zusammenhang kann ein nützlicher Tip aufgezeigt werden, der hilfreich ist, Fehler zu vermeiden. Wird im obigen Beispiel die Bedingung jahr = 1994 geringfügig zu jahr >= 1994 verändert terminiert die Schleife. Es zeigt sich häufig, daß es sinnvoll ist, anstelle eines „genauen Vergleichs" („=", „<>") besser einen „allgemeineren Vergleich" („>=", „<=") zu verwenden.

Grundsätzlicher
Unterschied zwischen
REPEAT und WHILE

Zwischen WHILE- und REPEAT-Anweisung gibt es zwei wesentliche Unterschiede:

- Der Schleifenrumpf einer REPEAT-ANWEISUNG wird mindestens einmal durchlaufen, während er bei einer WHILE-ANWEISUNG u.U. gar nicht abgearbeitet wird.

- Soll für eine Aufgabe anstelle der WHILE-ANWEISUNG eine REPEAT-ANWEISUNG genutzt werden, so ist die Bedingung für die REPEAT-ANWEISUNG zu negieren und umgekehrt.

Abb. 5.5:
REPEAT versus
WHILE (PAP)

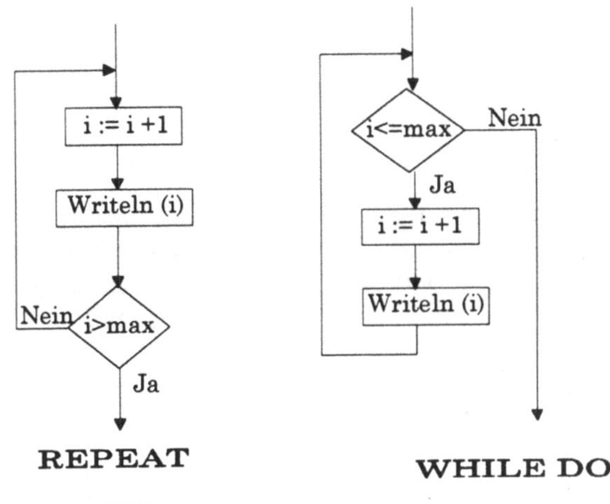

Der Unterschied beider Schleifen zeigt sich auch deutlich in der Struktogramm-Grafik:

Abb. 5.6:
REPEAT versus
WHILE (Struktogramm)

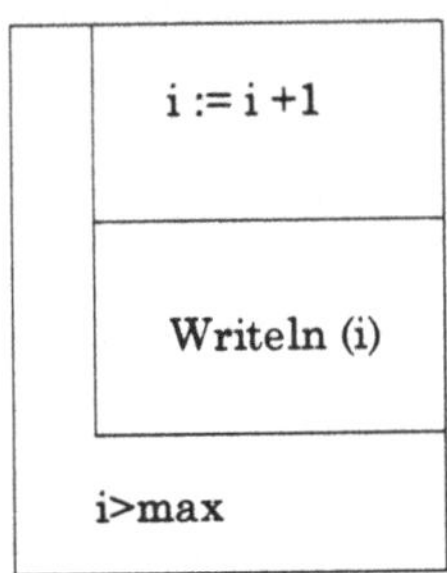

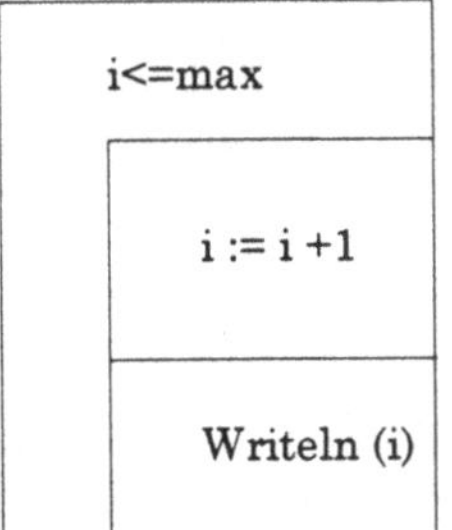

REPEAT   **WHILE DO**

UNTIL

Folgendes Beispiel hilft zu erkennen, wann besser eine REPEAT- und wann besser eine WHILE-Schleife verwendet werden sollte.

5.18: REPEAT
(Vergleich mit WHILE)

```
PROGRAM repeat_while_Vergleich;

CONST
    max = 100;

VAR
    i: INTEGER;

BEGIN
    Readln (i);

    REPEAT
        i := i + 1;
        Writeln (i)
    UNTIL i > max

END.
```

Wenn etwa für i ein Wert größer als max (> 100) eingegeben wird, so wird die Schleife trotzdem einmal durchlaufen, obwohl dieses laut Bedingung (bis i > 100) nicht gewünscht ist. Abhilfe schaffen könnte hier eine WHILE-Schleife:

5.19:
WHILE(Vergleich mit
REPEAT)

```
PROGRAM while_repeat_Vergleich;

CONST
    max = 100;

VAR
    i: INTEGER;

BEGIN
    Readln (i);

    WHILE i <= max DO
    BEGIN
        i := i + 1;
        Writeln (i)
    END

END.
```

Wird in diesem Beispiel für i ein Wert größer 100 eingegeben, so wird die Schleife gar nicht erst durchlaufen.

Es existieren sehr häufig *Schleifenbedingungen*, bei denen abgeprüft wird, ob eine *ganze Zahl* einen *bestimmten Endwert erreicht* hat. Dies ist auch der Fall bei dem Problem der Zinsberechnung, bei welchem über eine bestimmte Anzahl von Jahren verzinst werden soll. Ist das Ende des Verzinsungszeitraums erreicht, so terminiert die Schleife. Meist werden diese Zahlen innerhalb der Schleife *um eins erhöht oder vermindert*. Für diese

Art von Schleifen muß eine Variable zunächst initialisiert werden, eine Addition innerhalb der Schleife durchgeführt und eine Schleifenendbedingung angegeben werden:

```
i := 0;

WHILE i <= 10
DO BEGIN
    ...
    i:=i+1
    ...
END;
```

FOR-Anweisung

Um diese Form zu vereinfachen, stellt Pascal die FOR-ANWEISUNG zur Verfügung. Über die FOR-ANWEISUNG wird eine Variable nach jedem Schleifendurchlauf automatisch um eins inkrementiert (erhöht) oder dekrementiert (vermindert), bis ein bestimmter Endwert erreicht ist:

Syntaxdiagramm 5.34:
FOR-ANWEISUNG

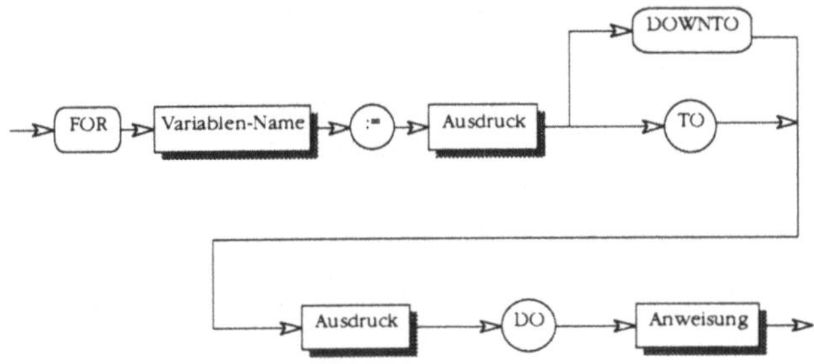

Die Zinsberechnung würde mit Hilfe der FOR-ANWEISUNG wie folgt umgesetzt:

5.20: FOR
(inkrementieren: TO)

```
PROGRAM zinsberechnungen_mit_FOR;

CONST
    zinssatz = 0.05;  { 5% Zinsen }

VAR
    kapital: REAL;
    jahr: INTEGER;

BEGIN
    Kapital := 1000;     { Startwert des Kapitals }

    FOR jahr := 1 TO 4
        DO kapital := kapital + kapital * zinssatz;

    Writeln ('Nach vier Jahren beträgt das Kapital: ', kapital)
END.
```

Inkrementierung

Nach jedem Schleifen-Durchlauf, wird die sogenannte *Laufvariable* i um 1 inkrementiert, d.h. um den Wert eins erhöht (i := i + 1), und danach wird abgeprüft, ob (das neue) i größer als x ist. Wenn diese Bedingung erfüllt ist, terminiert die FOR-Schleife.

FOR-Schleife

Der Vorteil dieser FOR-Schleife liegt darin, daß zum einen die Laufvariable nicht initialisiert, und zum anderen nicht innerhalb der Schleife erhöht werden muß.

FOR-Schleife

Der Nachteil von FOR-Schleifen liegt darin, daß die Schrittweite der Laufvariable auf die Größe 1 beschränkt ist.

Ähnlichkeiten zwischen FOR- und WHILE-Schleife

Da die Bedingung der FOR-Schleife zu Anfang abgeprüft wird, kann es, ähnlich wie bei der WHILE-Schleife, vorkommen, daß der Schleifenrumpf gar nicht durchlaufen wird. Folgendes Beispiel verdeutlicht dieses:

```
...
FOR i:=10 TO 1 DO Writeln (i);
...
```

Dekrementierung

Über eine FOR-Schleife kann eine Laufvariable auch um 1 dekrementiert, also verringert, (i := i - 1) werden. Diese Art der FOR-Schleife terminiert dann, wenn die Laufvariable kleiner als der DOWNTO-Wert ist:

5.21: FOR (dekrementieren: DOWNTO)

```
PROGRAM for_dekrementieren;

VAR
    i: INTEGER;

BEGIN
    FOR i:=10 DOWNTO 0 DO Writeln (i)
END.
```

Auch innerhalb einer FOR-ANWEISUNG darf nach dem Schlüsselwort DO ein ANWEISUNGSBLOCK anstelle einer einzigen Anweisung stehen.

5.22: FOR (mit
Anweisungsblock)

```
PROGRAM for_Anweisungsblock;

VAR
    i,summe: INTEGER;

BEGIN
    summe := 0;

    FOR i:=1 TO 10
    DO BEGIN
        Write (i);
        summe := summe + 1;
        Write (summe)
    END

END.
```

Innerhalb des FOR-Schleifenrumpfes sollte weder die Laufvariable noch der Endwert verändert werden. So wird etwa folgende FOR-Anweisung nur einmal durchlaufen:

```
...
x := 10;
FOR i:=1 TO x
DO BEGIN
    Writeln (i);
    i := x; x := 5    { i=10 und x=5 --> i > x ! }
END;
...
```

Ein besonders „gemeines" Ergebnis liefert das folgende, syntaktisch korrekte Programmfragment:

```
...
FOR i :=1 TO 10 DO;
    Write ('Wunderbares i: ', i)
...
```

In diesem Fall wurde irrtümlich ein Semikolon nach dem Schlüsselwort DO angegeben. Dieses führt zu einer Leeranweisung als Schleifenrumpf. Die unerwartete Folge ist, daß die Write-Anweisung nur einmal, statt wie gewünscht zehnmal, ausgeführt wird. Der Wert, der für i ausgegeben wird, ist 10.

Zusammenfassend werden über folgende Tabelle die drei Schleifen gegenübergestellt:

Tab. 5.18:
Schleifenvergleich

	WHILE	REPEAT	FOR

Beispiel	`WHILE b DO`
	`BEGIN`
	`...`
	`END`
		`REPEAT`
		`...`
		`UNTIL b`
			`FOR i:=1 TO n`
			`DO BEGIN`
			`...`
			`END`

Abarbeitung	u.U. gar nicht	mindestens einmal	u.U. gar nicht
Schleifen-block	in `BEGIN..END` geklammert oder einzelne Anweisung	in `REPEAT..UNTIL` geklammert	in `BEGIN ..END` geklammert oder einzelne Anweisung

5.4.4 Sprunganweisung

Über eine Sprunganweisung kann aus jeder Stelle im Programm ein beliebiger Vor- oder Rückwärtssprung zu einer anderen Anweisung hin angegeben werden:

Syntaxdiagramm 5.35:
GOTO-ANWEISUNG

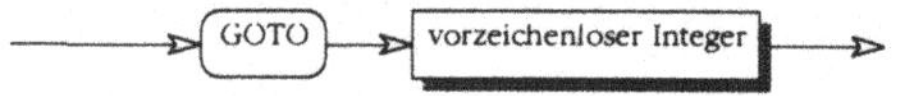

Um eine GOTO-ANWEISUNG angeben zu können, muß im Vereinbarungsteil eine LABEL-DEKLARATION (s. Syntaxdiagramm LABEL-DEKLARATION) erfolgen.

5.23: GOTO

```
PROGRAM schlimmes_GOTO_Beispiel;

LABEL
   1,2,3;

VAR
   i: INTEGER;

BEGIN

1: Writeln ('Label 1');
   Writeln ('weitere Anweisungen hinter Label 1');
   GOTO 2;
   Writeln ('nie erreichbare Anweisung');

2: Writeln ('Label 2');
   Readln (i);
   IF i = 1
      THEN GOTO 1
      ELSE GOTO 3;

3: Writeln ('Eine besonders ausdauernde Schleife');
   GOTO 3;
   Writeln ('Dieses Programm wird wohl niemals enden!')

END.
```

Neben der schlechten Lesbarkeit, werden sehr leicht Fehler „eingebaut" wie das Beispiel deutlich zeigt.

1968 forderte *E.W.Dijkstra*, einer der Urheber der strukturierten Programmierung, den Verzicht auf GOTO in allen höheren Programmiersprachen, zu denen auch Pascal gehört. Dieser Anweisungstyp verschleiere die Programmlogik. Außerdem sei die Qualität eines Programms umgekehrt proportional zur Anzahl verwendeter GOTO-Anweisungen.

Eine einzige Ausnahme kann angeführt werden, bei der es Sinn machen kann, eine GOTO-Anweisung zu verwenden:

```
   ...
   WHILE ok
   DO BEGIN
      ...
      IF abbruch THEN GOTO 999
      ...
   END
999: ...
```

In diesem Beispiel wurde der Label 999 dazu verwendet, um einen Abbruch der WHILE-Schleife zu realisieren. Besonders in Fällen, bei denen mehrere Abbruchbedingungen existieren, macht dieser Sprung Sinn. Auf diesem Weg müssen nicht alle Abbruchbedingungen einer Schleife abgeprüft werden.

Wenn GOTO-Anweisungen verwendet werden, dann nur für die Programmierung eines *Vorwärtssprungs*. Unbedingt vermieden werden sollten Sprünge, die zurück führen:

```
LABEL 99;      { Abbruch }
  ...
    WHILE ...
    DO BEGIN
      ...
      REPEAT
        ...
        WHILE ...
        DO BEGIN
          ...
          IF ... THEN GOTO 99;
          ...
        END;

      UNTIL ...;
      ...
    END;
  99:
  ...
```

In diesem Fall wird vermieden, daß eine Bedingung (innerhalb der inneren WHILE-Anweisung) in jeder Schleifenbedingung der übergeordneten Schleifen extra aufgenommen werden muß. Alle ineinander geschachtelten Schleifen sind beendet, sobald die Bedingung der innersten IF-Anweisung zutrifft.

5.4.5 Leeranweisung

Eine für die weitere Programmiertätigkeit relativ unbedeutende Anweisung ist die Leeranweisung. Zwei aufeinander folgende Semikola geben sie an:

```
a := b * c;;
```

Leeranweisungen sind notwendig, um etwa vor einem END ein (überflüssiges) Semikolon zu erlauben (normalerweise braucht vor END kein Semikolon zu stehen):

```
  ...
    Writeln ('Ende');
  END.
```

Das Beispiel definiert zwischen der Anweisung Writeln ('Ende')
und dem END eine Anweisung (zwischen ; und END). Damit der
Compiler hier keinen Syntaxfehler angibt, wird eine Leeranweisung (Anweisung wird ignoriert) angenommen.

6

Grundlegende Datentypen und -strukturen

Die Datentypen und -strukturen sind einführend bereits in Abschnitt „5.1.4 Typen-Definition" behandelt worden. Die Möglichkeiten, unterschiedliche Typen zu vereinbaren, sind in Pascal besonders ausgeprägt — und leider auch nicht immer ganz einfach nachvollziehbar.

Dieser Abschnitt gibt zunächst noch ergänzende Hinweise zu den bereits besprochenen BASIS-TYPEN. Danach behandelt er AUFZÄHLUNGSTYPEN und STRUKTURIERTE DATENTYPEN. Wegen ihrer besonderen Eigenschaften werden die Zeiger und Dateistrukturen in gesonderten Kapiteln behandelt.

6.1

Basis Datentyp

vordefinierte Typen

Die vordefinierten, sogenannten, BASIS-TYPEN (INTEGER, REAL, CHAR und BOOLEAN) wurden bereits in Abschnitt „5.1.4 Typen-Definition" betrachtet. In einigen Literaturquellen (u.a. im „User Manual and Report") sind diese Typen den *skalare Datentypen* zugeordnet. Skalare Datentypen sind eine, durch einen einzigen Zahlenwert bestimmbare mathematische Größe.

Häufig fällt im Zusammenhang mit skalaren Datentypen der Begriff *Ordinaltyp*. So faßt etwa der Pascal-Standard (DIN 66256), alle Datentypen, für die eine Ordinalzahl mittels der Standard-Funktion Ord (s. S.52) ausgegeben werden kann, unter den Ordinaltypen zusammen. Daneben sind für die Elemente des Ordinaltypen die Standard-Funktionen Succ und Pred anwendbar:

```
VAR
  i: INTEGER;
  b: BOOLEAN;
  z: CHAR;
BEGIN
  i:=234; b:=FALSE; z:='A';
  Writeln ('   Ordnungszahlen, Nachfolger');
  Writeln ('i:', Ord(i):10, Succ(i):14);
  Writeln ('b:', Ord(b):10, Succ(b):14);
  Writeln ('z:', Ord(z):10, Succ(z):14);
  Readln
END.
```

Das Programm gibt folgendes aus:

```
  Ordnungszahlen, Nachfolger
i:        234           235
b:          0          TRUE
z:         65             B
```

Ausnahme REAL

Reelle Zahlen (REAL) gehören nicht zu den Ordinaltypen (sie sind aber den skalaren Datentypen zuzuordnen). Auf Elemente des Datentyps REAL können diese Standard-Funktionen nicht angewendet werden.

6.2

symbolische Aufzählungen

Aufzählungstyp

Neben den vorgegebenen BASIS-TYPEN können vom Programmierer weitere ordinale Datentypen vereinbart werden. Sollen z.B. Wochentage anstelle von ganzen Zahlen einen symbolischen Bezeichner erhalten, so können diese als symbolische Aufzählung (AUFZÄHLUNGSTYP) vereinbart werden:

Syntaxdiagramm 6.1:
AUFZÄHLUNGSTYP

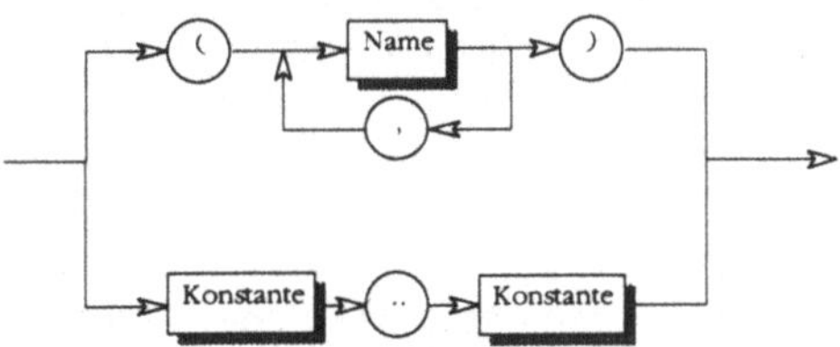

Ein Beispiel könnte wie folgt aussehen:

```
TYPE
    wochentage=     (montag,dienstag,mittwoch,donnerstag,
                     freitag,samstag,sonntag);

VAR
    tag: wochentage;
    monat :     (jan,feb,mrz,apr,mai,jun,jul,aug,sep,
                 okt,nov,dez)
    ...
BEGIN
    ...
    tag := montag;
    Writeln (Ord (tag)); { liefert die Ordnungszahl(hier: 0) }
    ...
```

Mit der Verwendung von Aufzählungstypen wird häufig die Semantik einzelner Daten deutlicher und damit das Programm lesbarer. Ein Programm-Beispiel hierfür findet sich in Abschnitt „6.3.2 Felder".

Werden die Funktionen Succ und Pred auf Elemente des Aufzählungstyps angewendet, so ist in diesem Fall Succ(sonntag) und Pred(montag) nicht definiert.

```
tag:=Pred(tag);     { ok, solange tag >= dienstag }
monat:=Succ(monat); { ok, solange monat <= nov }
```

Die Aufzählungsdaten (Variable vom Aufzählungstyp) dürfen auch innerhalb einer FOR-Anweisung benutzt werden:

```
FOR tag := montag TO freitag DO Writeln('Werktag');
```

Teilaufzählungen

In bestimmten Fällen kann es durchaus nützlich sein, nur Teilaufzählungen zu verwenden. Soll eine Variable z.B. nur die Werktage kennen, so ist folgende Teilaufzählung möglich:

```
TYPE
    wochentage=(montag,dienstag,mittwoch,donnerstag,
                freitag,samstag,sonntag);
    werktage = montag..freitag;

VAR
    wtag: werktage;
```

In diesem Fall „kennt" die Variable wtag nur die Symbole montag bis freitag. Voraussetzung solcher Teilaufzählungen ist, daß die verwendeten Symbole (in diesem Fall montag und freitag) bereits vorher vereinbart wurden.

geschlossene Intervalle

Für Teilaufzählungen ganzer Zahlen müssen die verwendeten Zahlen nicht vorher vereinbart werden, da Pascal diese ja bereits „eingebaut" hat:

```
TYPE
   stunden = 0..24;
   minuten = 0..60;
   sekunden = 0..60;
```

Sinn der Aufzählungen

Hier stellt sich die Frage nach dem Sinn solcher festgelegten Aufzählungen — über die bessere Lesbarkeit hinaus.

Aufzählungstypen

Zum einen kann über die Aufzählungstypen *Speicherplatz gespart* werden. Wie wir bereits wissen, werden für eine *ganze Zahl* immer zwei Byte Speicher reserviert. Dabei ist es unwichtig, wie groß die Zahl wird. Schränkt man den Wertebereich von vornherein ein, so würde unter bestimmten Voraussetzungen nur ein Byte (=8 Bit) für die Repräsentation ganzer Zahlen ausreichen, nämlich genau dann, wenn der Geltungsbereich kleiner als 256 (=2^8) ist.

Für die *symbolischen Aufzählungen* kann sogar erheblich mehr Speicherplatz gespart werden. Das leuchtet ein, wenn man bedenkt, daß ein Zeichen genau ein Byte benötigt. So müßten für die Zeichenfolge „montag" 6 Byte reserviert werden. Bei den Aufzählungstypen vergibt der Compiler für den Namen montag intern nur eine *laufende Nummer* (ganze Zahl). So wird während der Übersetzung eine *Tabelle aller Namen* und deren zugeordneter Nummern generiert. Immer wenn im Quelltext ein Name erscheint, wird über die Tabelle die zugeordnete Nummer gesucht und diese in den Maschinencode eingetragen. So wird nicht der „lange" symbolische Name übersetzt, sondern lediglich die zugehörige Nummer.

Plausibilitätsprüfung

Ein weiterer Vorteil ist die Plausibilitätsprüfung bereits zur Übersetzungszeit. So können Fehler vermieden werden. Wenn etwa einer Variablen vom Typ werktage der Name sonntag zugewiesen wird, meldet der Compiler einen Syntaxfehler. So kann der Programmierer diese Zuweisung auf ihre Korrektheit überprüfen und ggf. korrigieren. Dieser Fehler würde also erkannt, noch ehe das Programm läuft.

Laufzeitfehler

Auch zur Laufzeit kann Pascal eine Fehlermeldung ausgeben, sobald etwa der Variablen vom Typ stunden über irgendeine Berechnung eine Zahl > 24 zugewiesen wird. Dieser Fehler würde als sogenannter Laufzeitfehler ausgewiesen.

Da die Namen intern nur als Nummern verarbeitet werden, können *Aufzählungsnamen* zur Laufzeit des Programms *weder eingelesen noch ausgegeben* werden. Das lauffähige Programm kennt nicht die Tabelle aller Namen, sondern nur die Nummern.

Dieses Verhalten schränkt den Einsatzbereich der symbolischen Aufzählungen erheblich ein.

```
...
Readln (tag);                    { Syntaxfehler !}
IF tag = sonntag
   THEN BEGIN
           tag := pred (tag);
           Writeln (tag)     { Syntaxfehler }
        END
...
```

Eine Lösung für obiges Problem könnte wie folgt aussehen:

```
...
TYPE
   wochentage=(montag,dienstag,mittwoch,donnerstag,
               freitag,samstag,sonntag);
VAR
   alle_tage: wochentage;
...
BEGIN
...

   CASE alle_tage OF
      montag: Write ('Montag');
      dienstag: Write ('Dienstag');
      ...
      sonntag: Write ('Sonntag');
      ELSE Write ('ungültiger Tag')
   END;


...
END.
```

Das folgenden Programm veranschaulicht noch einige Probleme der geschlossenen Intervalle.

6.1: Aufzählungstypen
(falsche Verwendung)

```pascal
PROGRAM viele_Fehler;

TYPE
   stunden = 0..24;
   minuten = 0..60;
   sekunden = 0..60;

VAR
   std: stunden;
   min: minuten;
   sek: sekunden;

BEGIN
   std := 30;
   readln (sek);
   min := sek * 60;
END.
```

In diesem Programm würde bereits der Compiler einen Fehler nach der ersten Zuweisung ausgeben, da der Variablen `std` ein nicht vereinbarter Wert (30) zugewiesen wird. Nicht erkennen kann der Compiler hingegen den zu erwartenden Laufzeitfehler nach Eingabe einer „zu großen Zahl" für die Variable `sek`. Dabei entsteht entweder ein Laufzeitfehler in der `Readln`-Anweisung selbst, wenn zum Beispiel der „viel zu große" Wert 70 eingegeben wird, oder in der darauf folgenden Zuweisung, wenn der Benutzer etwa den Wert 10 eingibt, so daß für `min` ein zu großes Ergebnis (600) berechnet wird.

In Turbo Pascal würde dieser Laufzeitfehler allerdings nicht erkannt werden, da das sogenannte „Range-Checking" (Bereichsüberprüfung) normalerweise abgeschaltet ist. Das Programm würde, ohne eine Fehlermeldung auszugeben, weiterarbeiten — in diesem Falle allerdings mit nicht definierten Werten. Es besteht aber die Möglichkeit, eine sogenannte *Compiler-Option* anzugeben, die dafür sorgt, daß der Compiler zusätzlichen Maschinencode generiert, über den die Werte der Aufzählungsdaten zur Laufzeit überprüft werden. Diese erweiterte Codegenerierung wird über einen speziellen Kommentar angegeben: {$R+}. Diese Option sollte am Programmanfang angegeben werden. So kann obiges Programm um die Option erweitert werden, um eine Bereichsüberprüfung vornehmen zu lassen:

```
Program zeit;

{$R+}

TYPE
    stunden = 0..24;
    minuten = 0..60;
    sekunden = 0..60;
VAR
    std: stunden;
    min: minuten;
    sek: sekunden;

BEGIN
...
    min := sek * 60;
END.
```

Wird jetzt ein Wertebereich verletzt, stoppt das Pascal-Laufzeitsystem die Programmfortführung und gibt eine entsprechende Fehlermeldung aus.

6.3 Strukturierte Datentypen

unstrukturierte Datentypen

BASIS-TYPEN sind unstrukturierte Datentypen. In Pascal können die „eingebauten" Datentypen benutzt, bzw. über die TYPE-Vereinbarung umbenannt werden.

```
...
TYPE
    wochentage = INTEGER;
    monat = INTEGER;
    zahl = REAL;
...
VAR
    tag:   wochentage;
    i: INTEGER;
...
```

strukturierte Datentypen

Strukturierte Datentypen werden aus (ggf. durch TYPE-Deklarationen umbenannte) BASIS-TYPEN oder aus anderen strukturierten Datentypen zusammengesetzt. So könnte eine Adresse aus einer Vielzahl von Zeichen (CHAR) bestehen. In Pascal sind zunächst keine strukturierten Datentypen vorhanden. Diese müssen im Vereinbarungsteil vom Programmierer definiert werden. Pascal bietet eine Vielzahl von unterschiedlichen Strukturierungsarten an, die in diesem Kapitel ausführlich behandelt werden.

Das folgende Syntaxdiagramm enthält die erlaubten Datentypen, die im folgenden vorgestellt werden:

Syntaxdiagramm 6.2:
STRUKTURIERTER TYP

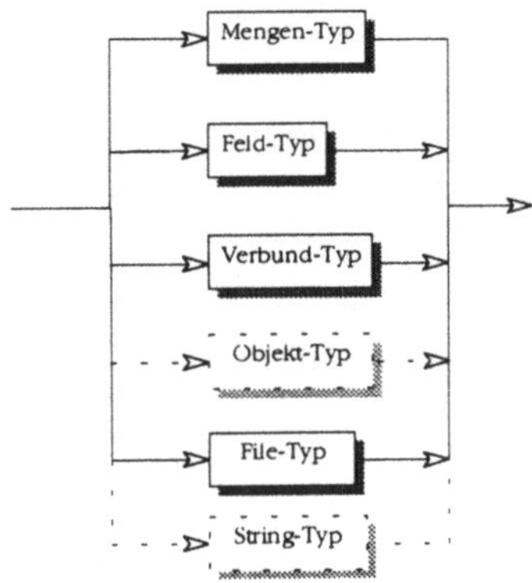

6.3.1 Mengen

Bisher wurden ausschließlich Variablen vorgestellt, über die nur ein einziges Datenelement gespeichert werden kann. Soll aber eine Menge von Elementen (engl. „set") einer Variablen zugeordnet werden, so ist dafür eine Mengen-Vereinbarung vorzunehmen.

Die Syntax der Mengendeklaration kann über folgendes Diagramm angegeben werden:

Syntaxdiagramm 6.3:
MENGEN-TYP

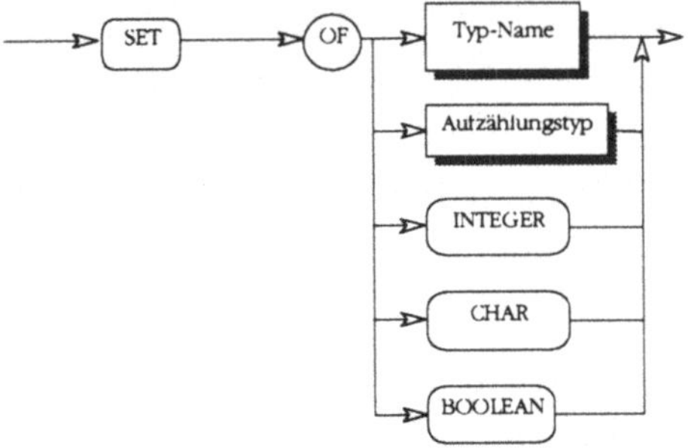

Mengendeklaration

Entsprechend dem Syntaxdiagramm müßte eine Variable, die nicht nur einen einzigen Wochentag aufnehmen kann, wie folgt vereinbart werden:

```
TYPE
    wochentage=(montag,dienstag,mittwoch,donnerstag,
                freitag,samstag,sonntag);
VAR
    tag_menge : SET OF wochentage;
...
```

Die Schlüsselworte SET OF innerhalb der Variablenvereinbarung deklarieren tag_menge als eine Menge mit den möglichen Elementen von wochentage.

Mengenbegrenzungen

Die Anzahl der Elemente einer Menge ist beschränkt. So dürfen etwa unter Turbo Pascal, wie auch bei den meisten anderen Pascal-Dialekten, nicht mehr als *256 Elemente* für eine Menge deklariert werden. Folgende Mengendeklaration würde z.B. zu einem Übersetzungsfehler (*out of range*) führen:

```
...
VAR
    zahlen = SET OF INTEGER;
...
```

In diesem Fall ist versucht worden, eine Menge mit 2^{16} Elementen zu bilden. Dieses führt dann zu dem oben genannten Fehler. Erlaubt ist hingegen eine Mengenvereinbarung von Zeichen:

```
...
VAR
    zeichen = SET OF CHAR;
...
```

Mengenangaben

Unter der Voraussetzung einer korrekten Mengendeklaration ist etwa folgende Zuweisung für tag_menge erlaubt:

```
...
tag_menge := [montag,mittwoch,freitag];
...
```

Es sind auch Zuweisungen leerer Mengen erlaubt:

```
...
tag_menge := [];
...
```

Im Gegensatz zur Vereinbarung von Aufzählungstypen, müssen Mengen bei der Zuweisung in eckige Klammern eingeschlossen werden („[", „]"). Die allgemeine Syntax der Angabe von Mengen veranschaulicht folgendes Syntaxdiagramm:

Syntaxdiagramm 6.4:
ANGABE VON MENGEN

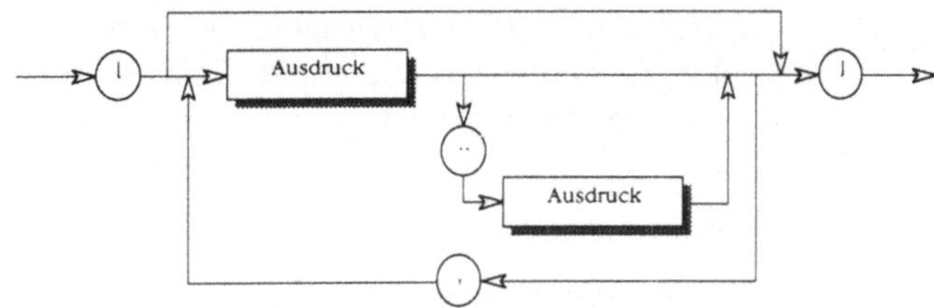

Aus diesem Diagramm geht hervor, daß es auch erlaubt ist, ein geschlossenes Mengenintervall mit einer bestimmten Anzahl von Elementen, zuzuweisen:

```
...
tag_menge := [montag..freitag];
...
```

Die ausführliche Zuweisung aller Arbeitstage würde wie folgt erfolgen:

```
...
tag_menge := [montag,dienstag,mittwoch,donnerstag,freitag];
...
```

Im folgenden sind noch einige Beispiele zu Mengenangaben aufgeführt:

```
...
TYP
    zahlen_bereich = 0..255;

VAR
    primzahlen, x: SET OF zahlen_bereich;
    y : zahlen_bereich;
    alphabet, selbstlaute, sonderzeichen: SET OF CHAR;

BEGIN
    ...
    primzahlen := [2,3,5,7,11,13,17,19];
    y := 5;
    x := [1,y,y*10,101];
    alphabet := ['A'..'Z'];
    selbstlaute := ['A','E','I','O','U'];
    sonderzeichen := ['!','"','$','%','&','.',',',
                      '+','-','*','/'];
    ...
END.
```

Die Variable primzahlen ist eine Mengenvariable mit dem Wertebereich von zahlen_bereich. Diese Variable kann demnach beliebig viele Elemente aus der vereinbarten Menge aufnehmen, wie die Zuweisung zeigt.

Dagegen ist die Variable y lediglich vom Datentyp `zah-len_bereich`, was bedeutet, daß y nur einen der Werte aus diesem Datenbereich aufnehmen kann.

Die Zuweisung zur Variablen x zeigt, daß auch arithmetische Ausdrücke zur Bestimmung der Mengenelemente zulässig sind.

`alphabet` wurde aus allen Zeichen zwischen dem A (`Ord('A')=65`) und dem Zeichen Z (`Ord('Z')=90`) vereinbart. Bei der Angabe eines Intervalls erspart man sich die Aufzählung aller einzelnen Buchstaben. Allerdings dürfen *geschlossene Intervalle* nur für Datentypen angegeben werden, für die eine klare Ordnung existiert, also *nur für Ordinaldatentypen*.

Mengenoperationen

Pascal unterstützt die wesentlichen Operationen zur Bearbeitung von Mengen: die Vereinigung, den Durchschnitt und die Differenz zweier Mengen:

Tab. 6.1:
Mengenoperationen

Operator	Bedeutung
+	Vereinigung
*	Durchschnitt
–	Differenz

Angenommen, es existiert folgende Vereinbarung:

```
VAR     m1, m2: SET OF CHAR;
...
BEGIN
...
        m1 := ['a','b','c','d'];
        m2 := ['a','e','i'];
...
```

Werden die drei Mengenoperationen darauf angewendet, ergibt sich folgendes Bild:

Abb. 6.1:
Mengen und ihre
Operationen

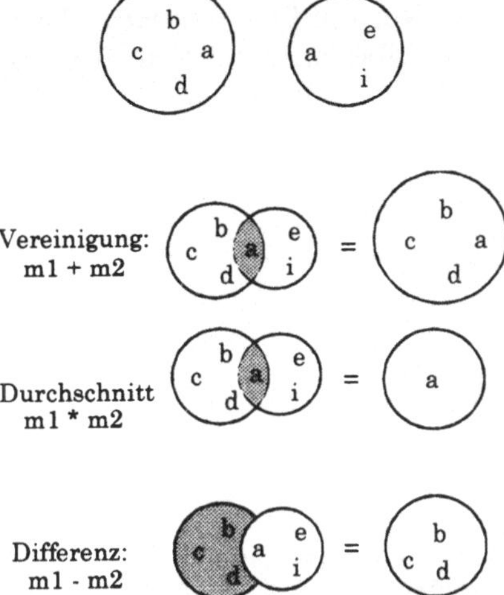

Teilmengen

Neben diesen „einfachen" Mengenoperationen bietet Pascal logische Operationen für Mengenbearbeitungen an. So kann die Gleichheit (=) und die Ungleichheit (<>) zweier Mengen abgeprüft werden. Daneben kann noch überprüft werden, ob eine Menge die andere Menge enthält (>=), ob eine Menge in der anderen enthalten ist (<=) und ob ein Element in einer Menge enthalten ist (IN).

Tab. 6.2:
Logische Mengen-
Operationen

Operation	Bedeutung	Ergebnis
m1 = m2	m1 gleich m2	FALSE
m1 <> m2	m1 ungleich m2	TRUE
m1 >= m1 * m2	m1 enthält den Durchschnitt von m1 und m2	TRUE
m1 <= m1 + m2	m1 ist in der Vereinigung von m1 und m2 enthalten	TRUE
´b´ IN m1	das Element ´b´ ist in der Menge m1 enthalten	TRUE

Das folgende Beispiel verdeutlicht den praktischen Einsatz von Mengen. Durch das Programm soll eine Menge von Buchstaben eingelesen und codiert wieder ausgegeben werden. Der Code besteht in diesem Fall darin, alle Selbstlaute durch ein „#" zu ersetzen. Damit die Eingabe nicht ohne Codierung angezeigt wird (vgl. Read in Abschnitt „5.2.2 Eingabe"), ist in diesem Beispiel eine spezielle Funktion ReadKey aus der UNIT crt von

6.2: Mengen

Turbo Pascal verwendet worden. Diese verhindert die unmittelbare Ausgabe eines Zeichens nach der Eingabe.

```
PROGRAM codierung;

USES crt;      { Turbo Pascal }

VAR
    code_menge: SET OF CHAR;
    zeichen : CHAR;

BEGIN
    code_menge := ['a','e','i','o','u'];
    REPEAT
        zeichen := ReadKey;
        IF zeichen IN code_menge
            THEN Write ('#')
            ELSE Write (zeichen);
    UNTIL Zeichen = '.';
END.
```

Mengen sind besonders gut in Problembereichen einzusetzen, in denen symbolische Daten, also keine Zahlen oder Zeichen benötigt werden. Ein Programm gewinnt über Mengen erheblich an Lesbarkeit. Außerdem lassen sich über die Anwendung von Mengen bestimmte Lösungen erheblich einfacher und schneller umsetzen, wie etwa das Codierungsbeispiel (s. oben) zeigt: ohne die `code_menge` müßte eine „unschöne" Abfrage aller möglichen zu codierenden Zeichen erfolgen:

```
...
IF zeichen = ´a´
    OR zeichen = ´e´
    OR zeichen = ´i´
    OR zeichen = ´o´
    OR zeichen = ´u´
    THEN Write('#')
    ELSE Write (zeichen);
...
```

Genau wie bei den Aufzählungstypen existiert der Nachteil einer fehlenden Ein- und Ausgabemöglichkeit von Mengen. So würde die Anweisung `Write (m1)` zu einem Syntaxfehler führen. Außerdem kann nicht gezielt auf ein Element einer Menge zugegriffen werden. Es gibt also z.B. keine Möglichkeit abzufragen, welches das vierte Element einer Menge ist. Dies ist dadurch begründet, daß Mengen als *ungeordnete* Datenstrukturen verstanden werden, bei denen nicht definiert ist, welches das vierte Element ist.

6.3.2

Felder

Häufig besteht die Notwendigkeit, auf bestimmte Elemente einer Menge zuzugreifen. Dieses läßt sich in Pascal über die Vereinbarung von Feldern (engl. „array") umsetzen. Ein Feld ist aus der Mathematik auch als Vektor bekannt. Über einen Index kann auf jedes beliebige Element eines Feldes zugegriffen werden. Angenommen wir hätten ein Feld mit dem Namen alphabet, in dem die Buchstaben des Alphabets gespeichert worden sind:

Abb. 6.2:
Indiziertes Feld von
Buchstaben

Ein Feld mit
Namen "alphabet"

a	b	c	d	e	f	g	·	·	·
1	2	3	4	5	6	7	·	·	·	*Index*

Soll auf einen speziellen Buchstaben, etwa das „d", zugegriffen werden, so muß die vierte Stelle im Feld angesprochen werden:

```
Writeln (alphabet [4]);
```

In diesem Fall würde über den Index 4 der Buchstabe „d" des Feldes alphabet angesprochen und ausgegeben.

Vereinbarung von
Feldern

Folgendes Syntaxdiagramm beschreibt die Vereinbarung von Feldern:

Syntaxdiagramm 6.5:
FELD-TYP

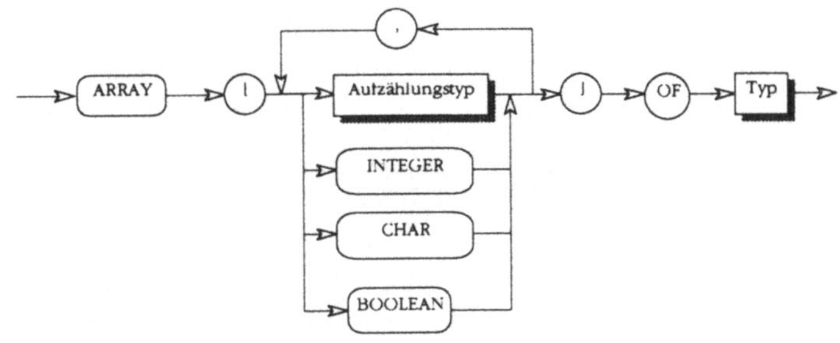

Über die Feldvereinbarung werden der Name, die maximale Anzahl der Elemente (also die Indexgrenzen) und der Datentyp aller Elemente deklariert.

Speicherplatz

Der Compiler reserviert zur Übersetzungszeit *in Abhängigkeit von den Indexgrenzen und dem Datentyp den* notwendigen Speicher. Angenommen es soll das Alphabet mit seinen 26 Buchstaben vereinbart werden, so sind 26 Byte zu reservieren. Soll hingegen ein Feld mit 26 ganzen Zahlen (INTEGER) vereinbart werden, sind dazu 26 * 2 (=52) Byte notwendig.

Aus Speicherplatzgründen sollte man die Indexgrenzen deshalb so gering wie möglich halten.

Auf ein Element des Feldes kann dann über die Angabe des Feldnamens und des Index zugegriffen werden. Soll etwa unser Alphabet deklariert, initialisiert und ausgegeben werden, ist folgendes Programm notwendig:

6.3: ARRAY

```
PROGRAM feld_alphabet;

VAR
    alphabet: ARRAY [1..26] OF CHAR;
    i: INTEGER;

BEGIN
    FOR i:=1 to 26 DO
        alphabet[i] := chr(i+ord('A')-1);
    FOR i:=1 to 26 DO
        Write (alphabet[i]:4)
END.
```

Dieses Beispiel könnte durch die Vereinbarung einer Konstanten (max), für die Anzahl der möglichen Buchstaben, verbessert werden:

```
PROGRAM feld_alphabet;

CONST
    max = 26;

VAR
    alphabet : ARRAY [1..max] OF CHAR;

BEGIN
    ...
    FOR i:=1 TO max DO
    ...
```

Sollen irgendwann die Kleinbuchstaben des Alphabets berücksichtigt werden, so müßte nur die Konstante max verändert werden. Die Feldlänge und die Anzahl der Operationen auf das Feld innerhalb beider FOR-Anweisungen würden sich dann automatisch ändern.

Nicht nur der Endwert eines Feldes ist beliebig, sondern es kann auch ein beliebiger Anfangswert (< Endwert) vereinbart werden. So könnte unser Programm zur Speicherung des Alphabets wie folgt verändert werden:

6.4: ARRAY (beliebiger Anfangs- und Endwert)

```
PROGRAM feld_alphabet;

CONST
    anfang = 65;
    ende = 90;

VAR
    alphabet : ARRAY [anfang..ende] OF CHAR;
    i : INTEGER;

BEGIN
    FOR i:=anfang to ende DO
        alphabet[i] := chr(i);
    FOR i:=anfang to ende DO
        Write (alphabet[i]:4)
END.
```

Beschränkungen

Die begrenzte Hauptspeicherkapazität eines Computers beschränkt auch die zulässige Anzahl von Feldelementen.

So wird etwa in Turbo Pascal bereits zur Übersetzungszeit überprüft, ob der interne Speicher ausreicht, um Speicher für alle Feldelemente zu reservieren. Hier gilt eine Beschränkung auf *64 Kilobytes* für die Variablenvereinbarungen innerhalb eines Blocks. Für jede Prozedur gilt diese Zahl erneut, d.h., es werden also nicht die Größen aller lokalen und globalen Variablen addiert.

Probleme mit Indexgrenzen

Ein sehr häufig gemachter Programmierfehler besteht in dem Versuch, ein Element außerhalb des vereinbarten Feldes anzusprechen. In diesem Fall kann der Compiler nur dann einen Syntaxfehler angeben, wenn der fehlerhafte Index eine Konstante ist:

```
VAR
    a : ARRAY [0..100] OF INTEGER;

BEGIN
...
    a [101] := 4712;
...
```

Keinen Fehler hingegen erkennt der Compiler etwa dann, wenn in diesem Programm die Anweisungsfolge

```
...
i := 11; a[i*i] := 4712;
...
```

steht.

Der unerlaubte Zugriff auf das nicht vereinbarte Element mit dem Index $i * i$ (=121) wird auch nicht zur Laufzeit erkannt.

Hier würde eine undefinierte Zuweisung auf irgendeine Stelle im Speicher erfolgen. Diese Zuweisung kann durchaus fatale Folgen haben, wie folgende Abbildung zeigt:

Abb. 6.3
Zugriff außerhalb der Indexgrenzen

```
VAR a: ARRAY [1..100] OF INTEGER;
    z: ARRAY [1..100] OF CHAR;
```

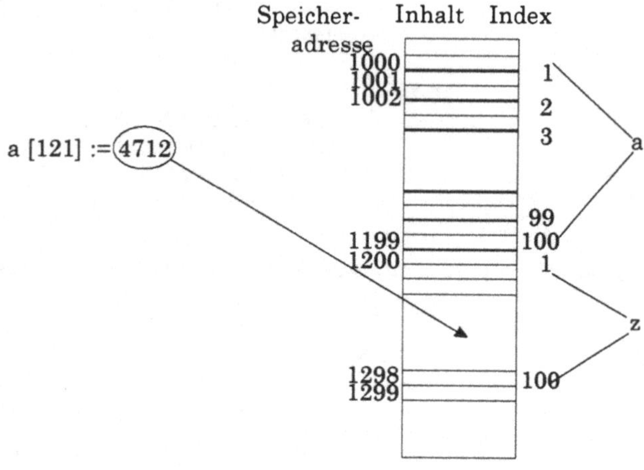

Deutlich ist zu sehen, wie die fehlerhafte Zuweisung den Wert eines anderen Feldes **z** verändert. Dieses ist sicher nicht im Sinne des Programmierers.

Um sicherzugehen, daß derartige Fehler erkannt werden, kann die bereits weiter oben behandelte Compiler-Option {$R+} in das Programm aufgenommen werden.

So würde folgendes Programm zur Laufzeit eine Fehlermeldung ausgeben:

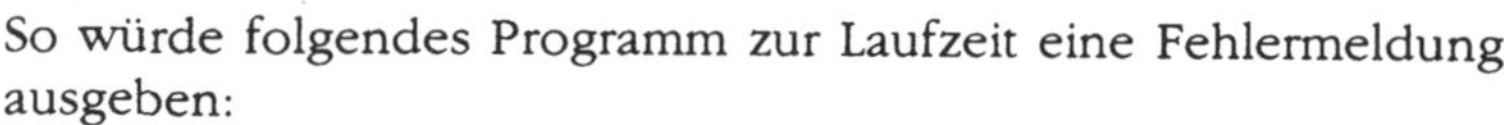

```
PROGRAM Fehler;

{$R+}

VAR
    a: ARRAY [1..100] OF INTEGER;
    i: INTEGER;

BEGIN
    i := 11;
    a[i*i] := 4712
END.
```

6.5: ARRAY(falsche Verwendung)

Da diese Option zusätzlichen Code in das Programm schreibt, sollte sie *nach* abgeschlossenem *Programmtest entfernt* werden.

So wird der Programmcode nicht nur kleiner, sondern auch schneller — die Fehlerüberprüfung kann entfallen.

Beispiel

An dieser Stelle soll ein kleines Beispiel den Einsatz von Feldern demonstrieren. Aufgabe ist es, eine Zeichenfolge einzulesen und in umgekehrter Reihenfolge wieder auszugeben. Dieses Problem läßt sich auch rekursiv lösen (s. Abschnitt „7.3 Rekursion"). Wir wollen hier aber die „nicht-rekursive" Lösung zeigen. Voraussetzung ist, daß wir ein Feld deklarieren, in dem alle eingelesenen Zeichen zunächst zwischengespeichert werden, bevor sie in umgekehrter Reihenfolge ausgegeben werden:

6.6:
ARRAY(Zeichenkette umkehren)

```pascal
PROGRAM reverse_beispiel; { nicht rekursiv !}

USES crt; { Turbo Pascal }

CONST
    max = 100;

VAR
    a: ARRAY [1..max] OF CHAR;
    max_index, i: INTEGER;

BEGIN
    max_index := 0;

    REPEAT
        c:=ReadKey;                  { Standard: Read (c) }
        max_index := succ (max_index);
        a [max_index] := c
    UNTIL (c = '.') OR (max_index = max);

    FOR i:=max_index DOWNTO 1
        DO Write (a[i]);
END.
```

Wenngleich diese Lösung zunächst sehr gut aussieht, hat sie doch einen entscheidenden Nachteil: die maximale Anzahl der Elemente muß von vornherein festgelegt werden (hier: max = 100). Werden weniger Zeichen eingelesen, wird unnötig viel Speicherplatz durch die Vereinbarung reserviert. Sollen aber mehr als 100 Zeichen eingegeben werden, ist dieses nicht möglich. Dieser Fall muß sogar explizit im Programm abgefangen werden (UNTIL .. OR (max_index=max)), um einen fatalen Fehler zu vermeiden.

Besonders bei Problemen, für die nicht von vornherein bekannt ist, wieviele Elemente verarbeitet werden sollen, ist die feste Vorgabe der Feldlänge eine Einschränkung. Diese kann aber in

Pascal über sogenannte *dynamische Datentypen* weitgehend behoben werden (s. Kapitel „8 Zeiger und Listen").

Mehrdimensionale Felder

Bisher wurden eindimensionale Felder (ein Index je Element) untersucht. Häufig werden aber auch mehrdimensionale Felder (ein Element wird über mehrere Indizes „adressiert") benötigt. Aus der Mathematik sind zweidimensionale Felder als Matrizen gut bekannt. Matrizen sind die gängigsten mehrdimensionalen Felder. Die Betriebswirtschaft nutzt Matrizen als Tabellen. Bekannte Beispiele sind:

Abb. 6.4:
Tabellenbeispiele

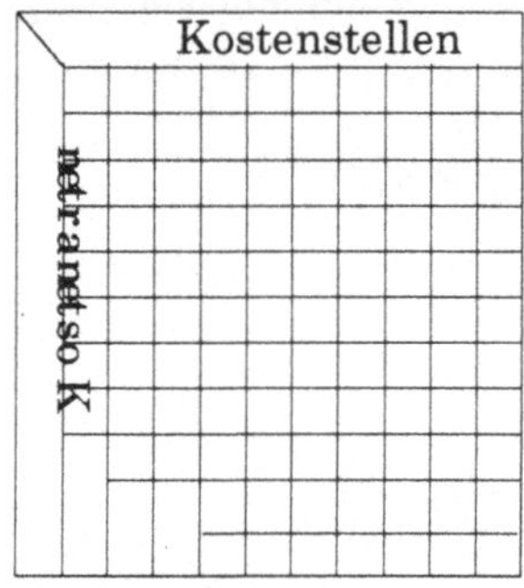

Grundstruktur des
Betriebabrechnungsbogens (BAB)

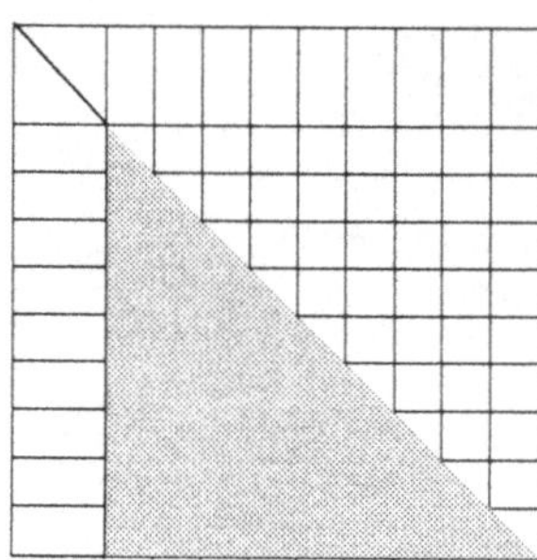

Entfernungstabellen

Kosten Monate	Soll	Ist	Differenz
Summe			

Soll-Ist-Vergleich

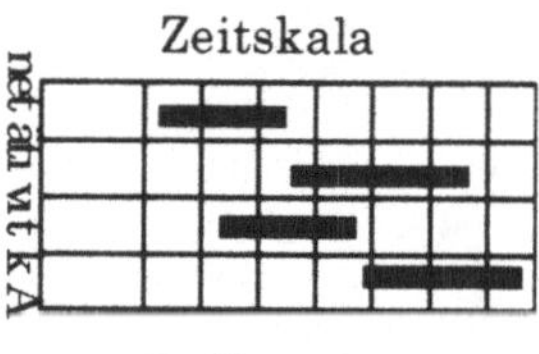

Balkenplan

Weniger praktische Verbreitung fanden bisher dagegen drei- oder gar vierdimensionale Felder.

Abb. 6.5:
Dreidimensionale
Tabelle

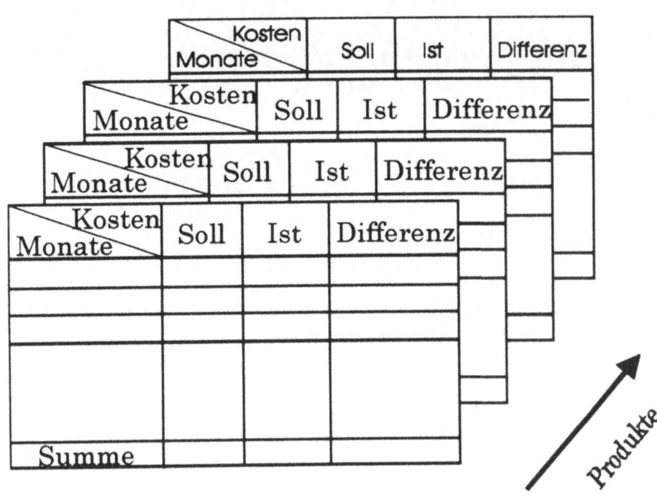

Soll-Ist-Vergleich
über die Produkte

Tabellenvereinbarung

Aufgabe: eine Umsatztabelle ist mit folgender Struktur zu vereinbaren:

Abb. 6.6:
Umsatztabelle

Monate \ Artikel	Papier	Stifte	Ordner	Disketten
Januar				
Februar				
März				
April				
Mai				
Juni				
Juli				
August				
September				
Oktober				
November				
Dezember				

Die Vereinbarung dieser Tabelle könnte in Pascal wie folgt vorgenommen werden:

```
CONST
    max_monat = 12;
    max_artikel = 4;

TYPE
    umsatz_tab = ARRAY [1..max_monat,1..max_artikel]
                        OF INTEGER;

VAR
    umsatz: umsatz_tab;
```

Der Zugriff auf ein Tabellenelement erfolgt über die Angabe der Zeilen- und der Spaltennummer:

```
...
VAR
    monat,artikel: INTEGER;

BEGIN
...
    monat:= 6; artikel:= 2; {2. Artikel im Monat Juni}
    umsatz [monat,artikel] := 101;
...
    Writeln (umsatz[6,2]);
...
```

Sollen z.B. alle Elemente ausgegeben werden, so bieten sich hierfür zwei ineinander geschachtelte FOR-Schleifen an:

```
CONST
    max_monat = 12;
    max_artikel = 4;

TYPE

    umsatz_tab = ARRAY [1..max_monat,1..max_artikel]
                        OF INTEGER;

VAR

    umsatz: umsatz_tab;
    monat,artikel: INTEGER;

BEGIN
    ...
    FOR monat:=1 TO max_monat
      DO FOR artikel:=1 TO max_artikel
         DO Write (umsatz[monat,artikel]);
    ...
```

Wie dieses Beispiel bereits zeigt, ist unbedingt darauf zu achten, in welcher Reihenfolge die Felder vereinbart wurden. So würde etwa beim Vertauschen der Indizes `monat` und `artikel` (`Write (umsatz[artikel,monat])`) ein Fehler auftreten: Sobald `monat` den

Wert 5 — über die äußere Schleife — erhält, erfolgt ein Zugriff auf das Element `umsatz [artikel,5]`. Dieses ist aber gar nicht definiert, da die Tabelle nur für vier Artikel ausgelegt ist. Da die Indexvariablen die Namen `monat` und `artikel` tragen, ist die Verwechslung relativ unwahrscheinlich. Werden jedoch — wie oft üblich — Variablennamen wie zum Beispiel `i` oder `j` gewählt, ist die Verwechslungsgefahr bei mehrdimensionalen Feldern ziemlich hoch. Auch dieses Argument spricht also für die Verwendung von sprechenden Variablennamen.

An dieser Stelle soll noch auf die Möglichkeit einer etwas anderen Vereinbarungsart der Matrix hingewiesen werden. Es ist möglich, zunächst ein eindimensionales Feld für den Monats-Umsatz zu definieren:

```
...
TYPE
    monat_umsatz = ARRAY [1..max_monat] OF INTEGER;
...
```

Daraufhin wird die Umsatzmatrix über folgende Zusammenführung vereinbart:

```
...
VAR
    umsatz: ARRAY [1..max_artikel] OF monat_umsatz;
...
```

In diesem Fall wurde genau wie oben eine Matrix vereinbart, auf deren Elemente wie oben beschrieben zugegriffen werden kann. Bei der Vereinbarung von `umsatz_tab` wurde allerdings (aus Übersichtlichkeitsgründen) auf den vorher definierten Datentyp `monat_umsatz` zurückgegriffen.

Mehrdimensionale Felder

Über diese Art der Vereinbarung lassen sich auch schnell und übersichtlich beliebig hoch dimensionierte Felder definieren:

```
...
TYPE
```

```
        dim1 = ARRAY [1..5] OF INTEGER;
        dim2 = ARRAY [1..9] OF dim1;
        dim3 = ARRAY [1..22] OF dim2;
        dim4 = ARRAY [1..7] OF dim3;
        dim5 = ARRAY [1..4321] OF dim4;
    ...
    VAR
        feld: dim5;
    ...
    BEGIN
        ...
        ReadIn (feld [1,2,3,4,5]);
        feld [2,3,4,5,6] := 101;
        ...
    END.
```

Diese Vereinbarung ist identisch mit folgender:

```
    ...
    VAR
        feld : ARRAY [1..5,1..9,1..22,1..7,1..4321] OF
                        INTEGER;
    ...
```

In Turbo Pascal sind nur *maximal 4 Dimensionen* erlaubt, so
daß die obigen Vereinbarungen zu einem Syntaxfehler führen.
Außerdem werden über die angegebenen fünf Dimensionen viel
zu viele Feldelemente (=5*9*22*7*4321*2=59889060 Byte) reserviert. Der Compiler würde bei diesem Beispiel zusätzlich einen
Speicherfehler ausgeben.

Aufzählungsdaten als Index

Für die bessere Lesbarkeit eines Programmes ist es oft von Vorteil, wenn die Indizes nicht einfach Zahlen sind, sondern etwa
aus selbstdefinierten Aufzählungsdaten (s. Abschnitt „6.2
Aufzählungstyp") gebildet werden. So könnte etwa das Feld
artikel wie folgt vereinbart werden:

```
PROGRAM besondere_feldvereinbarungen;

TYPE
   artikel_gruppen = (schreibpapier,zeichenpapier,
                      packpapier,loeschpapier);

VAR
   artikel_tab: ARRAY [artikel_gruppen] OF INTEGER;
   a: artikel_gruppen;

BEGIN
   ...
   FOR a:=schreibpapier TO loeschpapier
      DO Read (artikel_tab[a]);
   ...
   Writeln ('Gesamtumsatz an Papier für Zeichnungen: ',
            artikel_tab [zeichenpapier]);
   ...
```

Besonders bei der Verwendung von Matrizen bietet sich die
Verwendung von Aufzählungstypen an:

```
PROGRAM besondere_matrizenvereinbarungen;

TYPE
   artikel_gruppen = (schreibp,zeichenp,packp,
                      loeschp);
   monate = (jan,feb,mar,apr,mai,jun,jul,
             aug,sep,okt,nov,dez);
   umsatz_tab = ARRAY [monate,artikel_gruppen]
                OF INTEGER;

VAR
   umsatz: umsatz_tab;
   artikel: artikel_gruppen;
   monat: monate;

BEGIN
   ...
   FOR monat:=jan TO dez
   DO FOR artikel:=schreibp TO loeschp
      DO Writeln (umsatz [monat,artikel]);
   ...
END.
```

Bei dieser Vereinbarungsart ist ein versehentliches Vertauschen
der Indizes nicht mehr möglich. Die Indizes der Zeilen (`monate`)
und der Spalten (`artikel_gruppen`) dieser Matrix sind von unterschiedlichen Datentypen. So kann der Compiler ein Vertauschen
der Indizes als Typenkonflikt identifizieren und daraufhin einen
Syntaxfehler ausgeben.

Den Vorteilen bei der Verwendung „selbstdefinierter Indizes" in Form von besserer Lesbarkeit und geringerer Fehlerwahrscheinlichkeit, stehen leider auch Nachteile gegenüber. So wird etwa die Änderbarkeit eingeschränkt. Soll im obigen Beispiel die Artikelgruppe um den Artikel hochglanzp erweitert werden, so ist darauf zu achten, daß diese neue Gruppe nicht am Anfang oder am Ende des Aufzählungstyps eingefügt wird:

```
...
TYPE
    artikel_gruppen = (hochglanzp,schreibp,
                       zeichenp,packp,loeschp);
...
```

So würde die Schleife

```
...
FOR a := schreibp TO loeschp DO ...
```

nicht die erwarteten Ergebnisse liefern. Sie ist zwar syntaktisch korrekt, verarbeitet aber nicht das vollständige Feld. Das erste Element mit dem Index hochglanzp würde nicht berücksichtigt.

Um diesen Umstand zu vermeiden, sollte die Erweiterung von artikel_gruppen wie folgt durchgeführt werden:

```
...
TYPE
    artikel_gruppen = (schreibp,hochglanzp,
                       zeichenp,packp,loeschp);
...
```

Die direkte Kopie (Zuweisung) von ein- oder mehrdimensionalen Feldern ist im Standard zunächst nicht vorgesehen. So würde etwa folgendes Programmfragment zu einem Syntaxfehler führen.

```
PROGRAM feld_fehler;
CONST
    max_index = 10;
TYPE
    feld_typ = ARRAY [1..max_index] OF INTEGER;
VAR
    a1,a1: feld_typ;

BEGIN
    ...
    a1 := a2;

END.
```

Soll ein Feld kopiert werden, so muß dies elementweise erfolgen:

```
VAR
    i:1..max_index;

...
    FOR i:= 1 TO max_index DO a1[i] := a2[i];
...
```

Standard-Pascal bietet zur Lösung dieses Problems jedoch eine erweiterte Vereinbarung von Feldern an. Wird vor den Typ-Bezeichner ARRAY das Schlüsselwort PACKED geschrieben, so können diese Felder kopiert und bedingt (für Zeichenfelder) sogar in einer Anweisung ausgegeben werden:

```
PROGRAM feld_Felder_behoben;
CONST max_index=10;
TYPE
    feld_typ = PACKED ARRAY [1..max_index] OF INTEGER;
    zeichen_folge = PACKED ARRAY [1..5] OF CHAR;
VAR
  a1, a2: feld_typ;
  z_feld: zeichen_folge;
  i: 1..max_index;

BEGIN
  FOR i:=1 TO max_index DO a2 [i]:=i*i;
  a1 := a2;
  FOR i:=1 TO max DO Write (a1[i]:4);
  Writeln;
  z_feld := 'abcde'; { es müssen hier genau fünf Elemente sein }
  Writeln (z_feld);
  Readln
END.
```

Die Ausgabe liefert, wie erwartet, folgendes Ergebnis:

```
1    4    9   16   25   36   49   64   81  100
abcde
```

In Turbo Pascal sind Felder grundsätzlich „gepackt". Der Compiler „ergänzt" quasi die Feldvereinbarungen um das Schlüsselwort PACKED.

6.3.3 String

Ein Programm besteht zu großen Teilen aus dem Dialog zwischen Mensch und Maschine. Das Programm sollte verständliche Texte ausgegeben, damit der Anwender weiß, was er als nächstes einzugeben hat oder wie er die Ergebnisse einer Berechnung interpretieren soll. Für die Ausgabe solcher Texte eignet sich die Write-Anweisung. Sie kann Texte beliebiger Länge anzeigen und formatieren:

```
...
Writeln ('Im Jahr ',datum, ' betrug der Umsatz',
        umsatz:10:2,' DM.');
...
```

Soll aber ein Text beliebiger Länge eingelesen und ggf. später wieder ausgegeben werden, so bedarf dies eines erheblichen Programmieraufwands, wie folgendes Beispiel zeigt:

6.7:
ARRAY(Zeichenkette ein-/ausgeben)

```
PROGRAM Text_einlesen;

CONST
    max = 50;
    terminator = 13; { Code der Eingabetaste }

TYPE
    zeichenkette = ARRAY [1..max] OF CHAR;

VAR
    zk: zeichenkette;
    i: 1..max;

BEGIN
    Write('Geben Sie Ihren Namen ein: ');
    i:=0;
    REPEAT                          {Text_einlesen}
        i := i + 1;
        Read (zk[i]);               {Zeichenkette erweitern }
    UNTIL ( zk[i] = CHR(terminator)) OR (i=max);

    i:=1;
    WHILE (zk[i] <> CHR(terminator)) AND (i<= max)
        DO BEGIN
                Write (zk[i]);
                i := i + 1
        END;                        {Text ausgeben}

END. {Text_einlesen}
```

Dieses Beispiel macht deutlich, wie umständlich es sein kann, einfache Zeichenketten über den Datentyp ARRAY einzulesen und auszugeben.

Der Grund liegt darin, daß Felder nicht einfach gelesen, verändert oder ausgegeben werden können. So ist etwa die Anweisungen Readln (zk) syntaktisch falsch. Die Anweisung Writeln (zk) ist zwar unter Turbo Pascal erlaubt, sie ist jedoch semantisch falsch, da hierbei die vollständige Zeichenfolge zk ausgegeben würde — definiert sind die Buchstaben aber nur bis zur Eingabe eines „Terminators" (in diesem Fall bis zur Betätigung der Eingabetaste). Werden weniger als 50 Zeichen eingegeben gibt die Anweisungn `Writeln (zk)` undefinierte Zeichen aus.

Historisch gesehen hatte die Verarbeitung von Zeichenketten weniger Bedeutung. Wie bereits weiter oben erwähnt, erfolgte der Dialog über Bänder oder Lochkarten. In diesem Zusammenhang wurden die Zeichenketten auch nur als eine Sammlung einzelner Zeichen behandelt. In neuerer Zeit nahm die Bedeutung von Zeichenketten aufgrund steigender interaktiver Anforderungen derart zu, daß die meisten Pascal-Dialekte einen eigenen, *einfachen Datentyp* anbieten, den Datentyp `STRING`.

Da der Datentyp `STRING` nicht zum Standard von Pascal gehört, kann es zu unterschiedlichen Implementierungen bei verschiedenen Pascal-Dialekten kommen. Die folgenden Ausführungen konzentrieren sich auf die `STRING`-Implementierung unter Turbo Pascal — diese muß nicht mit anderen Implementierungen übereinstimmen.

String

Prinzipiell ist ein `STRING` ein `ARRAY OF CHAR`. Neben den einzelnen Zeichen einer Zeichenkette wird intern aber noch die Länge des aktuellen Strings gespeichert. So kann etwa ein Name eingelesen werden, ohne daß die Anzahl der Zeichen gezählt und berücksichtigt werden muß:

```pascal
PROGRAM string_beispiel;

VAR
    name: STRING;

BEGIN
    Write('Geben Sie Ihren Namen ein: ');
    Readln (name);
    ...
    Writeln (name)
END.
```

Wie das Beispiel schon zeigt, kann eine Variable vom Datentyp `STRING` über `Read` eingelesen und über `Write` wieder ausgegeben werden. Das Pascal-System übernimmt hierbei automatisch die Zuordnung der Eingabezeichen auf die entsprechenden Stellen im Feld. Eine `STRING`-Eingabe ist abgeschlossen, sobald die Eingabe-Taste betätigt wird. Dieses Abschlußzeichen wird nicht im String gespeichert.

Intern werden Strings genau wie Felder repräsentiert. So wird auch verständlich, daß ein einzelnes Zeichen eines Strings über die Angabe des Index angesprochen werden kann:

```
...
name [5] := 'a';
Writeln (name[1]);
...
```

Stringlänge

Die aktuelle Länge des Strings wird über das „nullte" Element des Strings verwaltet. Da es sich bei dieser *Längeninformation* um *genau ein Byte* handelt, ist damit auch die maximale Länge eines Strings auf *255 Stellen* beschränkt.

Abb. 6.7:
Interne
Stringrepäsentation

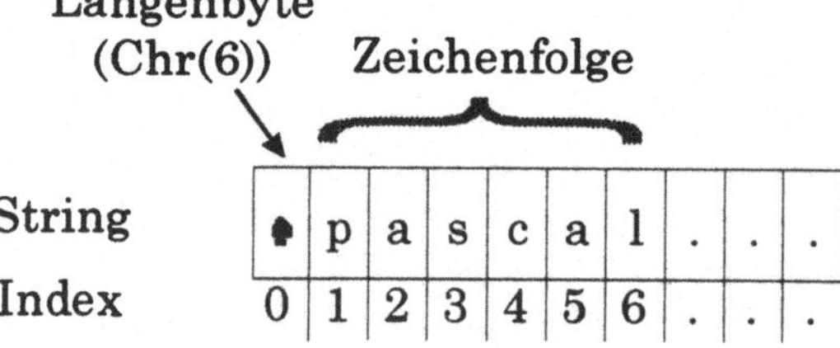

Über den Zugriff auf das Längenbyte kann die aktuelle Länge des Strings ermittelt werden:

```
PROGRAM string_laenge;

VAR
    zeichenkette: STRING;

BEGIN
    Readln (zeichenkette);
    Write ('Stringlänge: ',Ord(zeichenkette[0]))
END.
```

6.8: String-Länge

Da in einem String nur Zeichen (auch im Längenbyte) gespeichert sind, muß die Längeninformation (CHAR) in eine Zahl (INTEGER) umgewandelt werden. Diese Umwandlung erfolgt in dem speziellen Fall der Stringlänge über die Funktion Ord. So liefert obiges Programm die Ausgabe einer „6", falls etwa der String „pascal" eingegeben wird.

Umgekehrt kann über das Längenbyte die Stringlänge „künstlich" verringert oder vergrößert werden. Dafür ist die Funktion Chr notwendig, über die eine Zahl in ein Zeichen umgewandelt wird:

```
...
zeichenkette[0] := Chr(255);
...
```

Allerdings verweist der String bei einer Verlängerung eventuell auf eine undefinierte Stelle im Speicher, so daß dabei mit fatalen Fehlern gerechnet werden muß.

Für die Vereinbarung von Strings kann folgendes Syntaxdiagramm angegeben werden:

Syntaxdiagramm 6.6:
STRING-TYP

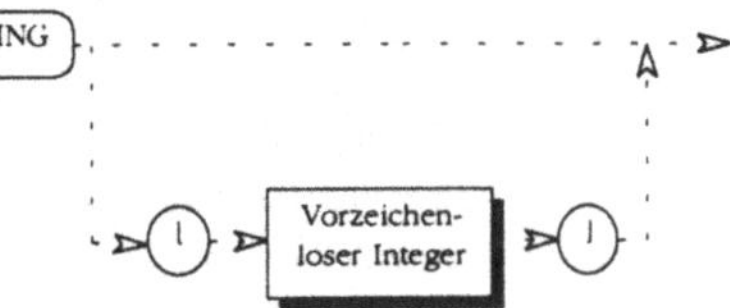

Speicherplatz sparen

Nach der Vereinbarung eines Strings reserviert der Übersetzer 255 Bytes für eine STRING-Variable. Dabei wird nicht die wirklich benötigte Länge eines Strings berücksichtigt, die im Durchschnitt weit weniger Zeichen in Anspruch nimmt. Existiert für einen String eine „quasi"-Maximallänge, die durch seine Semantik bestimmt wird (so kann etwa ein Dateiname unter MS-DOS nicht mehr als 12 Stellen besitzen), so kann diese über den, in *eckigen Klammern* eingeschlossenen, VORZEICHENLOSEN INTEGER vereinbart werden. Dieser ist allerdings auf maximal 255 begrenzt.

Soll nun ein String auf weniger als 255 Stellen begrenzt werden, so kann dies wie folgt geschehen:

```
...
TYPE
    kurzer_string = STRING [10];
    zeile = STRING [80];
    egal = STRING;

VAR
    sk: kurzer_string;
    z: zeile;
    s: egal;
    mini_string: STRING [2];
...
```

In diesem Fall ist erheblich Speicherplatz eingespart worden, da alle Stringlängen, bis auf „s", kürzer vereinbart wurden.

In Turbo Pascal erfolgt weder durch den Übersetzer noch über das Laufzeitsystem eine Fehlermeldung bei *Überschreitung der String-Grenzen*. Wird einem kürzer definierten String ein längerer zugewiesen, so werden die „nicht passenden" Stellen (ohne Warnung) abgeschnitten:

Nach der Zuweisung

```
...
mini_string := '123456'
...
```

enthält `mini_string` lediglich '12'.

Leider gibt der Compiler auch keine Fehlermeldung aus, wenn etwa dem String `z` der Inhalt von `s` zugewiesen wird (in diesem Fall liegt eigentlich ein Typkonflikt vor).

STRING-Funktionen

Turbo Pascal stellt eine Vielzahl von `STRING`-Funktionen zur Verfügung. So können etwa mehrere Strings zu einem verknüpft werden, bestimmte Zeichenfolgen innerhalb eines Strings gesucht und Zahlen (`INTEGER` oder `REAL`) in Strings oder Strings in Zahlen umgewandelt werden.

Tab. 6.3:
STRING-Funktionen (1)

Funktion/ Prozedur	Operanden- typ	Bedeutung und Beispiel

Concat(s1,s2, ..sn)	STRING	Verknüpfen der Strings s1 bis sn
		BEISPIEL:
		`s := Concat(´pas´,´ca´,´l´)`
		`{ => s = ´pascal´ }`

Copy (s,p,n)	STRING, INTEGER, INTEGER	Aus dem String s werden ab der Stelle p n Zeichen kopiert
		BEISPIEL:
		`s := Copy (´pascal´,1,3)`
		`{ => s = ´pas´ }`

Delete (s,p,n)	STRING, INTEGER, INTEGER	Aus dem String s werden ab der Stelle p n Zeichen gelöscht
		BEISPIEL:
		`s := Delete(´pascaall´,6,2)`
		`{ => s = ´pascal´ }`

Insert (qs,zs,p)	STRING, STRING, INTEGER	Im Zielstring zs wird ab der Stelle p der Quellstring qs eingefügt
		BEISPIEL:
		`s:=´pasl´; Insert(´ca´,s,4)`
		`{ => s = ´pascal´ }`

Length (s)	STRING	liefert die Länge des String s
		BEISPIEL:
		`l := Length (´pascal´)`
		`{ => l = 6 }`

Tab. 6.4:
STRING-Funktionen (2)

Funktion/ Prozedur	Operanden- typ	Bedeutung und Beispiel

Pos (qs,zs)	STRING, STRING	Im Zielstring zs wird der Quell-string qs gesucht. Die Funktion liefert die Position, oder eine Null bei „nicht vorhanden".
		
		BEISPIEL:
		`p1 := Pos('sc','pascal');`
		`p2 := Pos('true','pascal');`
		`{ => p1 = 3, p2 = 0 }`

Str (v, s)	INTEGER/ REAL, STRING	Die Zahl der Variablen v wird zum String s umgewandelt.
		
		BEISPIEL:
		`Str (123, s);`
		`{ => s = '123' }`

Val (s,v,e)	STRING, INTEGER/ REAL, INTEGER	Val wandelt den String s in eine Zahl um. Im Fehlerfall steht in e die Position der ersten Fehlerstelle im String. Ansonsten hat e den Wert 0.
		
		BEISPIEL:
		`Val ('123.4',v1,e1);`
		`Val ('12x3',v2,e2)`
		`{ => v1=123.4, e1=0,`
		`     v2= undefiniert, e2=3}`

Neben diesen Funktionen existieren noch einige Operatoren, die auf Strings angewendet werden können.

So können etwa mehrere Strings über den +-Operator verknüpft werden (vgl. auch `Concat`) oder zwei Strings über die Boole'schen Vergleichsoperatoren miteinander verglichen we rden.

6.3.4 Verbunde

Die einfachen, strukturierten Datentypen Felder und Strings wurden bereits behandelt. Daneben werden aber noch komplexe Datentypen benötigt. So speichert eine Universität alle Daten der immatrikulierten Studenten in einer Datenbank. Dabei verwaltet sie u.a. Name, Vorname, Anschrift, Geschlecht,

Fachbereich und Matrikelnummer. Um diese komplexe Datenstruktur zu vereinbaren, stellt Pascal sogenannte *Verbunde* zur Verfügung.

So würde etwa obige Struktur wie folgt vereinbart werden können:

```
CONST

    anzahl_studenten = 3000;

TYPE
    student = RECORD
                  name: STRING [30];
                  vorname: STRING [20];
                  anschrift: STRING [80];
                  geschlecht: (weiblich,maennlich);
                  fachbereich: 1..12;
                  matrikel_nr: STRING [6];
              END;

VAR
    stud: student;
    alle_stud: ARRAY [1..anzahl_studenten] OF student;
    ...
```

Record

Das Schlüsselwort RECORD (Satz) leitet die Strukturbeschreibung der zu vereinbarenden Datentypen ein. Diese Beschreibung wird mit dem Schlüsselwort END abgeschlossen. Diese Art der Vereinbarung entspricht übrigens dem Vorgehen in Datenbankanwendungen, bei denen zunächst die Datensatzstrukturen beliebig festgelegt werden, bevor mit der Datenerfassung, -bearbeitung und -auswertung begonnen werden kann.

Das Syntaxdiagramm für den *Verbund-Typ* (RECORD-Vereinbarung) lautet:

Syntaxdiagramm 6.7:
VERBUND-TYP

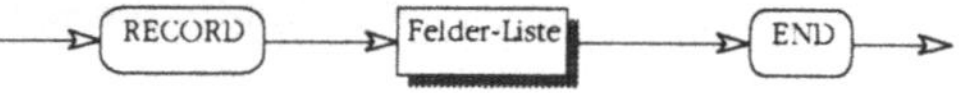

Der Zugriff auf die einzelnen Komponenten des RECORD's erfolgt über die Angabe des *Variablennamens* und des *Komponentennamens*. Beide werden über einen Punkt voneinander getrennt:

```
...
stud.name      := 'Mustermann';
stud.vorname   := 'Klaus';
stud.anschrift := 'Kleine Gasse 1, 2800 Bremen 55';
stud.geschlecht := maennlich;
stud.fachbereich := 7;
stud.matrikel_nr:= '471104';
...
FOR i:=1 TO anzahl_studenten
    DO BEGIN
            Writeln (alle_stud[i].name);
            Writeln (alle_stud[i].vorname);
            ...
    END;
...
```

Ein Leerzeichen zwischen den beiden Bezeichnern ist nicht erlaubt. So wird bei folgenden Anweisungen ein Syntaxfehler ausgegeben:

```
...
Writeln (stud.    name);
Writeln (stud    .name);
Writeln (stud    .    name);
...
```

Das Beispiel verdeutlicht, daß die Anwendung von RECORDs mit relativ viel Schreibarbeit verbunden ist. So existiert eine Vereinfachung bezüglich der Zugriffe auf RECORD-Felder:

```
...
FOR i:=1 TO anzahl_studenten
    DO WITH alle_stud[i]
            DO BEGIN
                    Writeln (name);
                    Writeln (vorname);
                END { WITH }
...
```

Mit dem Schlüsselwort „WITH" werden die Zuweisungen aller Komponenten von „stud" in einem logischen Block zusammengefaßt. Über ein Syntaxdiagramm ausgedrückt sieht die Struktur der WITH-Anweisung wie folgt aus:

Syntaxdiagramm 6.8:
WITH-ANWEISUNG

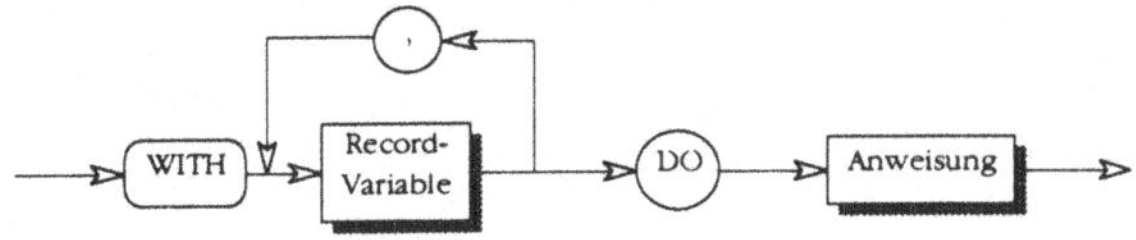

Über das Komma („,") können mehrere Verbunde innerhalb der
WITH-Anweisung aufgeführt werden, deren Komponenten
benutzt werden sollen:

```
...
VAR
   v1: RECORD
          i: INTEGER;
          r: REAL
       END;

   v2: RECORD
          c: CHAR;
          s: STRING
       END;
...
BEGIN
...
   WITH v1,v2 DO
   BEGIN
     i:=10; r:=1.14;
     c:=´x´; s:=´hallo´;
   END;
...
END.
```

Das gleiche Ergebnis würde auch über eine Schachtelung der
WITH-Anweisungen erreicht:

```
...
   WITH v1 DO
      WITH v2 DO
         BEGIN
            ...
         END;
...
```

geschachtelte Records Verbunde können auch ineinander geschachtelt werden, so daß
die Datenstrukturen zwar komplexer, aber auch übersichtlicher
werden. Soll etwa eine Liste aller Studenten, die aus Bremen
stammen, erstellt werden, so ist es ratsam, den Ort als eigene
Komponente innerhalb von **student** zu vereinbaren. Da aber die
Anschrift nicht nur aus dem Ort, sondern auch aus einer
Postleitzahl, Straße und Hausnummer besteht, bietet es sich an,
für die Anschrift einen eigenen Verbund zu vereinbaren.

```
...
TYPE
   adresse = RECORD
               plz: INTEGER;
               ort: STRING [40];
               strasse: STRING [40];
               haus_nr: STRING [5]
            END;

   student = RECORD
               name: STRING [30];
               vorname: STRING [20];

               anschrift: adresse;
               geschlecht : (weiblich,maennlich);
               fachbereich: 1..12;
               matrikel_nr: STRING [6]

            END;

VAR

   stud: student;
...
```

Soll jetzt auf den Ort zugegriffen werden, so müssen dabei die Bezeichner beider Verbunde (aus student und adresse), getrennt durch einen Punkt, angegeben werden:

```
Writeln (stud.anschrift.ort);
```

Mit Hilfe von WITH-Anweisungen kann auf die folgenden Weisen z.B. auf den Ort zugegriffen werden:

```
...                    ...
WITH stud DO             WITH stud,anschrift DO
   WITH anschrift DO     BEGIN
   BEGIN                    Writeln(ort);
      Writeln (ort);       ...
      ...                 END;
   END;                   ...
...
```

```
...
WITH stud.anschrift DO
   BEGIN
      Writeln(ort);
      ...
   END;
```

7 Routinen

Einer Routine faßt einen Block von Anweisungen, die eine bestimmte Aufgabe erfüllen, zusammen. Diese Routine kann dann von jeder beliebigen Stelle des Programms aus aufgerufen werden.

Lesbarkeit

Die Möglichkeit, Routinen zu definieren, gehört zu den hervorragenden Leistungsmerkmalen höherer Programmiersprachen, wie etwa Pascal. Routinen fördern erheblich die Lesbarkeit eines Programmes, da durch sie ein komplexes Programm in kleinere, überschaubare Teilprogramme zerlegt wird.

modulare Programmentwicklung

Durch Routinen kann ein Programm derart in seine Teilprogramme zerlegt werden, daß eine arbeitsteilige und sogar verteilte Programmentwicklung durch mehrere „Programmierer" möglich wird. Jeder Programmierer bearbeitet nur sein Teilproblem, wobei er nur die Schnittstellen (also die Daten, die andere Routinen liefern oder benötigen) kennen muß, ohne genaue Kenntnis der anderen Teilprobleme und ihrer Lösungen. Diese Art der Programmentwicklung, bei der das gesamte Problem in unabhängige Teile aufgeteilt wird, wird auch schrittweise Programmentwicklung genannt (s. Abschnitt „3.1 Strukturierte Programmentwicklung").

Änderbarkeit

Die strikte Aufteilung des Programms in Routinen fördert nicht nur eine modulare Programmentwicklung, sondern auch die Änderbarkeit: Für eine Änderung muß nicht das vollständige Programm überarbeitet werden, sondern es genügt (im optimalen Fall) die Bearbeitung einer einzigen Routine.

Programmeffizienz

Wird ein bestimmter Anweisungsblock mehrmals an unterschiedlichen Stellen im Programm benötigt, reicht es aus, den Programmcode einmal — nämlich in einer Routine — anzugeben. Diese Routine kann dann beliebig oft benutzt werden. Die doppelte Angabe von Programmcode wird so vermieden, wodurch die gesamte Programmgröße reduziert wird.

In Pascal werden zwei Arten von Routinen unterschieden:

- Prozeduren und
- Funktionen.

7.1

Prozeduren

Prozedur

In Pascal wird eine Art von Routinen *Prozeduren* genannt. Eine Prozedur wird im Vereinbarungsteil eines Programms definiert. Sie besitzt selbst grundsätzlich den gleichen Aufbau wie ein Programm. Eine Prozedur verfügt demnach also auch über einen eigenen Vereinbarungs- und Anweisungsteil:

Syntaxdiagramm 7.1:
PROZEDURDEKLARATION

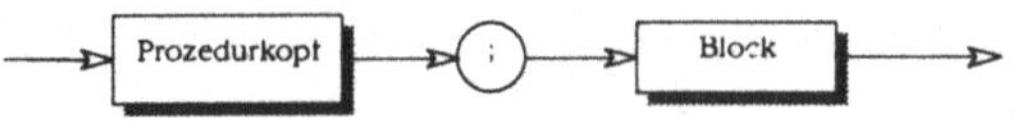

Mit

Syntaxdiagramm 7.2:
PROZEDURKOPF

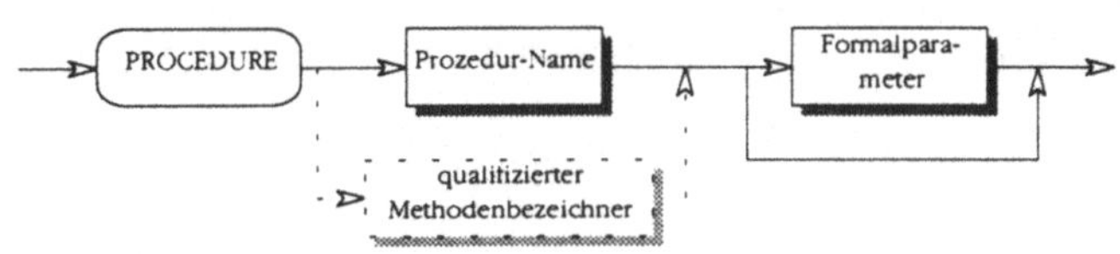

Wie das Syntaxdiagramm zeigt, kann der FORMALPARAMETER (s. S. 143) optional weggelassen werden. So folgt etwa die Prozedur zur Bestimmung eines Monatsumsatzes:

7.1: Prozedur

```
PROCEDURE umsatz_im_Monat;

CONST
    anzahl_produkte = 5;

VAR
    p: INTEGER;
    summe, umsatz: REAL;

BEGIN { umsatz_Monat }
  summe :=0;
  FOR p:=1 TO anzahl_produkte
    DO BEGIN
        Write ('Umsatz für Produkt ',p, ' : ');
        Readln (umsatz);
        summe := summe + umsatz
    END;
  Writeln (' Der Gesamtumsatz im Monat beträgt : ',summe)
END; { umsatz im Monat }
```

Prozedurkopf

Im Gegensatz zum Programm kommt bei einer Prozedur dem Identifikationsteil (auch Prozedurkopf genannt) wesentlich mehr Bedeutung zu. Er beschriebt, wie die Prozedur später zu benutzen ist, wie sie „aufgerufen" wird. Der Prozedurkopf besteht aus dem Schlüsselwort PROCEDURE (Prozedur), dem Prozedurnamen und ggf. einer Parameterliste. Ein Semikolon schließt den Prozedurkopf ab.

Prozedurname

Namen für Prozeduren dürfen nach den gleichen Konventionen wie für Konstanten-, Typen- und Variablennamen vergeben werden. Auch für Prozedurnamen gilt das Prinzip der „Lesbarkeit": Es soll sofort erkennbar sein, welche Aufgabe die Prozedur löst.

Geschachtelte
Prozeduren

7.2: Geschachtelte
Prozeduren

Prozeduren können selbst wieder eigene Routinen besitzen. Diese werden in dem Vereinbarungsteil der Prozedur deklariert. So könnte etwa eine Prozedur in einer Prozedur wie folgt aussehen:

```
PROCEDURE umsatz_im_Jahr;
CONST
    max_monate = 12;

VAR
    jahr: 1..max_monate;

PROCEDURE umsatz_im_Monat;

CONST
    anzahl_produkte = 5;

VAR
    p: INTEGER;
    summe, umsatz: REAL;

BEGIN { umsatz_Monat }
  summe :=0;
  FOR p:=1 TO anzahl_produkte
    DO BEGIN
       Write ('Umsatz für Produkt ',p, ' : ');
       Readln (umsatz);
       summe := summe + umsatz
    END;
  Writeln (' Der Gesamtumsatz im Monat beträgt : ',summe)
END; { umsatz im Monat }

BEGIN { umsatz im Jahr }
    FOR jahr := 1 TO max_monate
       DO umsatz_im_Monat;
END;
```

In diesem Beispiel wird die Prozedur innerhalb der FOR-Anweisung genau zwölfmal aufgerufen. Hierbei wird für jeden Monat der Umsatz berechnet. Unbefriedigend ist dabei jedoch, daß derzeit noch keine Möglichkeit besteht, einen Gesamtumsatz, hier für ein Jahr, zu berechnen. Um dieses zu programmieren, müssen noch Kenntnisse zu lokalen und globalen Vereinbarungen, sowie zu der Vereinbarung von Parametern erworben werden. Vorher sollen jedoch noch einige allgemeine Erläuterungen zu Prozeduren und deren strukturierten Einsatz gegeben werden.

Schachtelungstiefe von Prozeduren

Die Schachtelungstiefe von Prozeduren ist beliebig. So könnte „Umsatz_im_Monat" selbst wieder eigene „Unterprozeduren" (z.B. `umsatz_in_der_Woche`) besitzen, in denen ihrerseits wieder weitere Prozeduren (z.B. `umsatz_am_Tag`) deklariert sind.

Prozeduraufruf

Wie an dem Beispiel bereits deutlich wurde, erfolgt der Aufruf einer Prozedur einfach über die Angabe des Namens. Da es sich bei dem Aufruf um eine Anweisung handelt, muß nach dem Namen ein Semikolon geschrieben werden.

Syntaxdiagramm 7.3:
PROZEDURAUFRUF

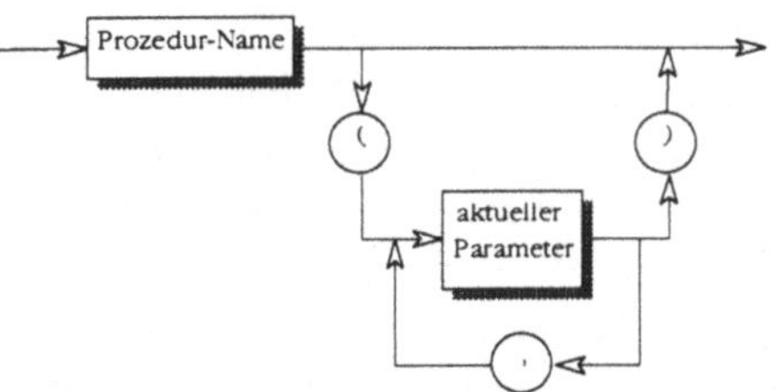

Die Diskussion von möglichen Parametern (hier: „aktueller Parameter") erfolgt weiter unten (s. u.a. S.143).

Ein Hauptprogramm, hier z.B. zur Umsatzstatistik, sollte nur aus Prozeduraufrufen bestehen, wobei die Prozeduren möglichst wieder weitere Prozeduraufrufe beinhalten:

```
BEGIN
    lies_Jahreszahl_ein;
    umsatz_im_Jahr;
    drucke_ergebnisse_fuer_ein_jahr;
END.
```

Werden Programme mittels vieler ineinander geschachtelter „sinnvoll benannter" Prozeduren geschrieben, wird der Leser des Programms den Inhalt viel leichter nachvollziehen können, als wenn er sich durch komplizierte Anweisungen und

Ausdrücke durcharbeiten muß. Programme mit sehr vielen Prozeduren erinnern an Pseudocode.

Kommentare

Je häufiger ein Programm längere und/oder tief geschachtelte Prozeduren benutzt, desto wichtiger werden Kommentare. Besonders am Anfang und am Ende des Prozedur-Anweisungsblockes sollte unbedingt, eingeschlossen in Kommentarsymbole, der Name der Prozedur aufgeführt werden. Das gesamte Programm wird so übersichtlicher.

Mit steigendem Anteil von Prozeduren mit „selbstsprechenden" Prozedurnamen steigt das Verständnis für ein Programm und seinen Ablauf.

7.1.1 Lokale und Globale Vereinbarungen

Wie bereits oben erwähnt, hat jede Prozedur einen eigenen Vereinbarungsteil. Diesem führt alle Daten, die eine Prozedur benötigt, auf.

Lokale Daten

Alle Daten die innerhalb einer Prozedur vereinbart werden, sind sogenannte lokale Daten. Lokal deshalb, weil sie nur innerhalb der Prozedur bekannt sind. Das Programm oder andere Prozeduren können auf diese lokal vereinbarte Daten nicht zugreifen oder diese gar verändern.

In obigen Beispiel sind p, `summe` und `umsatz` lokale Variablen. Sie dürfen nur innerhalb der Prozedur `umsatz_im_monat` verwendet werden. Folgender Aufruf liefert einen Syntaxfehler:

```
PROCEDURE umsatz_im_Jahr;
CONST
   max_monate = 12;
VAR
   jahr: 1..max_monate;
   gesamtsumme: REAL;

   PROCEDURE umsatz_im_Monat;
   CONST
      anzahl_produkte = 5;
   VAR
      p: INTEGER;
      summe, umsatz: REAL;
   BEGIN
      ...
   END; { umsatz im Monat }

BEGIN { umsatz im Jahr }
   gesamtssumme := 0;
   FOR jahr := 1 TO max_monate
      DO BEGIN
            umsatz_im_Monat;
            gesamtsumme := gesamtsumme + summe
      END;
END;
```

Der Compiler würde hier einen Syntaxfehler erkennen, weil die
Variable summe innerhalb der Prozedur umsatz_im_Jahr unbekannt
ist. Sie ist zwar lokal für umsatz_im_Monat vereinbart worden,
nicht aber für das Hauptprogramm.

Globale Daten

Globale Daten sind „übergeordnete" Daten, die etwa im Hauptprogramm vereinbart werden. Sie sind dann auch allen Routinen
bekannt und dürfen in diesen gelesen oder verändert werden.

```
        PROCEDURE umsatz_im_Jahr;

        CONST
           max_monate = 12;

        VAR
           jahr: 1..max_monate;
           summe, gesamtsumme: REAL;

           PROCEDURE umsatz_im_Monat;
           CONST
              anzahl_produkte = 5;
           VAR
              p: INTEGER;
              umsatz: REAL;
           BEGIN
              summe :=0;
              FOR p:=1 TO anzahl_produkte
                 DO BEGIN
                    Write ('Umsatz für Produkt ',p, ' : ');
                    Readln (umsatz);
                    summe := summe + umsatz
                 END;
                 Writeln (' Der Gesamtumsatz im Monat beträgt : ',summe)
           END; { umsatz im Monat }

        BEGIN { umsatz im Jahr }
           gesamtsumme := 0;
           FOR jahr := 1 TO max_monate
              DO BEGIN
                    umsatz_im_Monat;
                    gesamtsumme := gesamtsumme + summe
                 END;
        ...
```

In diesem Beispiel ist die Variable summe global (innerhalb der Prozedur umsatz_im_Jahr) vereinbart worden. Sie ist nun zum einen in dieser Prozedur bekannt, aber auch in allen anderen Prozeduren, die innerhalb von umsatz_im_Jahr vereinbart sind. So wird es möglich, für die Berechnung der Gesamtsumme, Bezug auf die globale Variable summe zu nehmen und deren Inhalt zur Variablen gesamtsumme, nach jeder Berechnung zu addieren.

Der Zusammenhang zwischen globalen und lokalen Variablen wird durch folgende Grafik verdeutlicht.

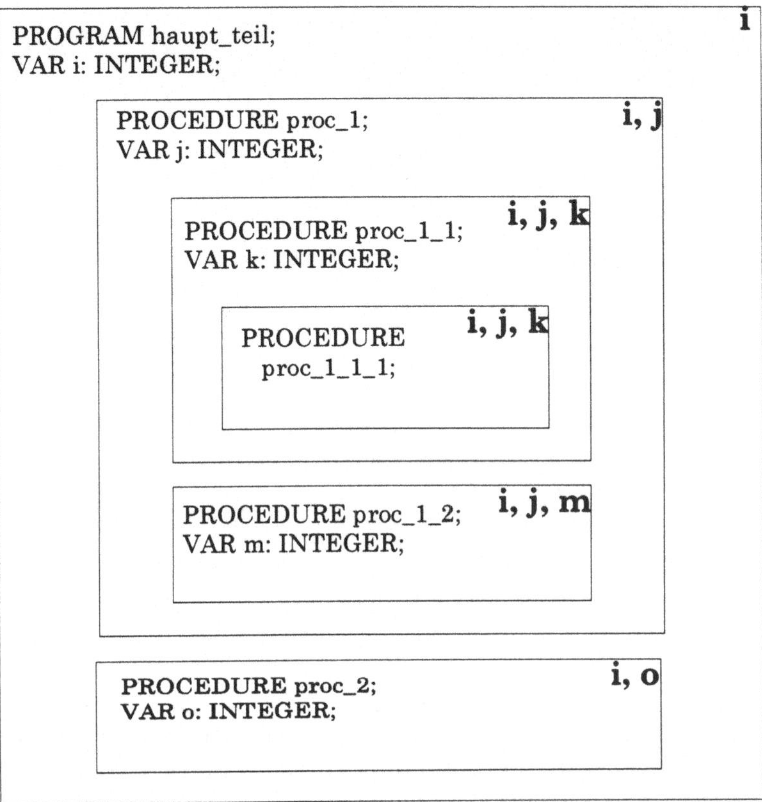

Abb. 7.1:
Geltungsbereiche
vereinbarter Variablen

Innerhalb des Hauptprogramms `haupt_teil` ist i lokal, für die Prozeduren `proc_1` bis `proc_2` jedoch global, weil sie auf diese Variable zugreifen können. Für `proc_1` wiederum ist j lokal; für `proc_1_1` ist k lokal und i,j global usw.

Vorrang von
Vereinbarungen

Wird innerhalb einer Prozedur ein Name vereinbart, der u.U. bereits global vereinbart wurde, so hat die lokale Vereinbarung Vorrang vor der globalen Vereinbarung. Allgemein kann man sagen, daß immer die letzte (hierarchisch zugehörige!) Vereinbarung vor einem· Anweisungsblock, die gültige ist. Folgendes Fehlerbeispiel soll dieses verdeutlichen:

```
PROCEDURE umsatz_im_Jahr;
CONST
    max_monate = 12;
VAR
    jahr: 1..max_monate;
    summe, gesamtsumme: REAL;

    PROCEDURE umsatz_im_Monat;
    CONST
        anzahl_produkte = 5;
    VAR
        p: INTEGER;
        summe, umsatz: REAL;
    BEGIN
        ...
        summe := ...
        ...
    END; { umsatz im Monat }

BEGIN { umsatz im Jahr }
    gesamtsumme := 0;
    FOR jahr := 1 TO max_monate
    DO BEGIN
        umsatz_im_Monat;
        gesamtsumme := gesamtsumme + summe
    END;
```

Dieses fehlerhafte Programm vereinbart fälschlicherweise die Variable summe zum einen global und zum anderen lokal. Dieses ist syntaktisch in Ordnung, führt jedoch bei der Programmausführung zu einem sachlichen Fehler: Die Zuweisung gesamtsumme := gesamtsumme + summe nimmt Bezug auf die globale Variable summe. Da innerhalb der Prozedur umsatz_im_Monat aber auch eine Variable mit dem gleichem Namen vereinbart wurde, wird dieser — lokalen — Variablen das Rechenergebnis zugewiesen. Nach Abschluß der Prozedur umsatz_im_Monat, „weiß" die globale Variable jedoch nichts von dem Inhalt der lokalen Variablen, so daß ein undefinierter Wert aufaddiert wird.

7.1.2 Parameter

Wir haben bereits bei den Standard-Funktionen und -prozeduren *Parameter* kennengelernt, ohne weiter auf sie eingegangen zu sein. So besitzen fast alle arithmetischen Funktionen (Round, Sin, Cos usw.) einen Parameter.

Formaler Parameter

Wie solch ein Parameter im Prozedurkopf vereinbart werden muß, wird über das Syntaxdiagramm *Formaler Parameter* bestimmt. Über dieses wird beschrieben, welche Daten die Prozedur übergeben bekommt.

Syntaxdiagramm 7.4:
FORMALPARAMETER

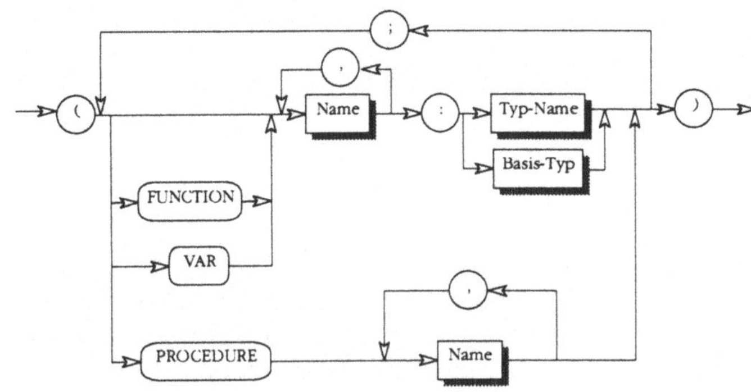

Vereinbarung von Parametern

Angenommen, es soll eine Prozedur geschrieben werden, die einen bestimmten DM-Betrag in eine fremde Währung umrechnet. Dieser Prozedur muß „mitgeteilt" werden, welcher Betrag in welche Währung umgerechnet werden soll.

7.3: Formalparameter von Prozeduren

```
PROCEDURE waehrung_umrechnen (betrag: REAL, waehrung: CHAR);

VAR
    wechsel_kurs: REAL;

BEGIN
    CASE waehrung OF
        'l': wechsel_kurs := 1145.12;   { Lire };
        'o': wechsel_kurs := 7.14;      { Öster. Schilling };
        'p': wechsel_kurs := 51.02;     { Pesetas };
        'd': wechsel_kurs := 111.09;    { Drachmen };
        ELSE wechsel_kurs :=1           { unverändert }
    END;
    Write ('Umgerechneter Betrag:', betrag * wechsel_kurs);
END; { waehrung_umrechnen }
```

Aktueller Parameter

Eine Syntax für die Angabe der Parameter ergänzt das Syntaxdiagramms zum Aufruf von Routinen (s. Syntaxdiagramm PROZEDURAUFRUF, S.137):

Syntaxdiagramm 7.5:
AKTUELLER PARAMETER

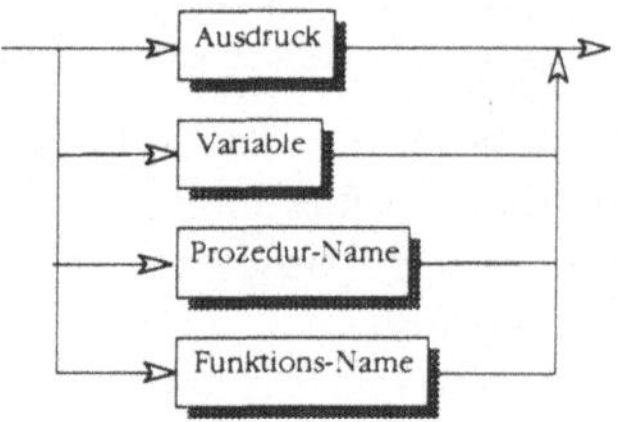

Der Aufruf von `waehrung_umrechnen` erfolgt unter Angabe des Prozedurnamens und des Parameters, wie folgendes Beispiel zeigt:

```
...
waehrung_umrechnen (100, 'p'); { 100 DM in Pesetas }
...
```

Die Zahl 100 wird nach dem Aufruf automatisch der (lokalen) Variablen `betrag` zugewiesen, so daß die Prozedur mit diesem Wert weiterarbeiten kann. Außerdem wird das Zeichen `'p'` der Variablen `waehrung` übergeben.

Für „interne" Berechnungen innerhalb der Prozedur `waehrung_umrechen` ist es nun notwendig, daß eine weitere lokale Variable mit dem Namen `wechsel_kurs` vereinbart wird. In Abhängigkeit vom Parameter `waehrung` wird `wechsel_kurs` der aktuelle Umrechnungskurs zugewiesen.

Parameterangaben

Bei obigem Beispiel wurde beim Aufruf der Prozedur u.a. „betrag" als eine konstante Zahl angegeben. Es sind aber auch Variablen oder Ausdrücke als Parameter zugelassen, wie folgendes Beispiele zeigt:

```
dm := 150; waehrung_umrechnen (dm,'o');
waehrung_umrechnen (100*1.15,'1')
```

Im ersten Fall wird eine Variable als Parameter eingesetzt. Im zweiten Fall erfolgt vor der Übergabe an den formalen Parameter eine Berechnung des Ausdrucks 100*1.15. Erst das Ergebnis dieser Berechnung wird in die gewünschte Währung umgewandelt.

Parameter als Schnittstelle

Innerhalb der Prozedur werden die aktuellen Parameter genauso behandelt wie die der lokalen Vereinbarungen. Die Daten der Parameter sind hier aber außerdem auch noch außerhalb der Prozedur bekannt. In obigem Beispiel dienen etwa die Parameter `betrag` und `waehrung` als Schnittstelle zwischen Hauptprogramm und Prozedur.

<table>
<tr><td>Veränderung der
Parameterwerte</td><td>

Über die bisher behandelten Parameter, wurde ein bestimmter Wert der Prozedur übergeben. Aus der Sicht des Aufrufers war es unwichtig, was mit dem Inhalt des Parameters geschah: er wurde nach dem Prozeduraufruf nicht mehr benötigt. Selbst wenn der aktuelle Parameter innerhalb der Prozedur verändert wird, so ändert sich nichts für den Aufrufer. In obiger Prozedur könnte auf die Variablenvereinbarung von `wechsel_kurs` verzichtet werden, wenn die Umrechnungen direkt dem aktuellen Parameter `betrag` zugewiesen würde:

</td></tr>
</table>

```
PROCEDURE waehrung_umrechnen (betrag: REAL, waehrung: CHAR);
BEGIN
    CASE in_waehrung OF
        'l': betrag := betrag*145.12;{ Lire }
        'o': betrag := betrag*14.22;{ Schilling }
        ...
    END;
    Write ('Umgerechneter Betrag:', dm_betrag);
END; { waehrung_umrechnen }
```

Der Verzicht auf die Vereinbarung von `wechsel_kurs` hat allerdings zur Folge, daß die Rechenvorschrift für jede Währung wiederholt werden muß. Es stellt sich außerdem die Frage, ob es von Vorteil ist, einen Parameter als lokale Variable zu „mißbrauchen".

<table>
<tr><td>Fester Parameter</td><td>

Die Parameter aus obigem Beispiel nennt man *feste Parameter*, da ihr Inhalt nach Ende der Prozedur unverändert bleibt:

</td></tr>
</table>

```
...
dm := 115;
waehrung_umrechnen (dm,'p');
Writeln (dm:6:2)
...
```

Die Anweisung `Writeln (dm:6:2)` liefert „115.00", also einen unveränderten Wert, obwohl `betrag` innerhalb der Prozedur `waehrung_umrechnen` verändert wurde.

Zu Beginn des Prozeduraufrufs wird intern eine Kopie des übergebenen Wertes angelegt. Der aktuelle Parameter besitzt dabei eine andere Speicheradresse, als der übergebene Parameterwert. Die Prozedur arbeitet ausschließlich mit dieser Kopie. Da diese Kopie nach Beendigung der Prozedur wieder gelöscht wird, hat ihr Inhalt auch keinen Einfluß auf die weiteren Berechnungen außerhalb der Prozedur. Diese Art der Parameterübergabe wird auch als „call by value" bezeichnet.

Intern wird dieser Aufruf etwa wie folgt umgesetzt:

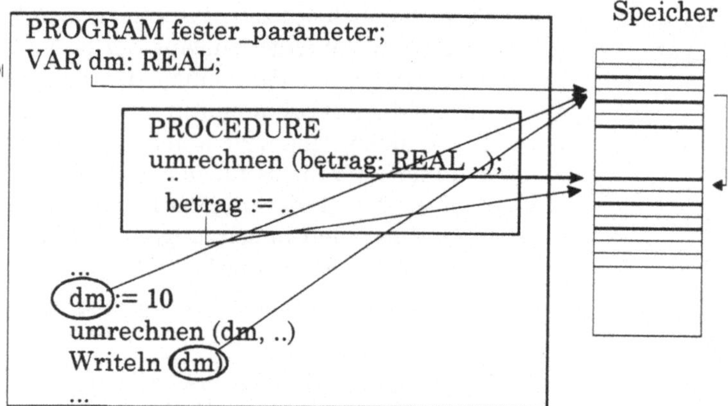

Abb. 7.2:
Interne Repräsentatio
fester Parameter

Variabler Parameter

Im Gegensatz zum festen Parameter erfolgt bei einem variablen Parameter kein Kopieren der Daten. Die aktuellen Parameter besitzen die gleiche Speicheradresse wie die Variablen vor der Übergabe. Damit kann die Prozedur den Inhalt der übergebenen Variablen verändern. Diese Art der Parameterübergabe wird „call by reference" genannt. Ein variabler Formalparameter wird mittels des Schlüsselworts VAR vereinbart.

Wird das Beispiel der Währungsumrechnung derart verändert, daß das Ergebnis auch außerhalb der Prozedur bekannt ist, muß der Parameter betrag „variabel" übergeben werden:

```
PROCEDURE waehrung_umrechnen (VAR betrag: REAL, waehrung: CHAR);
...
```

Das Schlüsselwort VAR bewirkt, daß für die Prozedur keine Kopie von betrag angefertigt wird. Jede Änderung am Wert von betrag wirkt sich auch auf die Variable aus, mit der die Prozedur aufgerufen wurde. Der Aufruf:

```
...
dm := 115;
waehrung_umrechnen (dm,'p');
Writeln (dm:5:2)
...
```

liefert jetzt:

```
5867.30
```

Variable Parameter werden intern etwa wie folgt repräsentiert:

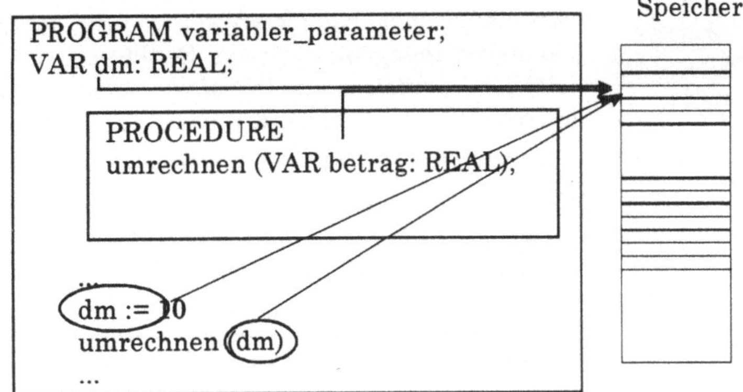

Abb. 7.3:
Interne Repräsentation
variabler Parameter

Übergabedaten

Im Gegensatz zu festen Parametern darf bei variablen Parametern keine Konstante und kein Ausdruck übergeben werden. So sind etwa die Aufrufe `waehrung_umrechnen (100,'p')` oder `waehrung_umrechnen (47*12,'o')` nicht erlaubt. Der Grund liegt darin, daß diese Parameter nicht verändert werden können. Da ein variabler Parameter aber die Möglichkeit der Änderung zuläßt, sind diese Übergaben nicht erlaubt.

Ein kleines Beispiel zum Vertauschen zweier Zahlen demonstriert den Einsatz variabler Parameter:

**7.4: Prozedur-
Parameter**

```
PROGRAM tausch_Beispiel;

VAR
    x,y: INTEGER;

    PROCEDURE tausche (VAR a,b: INTEGER);
    VAR
        zwischen: INTEGER;
    BEGIN
        zwischen := a;
        a := b;
        b := zwischen
    END; { tausche }

BEGIN
    x:=10; y:=5;
    tausche (x,y);
    Writeln (x,y)
END.
```

Damit die Inhalte von x und y tatsächlich vertauscht werden, müssen die aktuellen Parameter a und b als variable Parameter vereinbart werden.

Anzahl zulässiger
Parameter

Innerhalb einer Parametervereinbarung dürfen beliebig viele Parameter angegeben werden. Dabei sind sowohl feste als auch variable Parameter in beliebiger Reihenfolge erlaubt. Sie werden lediglich über ein Semikolon voneinander getrennt:

```
PROCEDURE p (i,j:INTEGER; VAR erg:REAL; VAR b:BOOLEAN; c:CHAR);
```

Zusammenfassend soll an dieser Stelle noch einmal auf die vier unterschiedlichen, in dieser Arbeit verwendeten Begriffe der Parametervereinbarungen hingewiesen werden:

Tab. 7.1:
Parameter:
Begriffsdefinition

Begriff	Erläuterung
formaler Parameter	Die Vereinbarung eines Parameters.
aktueller Parameter	Der beim Aufruf einer Prozedur an den formalen Parameter gebundene Wert.
variabler Parameter	Ein Parameter, bei dem eine Änderung gleichzeitig die Änderung der übergebenen Variablen bewirkt.
fester Parameter	Ein Parameter, bei dem eine Änderung keine Auswirkung auf die übergebene Variable hat.

7.2 Funktionen

Eine Funktion ist, genau wie eine Prozedur, eine eigenständige Routine. Funktionen und Prozeduren unterscheiden sich jedoch. Eine *Funktion liefert* einen *Wert*. Eine *Prozedur* führt im einfachsten Fall nur eine Folge von *Anweisungen* aus, ohne ein Ergebnis an den Aufrufer weiterzugeben.

Einige Beispiele unter Verwendung der Standard-Funktionen von Pascal sind:

- `x:=Succ (5) { liefert den Nachfolger von 5 }`
- `x:=Sqrt (9) { liefert die Quadratwurzel von 9 } usw.`

Das Syntaxdiagramm für FUNKTIONS-DEKLARATION kann wie folgt angegeben werden:

Syntaxdiagramm 7.6:
FUNKTIONS-DEKLARATION

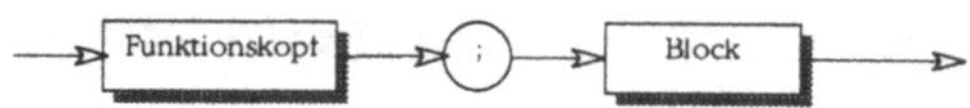

Mit

Syntaxdiagramm 7.7:
FUNKTIONSKOPF

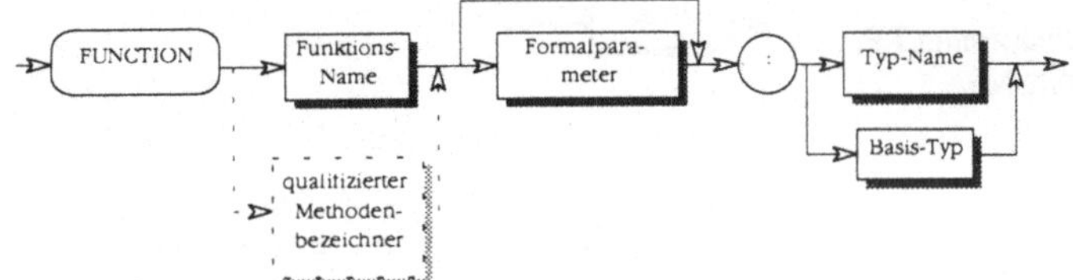

Der Abschnitt „5.3.2 Logische Ausdrücke" zeigte ein einfaches Programm zur Ausgabe von Wahrheitstabellen. Soll das Programm flexibler für beliebige logische Funktionen einsetzbar sein und die „Berechnung" nur an einer einzigen Stelle im Programm beschrieben werden, bietet es sich an, eine FUNCTION zu vereinbaren:

7.5: Funktion

```
PROGRAM logikfunktion;

VAR    x,y: BOOLEAN;

    FUNCTION logik (X1,X2: BOOLEAN): BOOLEAN;
    BEGIN
        logik := NOT (X1 AND X2)
    END; { logik }

BEGIN
    Writeln('x':3,'y':8,'NOT (x AND y)':17);
    Writeln('-----------------------------');
    FOR x:=FALSE TO TRUE
        DO FOR y := FALSE TO TRUE
                DO Writeln(x:5,y:8,logik (x, y):11);
END.
```

Für Funktionen gelten die gleichen Bestimmungen bezüglich lokaler Vereinbarungen und Parameterdaten wie für Prozeduren.

Beim Aufruf von Funktionen steht der FUNKTIONS-NAME immer rechts vom Zuweisungszeichen, so daß er an eine Variable erinnert.

Syntaxdiagramm 7.8:
FUNKTIONSAUFRUF

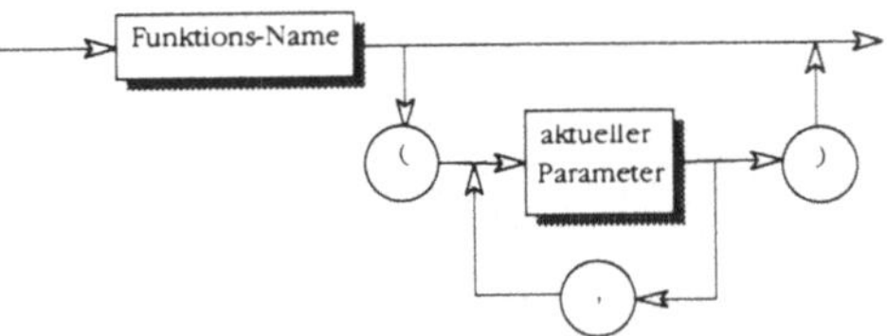

Syntaxdiagramm 7.9:
FUNKTIONS-NAME

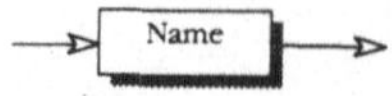

Dem FUNKTIONS-NAMEN kann (und sollte!) innerhalb der Funktion ein Wert zugewiesen werden. Wird diese Zuweisung innerhalb der Funktion vergessen, so können, genau wie bei nicht initialisierten Variablen, fatale Fehler auftreten.

Besonders zu beachten ist die Möglichkeit von Funktionsaufrufen innerhalb von Parametern. Dabei kann als Parameter anstelle einer Variablen auch ein Funktionsaufruf übergeben werden, wie folgendes Beispiel demonstriert:

```
    ...
    VAR y: INTEGER;

        PROCEDURE p (i: INTEGER);
        VAR x: INTEGER;
        BEGIN
            Readln (x);
            Writeln (x*i)
        END; { p }

        FUNCTION f: INTEGER;
        BEGIN
            f := 2*y
        END; { f }

        FUNCTION max (a,b: INTEGER): INTEGER;
        BEGIN
            IF a > b
                THEN max := a
                ELSE max := b
        END; { max }

    BEGIN
        ...
        Readln(y);
        p (f);
        ...
        p (max (12,40));
        ...
    END;
```

Nicht erlaubt ist hingegen, eine Funktion als variablen Parameter zu übergeben:

```
...
    PROCEDURE p (VAR i: INTEGER);
    BEGIN
      ...
    END; { p }

    FUNCTION f: INTEGER;
    BEGIN
      ...
    END; { f }

BEGIN
  ...
  p (f); {NICHT ERLAUBT}
  ...
END.
```

7.3

Rekursion

Pascal erlaubt es, daß sich Prozeduren oder Funktionen selbst aufrufen. Diese Möglichkeit wird *Rekursion* genannt, da der Aufruf einer Prozedur oder Funktion durch sich selbst zurücklaufend (rekursiv) ist:

Abb. 7.4: „Rekursives" Fernsehbild

Allgemein kann Rekursion als eine Art Schleife verstanden werden. Allerdings arbeiten rekursive Aufrufe nicht iterativ (eine bestimmte Anweisungsfolge wiederholend), sondern sie rufen sich selbst auf.

Rekursive Aufrufe sind nur innerhalb von Routinen (Prozeduren und Funktionen) möglich. Dabei erfolgt die Rekursion durch Angabe des Routinen-Namens:

```
PROCEDURE zinsen;
...
BEGIN
    IF zu_wenig_kapital
        THEN zinsen
        ELSE ..;
...
END;
```

oder

```
FUNCTION zu_wenig_kapital: BOOLEAN;
VAR fertig: BOOLEAN;
...
BEGIN
    ...
    REPEAT
        kapital := kapital * 1.07;
        fertig:= kapital > 1000;
        IF NOT fertig
            THEN fertig := zu_wenig_kapital;
    UNTIL fertig
    ...
END;
```

Diese beiden Beispiel dienen lediglich der Anschauung von rekursiven Aufrufen — sie sind inhaltlich sinnlos. Insgesamt zählen rekursive Aufrufe ohnehin zu den komplexesten Eigenschaften der Programmiersprache. Sie sind hauptsächlich für die Verarbeitung von dynamischen Datentypen (s. Kapitel „8 Zeiger und Listen") einzusetzen. Alle anderen Beispiele, insbesondere solche zur einfachen Beschreibung der rekursiven Wirkungsweisen, sind meist keine typischen „Vertreter" der Rekursion. So wären auch folgende Beispiele besser iterativ (mit Schleifen) zu lösen, dennoch bieten sie sich als Anschauungsbeispiele an:

Angenommen, es soll ein Programm zur Berechnung der Fakultät einer ganzen Zahl (hier x) erstellt werden, so läßt sich folgende allgemeine Gleichung anführen: $f(x)=x*(x-1)*(x-2)...*1$. Es müssen also alle Zahlen zwischen 1 und x miteinander multipliziert werden, um die Fakultät zu bestimmen. Enthält x z.B. den Wert 5, so ergäbe sich folgende Funktion: $f(5):=5*4*3*2*1$.

Die rekursive Lösung dieses Problems könnte etwa wie folgt aussehen:

```
...
FUNCTION f (x: REAL): REAL;
BEGIN
    IF x>1
        THEN f := x * f (x-1)
        ELSE f := 1
END; { f }
...
```

Soll nun die Fakultät von 3 berechnet werden, erfolgt dieses mit dem Aufruf f(3). Die rekursive Abarbeitung dieses Aufrufs kann folgendermaßen dargestellt werden:

Abb. 7.5:
Rekursive Abarbeitung

Schritt	Aufruf	Wert von x	Aktion	Funktionswerte
1.	f(3)	3	$f := 3 * f'(3-1)$	$f(x) = 6$
2.	f(2)	2	$f' := 2 * f''(2-1)$	$f'(x) = 2$
3.	f(1)	1	$f'' := 1$	$f''(x) = 1$

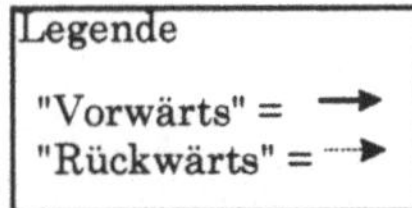

Die Verarbeitung erfolgt grundsätzlich in zwei „Richtungen": *vorwärts*, hier von Schritt 1 bis Schritt 3, und *rückwärts*, hier von Schritt 3 bis Schritt 1. Der Übersichtlichkeit halber wird im Beispiel jeder rekursive Aufruf von f mit einem zusätzlichen Strich markiert, also f'(2) und f''(1).

Vorwärts

Im ersten Schritt, also dem Aufruf von f, wird dem aktuellen Parameter x der Wert 3 zugewiesen. Da x größer als 1 ist, wird in den THEN-Zweig der Bedingung verzweigt. Innerhalb der Zuweisung wird dem Funktions-Namen f das Ergebnis der Multiplikation von x mit der Fakultät von x-1 über einen rekursiven Aufruf von f (f'(2)) zugewiesen. Dabei erhält f(3) noch keinen aktuellen Wert. Dieser kann auch erst dann berechnet werden, wenn f'(2) berechnet ist.

Im zweiten Schritt wird daraufhin die Berechnung der Fakultät von 2 in Angriff genommen: `f' := 2 * f''(1)`. Auch hier kann nicht sofort das aktuelle Ergebnis dieser Multiplikation berechnet werden, da ja noch die Fakultät von 1 berechnet werden muß. Diese wird über den dritten Schritt errechnet. In diesem letzten „Vorwärtsschritt" erfolgt kein rekursiver Aufruf mehr, da x nicht größer als 1 ist (x = 1). Der Funktion `f''` kann hier der Wert 1 zugewiesen werden.

Rückwärts

Nach dem letzten „Vorwärtsaufruf" müssen noch die einzelnen Funktionen (`f'` und `f`) ihre Werte zugewiesen bekommen. Dieses geschieht nun rückwärts. Da ja `f''` einen konkreten Wert besitzt, kann auch `f'` (`2*f''(1)`) berechnet werden. Der konkrete Wert für `f'` ist demnach 2. Nachdem nun `f'` auch einen Wert besitzt, kann f endgültig berechnet werden f = 3*f' = 6. Das Ergebnis von `f(3)` ist demnach also 6.

Inkarnationen

Wie dieses Beispiel zeigt, wird bei jedem rekursiven Aufruf eine neue Speicherstelle für den Wert von f bereitgestellt (f, f' und f''). Für jeden rekursiven Aufruf werden alle Daten der Funktion quasi intern kopiert. Man sagt: „eine neue Inkarnation entsteht". In diesem Beispiel sind die Funktionen f' und f'' Inkarnationen. Jede Inkarnation wird erst wieder bei der „Rückwärts-Verarbeitung" aus dem Arbeitsspeicher „gelöscht".

Rekursive Prozeduren und Funktionen dürfen beliebig viele Inkarnationen besitzen. Ihre Anzahl wird lediglich durch die Größe des Arbeitsspeichers beschränkt. Besonders diese dynamische Speicherabarbeitung zeichnet rekursive Routinen aus, da somit Datenmengen verarbeitet werden können, deren Größe nicht von vornherein bekannt ist.

Folgendes — auch wieder einfache Beispiel — zeigt ansatzweise die Möglichkeit der dynamischen Speicherverwaltung:

Die Aufgabe besteht darin, eine beliebig lange Zeichenfolge bis zur Eingabe eines Punktes (.) einzulesen und diese dann wieder in umgekehrter Reihenfolge auszugeben. Dabei soll kein Feld (Vgl. Abschnitt. „6.3.2 Felder") zum Zwischenspeichern der Zeichen benutzt werden. So werden etwa Wörter wie „ein." zu „.nie" usw.

7.6: Rekursion

```
PROGRAM reverse_beispiel;

USES crt;      { UNIT für ReadKey) }

   PROCEDURE reverse;
   VAR c: CHAR;
   BEGIN
      c := ReadKey; {ReadKey, damit Zeichen unsichtbar}
      IF c <> '.'
         THEN reverse;
      Write (c)
   END; { reverse }

BEGIN
   reverse
END.
```

In diesem Beispiel wird über jede Inkarnation von **reverse** zunächst das eingegebene Zeichen in c zwischengespeichert. Da der Compiler bei jedem rekursiven Aufruf ein neues c erstellt, können zunächst beliebig viele Zeichen zwischengespeichert werden. Erst nach Eingabe eines Punktes (.) werden die rekursiven **reverse**-Aufrufe beendet. Bei der „Rückwärts-Abarbeitung" wird nun zunächst die letzte Inkarnation beendet. In dieser wird das zuletzt eingegebene Zeichen, der Punkt, über `Write(c)` ausgegeben. Daraufhin wird die vorherige Inkarnation beendet, indem das vorherige Zeichen ausgegeben wird usw. Es werden solange Inkarnationen „zu Ende" abgearbeitet, bis keine Kopie von **reverse** mehr vorhanden ist.

Besonders im Zusammenhang mit „gegenseitig rekursiven" Aufrufen kann es in Einzelfällen notwendig sein, bestimmte Prozeduren aufrufen zu können, bevor diese vereinbart wurden:

```
...
PROCEDURE p;
VAR b: BOOLEAN;
    j: INTEGER;
BEGIN
...
   IF b THEN q (j)
...
END; { p }

PROCEDURE q (i: INTEGER);
BEGIN
...
   IF i > 0 THEN p
...
END; { q }
...
```

FORWARD-
Vereinbarung

In diesem Fall würde der Compiler bereits innerhalb der Prozedur p einen Syntaxfehler erkennen, da die Prozedur q nicht vor dem Aufruf vereinbart wurde. Wird q vor p vereinbart, so würde der Compiler innerhalb von q einen Syntaxfehler erkennen (p ist nicht vorher vereinbart). Eine fatale Situation, die über eine FORWARD-Vereinbarung behoben werden kann. Damit der Compiler (wenigstens) den Namen von q kennt, bevor p überprüft wird, muß dieser Name, neben der vollständigen Parametervereinbarung, vor der Prozedur-Vereinbarung von p angegeben werden:

```
...
PROCEDURE q (i: INTEGER); FORWARD;

PROCEDURE p;
VAR b: BOOLEAN;
    j: INTEGER;
BEGIN
...
   IF b THEN q (j)
...
END; { p }

PROCEDURE q (i: INTEGER);
BEGIN
...
   IF i > 0 THEN p
...
END; { q }
...
```

Nach der FORWARD-Vereinbarung darf nicht der eigentliche Programmcode für die jeweilige Prozedur oder Funktion angegeben werden. Dieser wird wie üblich erst nach der „normalen" Prozedur-Vereinbarung aufgeführt. Leider müssen in Pascal die formalen Parameter zweimal vollständig angegeben werden: bei der FORWARD-Anweisung und bei der „eigentlichen Prozedurimplementierung".

8 Zeiger und Listen

Bisher wurden statische Daten (z.B. BASIS-TYPEN, Felder, Verbund) betrachtet. Für Variablen dieser Datentypen wird vom Compiler bereits bei der Übersetzung ein Speicherplatz von festgelegter Größe reserviert. Für ein Feld (ARRAY) z.B. muß der Programmierer festlegen, wie groß das Feld werden kann. Diese Größe kann während der Programmausführung nicht geändert werden, so daß der Speicherplatzbedarf für den Compiler berechenbar ist und entsprechend reserviert werden kann.

Mit diesen Datentypen lassen sich aber nur Aufgaben lösen, bei denen von vornherein feststeht, wieviele Elemente verarbeitet werden müssen. Da aber in vielen Fällen genau diese Angabe nicht möglich ist, birgt eine derartige Datenvereinbarung sowohl die Gefahr

- Speicherplatz zu „verschwenden" (zu groß dimensioniert) als auch

- nicht genügend Speicher für die benötigten Elemente zur Verfügung zu haben (zu gering dimensioniert).

8.1 Dynamische Speicherverwaltung

dynamische Variablen

Sollen z.B. die eingehenden Aufträge eines Unternehmens verwaltet werden, ist es unmöglich, vorher eine maximale Auftragsanzahl festzulegen. In diesem Fall könnte nur die vorher festgelegte Anzahl von Aufträgen (z.B. 100) erfaßt werden. Weitere Aufträge müßten dann z.B. in einer eigenen Datei erfaßt werden (wieder nur bis zur Höchstanzahl!). Abhilfe schaffen kann hier die Einführung sogenannter *dynamischer Variablen*. Ihre Größe muß nicht im voraus angegeben werden.

Zeiger und Listen

In Pascal sind die dynamischen Daten mit Hilfe von Zeigern und darauf aufbauenden Listen realisierbar. Bei *Listen* ist es nicht notwendig, daß der Programmierer die Anzahl von Elementen festlegt, da bei Bedarf zur Laufzeit neue Elemente erzeugt werden können. Diese werden über sogenannte *Zeiger* verwaltet.

Speicherbereich

Für die statischen Datentypen wird ein zusammenhängender Bereich im Speicher reserviert. Da die Größe von Listen nicht von vornherein bekannt ist und sich ihre Größe im Laufe der Durchführung eines Programms verändern kann, ist die Reservierung eines zusammenhängenden Speicherbereichs hierfür nicht möglich.

Angenommen, es existiert ein „selbstdefinierter" Datentyp auftrag, der wie folgt vereinbart worden ist:

```
TYPE auftrag =    RECORD
                    kunden_name: STRING;
                    artikel: STRING;
                    menge: INTEGER;
                    preis: REAL
                  END;
```

Sollen beispielsweise alle Aufträge von diesem Datentyp in einer Liste gespeichert werden, ist folgende interne Repräsentation denkbar:

Abb. 8.1:
Interne Repräsentation
einer Liste

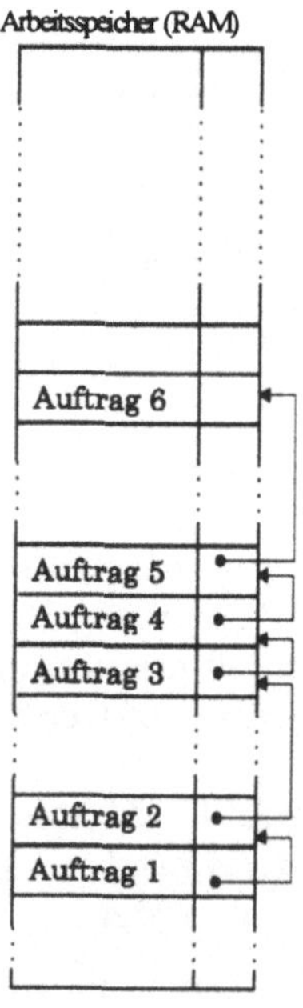

Listenaufbau

Für jedes *Listenelement* einer *Liste* werden mindestens zwei Speicherbereiche benötigt:

- ein Speicherbereich beinhaltet den eigentlichen *Inhalt*, also in diesem Fall z.B. kunden_namen, artikel, menge und preis der Aufträge 1 bis 6,

- die zweite Speicherstelle verweist (zeigt) auf das nächste Element der Liste und wird *Zeiger* genannt. Der Zeiger ist in der Regel eine ganze Zahl und entspricht der Speicheradresse des nächsten Elementes. Um den Wert dieser Zahl muß sich der Programmierer nicht kümmern.

Listenende (NIL)

Das letzte Element einer Liste hat naturgemäß keinen Nachfolger, auf den der Zeiger verweisen kann. Ein *Endzeiger* macht das Listenende kenntlich. Dieser Endzeiger zeigt auf keine Adresse. In Pascal heißt dieser deshalb NIL.

 Listen

Ein Vorteil von Listen ist, daß immer nur so viel Speicherplatz belegt wird, wie wirklich notwendig ist. Erst in dem Moment, in dem ein Listenelement erstellt wird, wird hierfür Speicherplatz belegt. Zudem wird die mögliche Größe einer Liste nicht vom Programmierer im Vorfeld festgeschrieben, sondern sie ergibt sich erst zur Laufzeit des Programms (dynamisch).

Listen

Dadurch, daß der Speicherplatz immer erst dann belegt wird, wenn ein Listenelement erstellt wurde, ist die Liste häufig über den Speicher „verstreut", wie obige Abbildung demonstriert. Bei der Verarbeitung von mehreren Listen sind bis zur Erstellung des nächsten Listenelements der einen Liste möglicherweise schon wieder Elemente einer anderen Liste erstellt worden. Diesen wurde der „anschließende" Speicherplatz zugewiesen, so daß das aktuelle Element der ersten Liste „hintenan" gehängt werden muß. Hierdurch muß bei langen Listen mit geringfügig erhöhten Zugriffszeiten gerechnet werden (diese Zeiten sind allerdings auch stark abhängig vom eingesetzten Mikroprozessor). Im Gegensatz beispielsweise zu Feldern, kann auch nicht problemlos auf irgendein Element zugegriffen werden. Soll z.B. das 7. Element aus der Liste ausgegeben werden, gibt es hierfür keine „fertige" Operation, der Programmierer muß die notwendigen Schritte programmieren.

Die im Zusammenhang mit Listen und Zeigern verwendeten Begriffe sind in der folgenden Übersicht zusammengestellt:

Tab. 8.1:
Listenbegriffe

Liste	Eine lineare Verkettung von Elementen beliebigen Datentyps.
(Listen-)Element	Ein Eintrag innerhalb der Liste. Dieser besteht aus einem Inhalt und einem Zeiger.
Inhalt	Das „Datum" der Liste. Dieses kann aus Zeichen, Zahlen usw. bestehen.
Zeiger	Ein Zeiger beinhaltet eine Adresse, die auf ein (weiteres) Listenelement zeigt.
Endezeiger	Ein besonderer Zeiger, der das Ende der Liste anzeigt.

8.2 Zeiger

Bevor die Bearbeitung einer Liste in Pascal beschrieben wird, ist es erforderlich, die Vereinbarung und Benutzung von Zeigern zu erläutern.

Zeiger-Deklaration

Soll ein Zeiger als Variable vereinbart werden, so wäre es vorstellbar, diese einfach als ganze Zahl (INTEGER) zu deklarieren. Dieser ganzzahligen Variablen könnte dann während das Programm läuft, die Adresse zugewiesen werden, auf welche die Zeigervariable zeigen soll. Um solch ein Verfahren zu realisieren, müßte der Programmierer aber die gesamte Speicherstruktur, insbesondere die freien und belegten Speicherplätze des Computers zur Laufzeit des Programms kennen.

Um den Programmieraufwand nun so klein wie möglich zu halten, wird die konkrete Speicherverwaltung vom Pascal-Laufzeitsystem übernommen. Der Programmierer bedient sich dann nur noch einer logischen (nicht konkreten) Adresse. Dieser logische Adreßzeiger wird in Pascal *Pointer* (Zeiger) genannt.

Bevor eine Variable vom Datentyp Zeiger (*Zeigervariable*) vereinbart werden kann, muß entschieden werden, auf welchen Datentyp (Inhalt) dieser zeigen soll. So kann es Zeigervariablen geben, die etwa auf ein Zeichen (CHAR), auf eine Zahl (INTEGER, REAL) oder auf einen komplexen Datentyp (Verbund, Feld) zeigen. Der Datentyp des Inhalts, auf den der Zeiger zeigt, muß innerhalb der Zeigervereinbarung angegeben werden:

Syntaxdiagramm 8.1:
ZEIGER-TYP

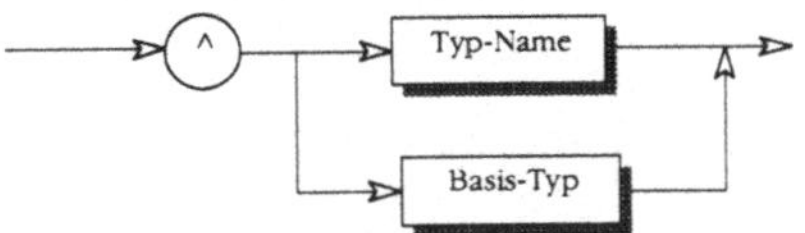

Soll etwa eine Zeigervariable (pointer) vereinbart werden, die auf Zeichen zeigt, so ist folgende Vereinbarung denkbar:

```
VAR zeiger : ^CHAR;
```

Über das Spezialsymbol „^" (gesprochen: „Dach") wird vereinbart, daß die Variable `zeiger` nicht selbst vom Datentyp CHAR ist, sondern daß sie auf eine Speicherstelle zeigt, deren Inhalt vom Datentyp CHAR ist.

Nach dieser Vereinbarung zeigt die Variable auf irgendeine, nicht definierte Stelle im Speicher. Soll nun dieser über `zeiger` adressierten Speicherstelle ein Zeichen (z.B. das Zeichen „x") zugewiesen werden, so ist dafür folgende Anweisung erforderlich:

```
zeiger^ := 'x';
```

Hinter dem Namen der Zeigervariablen `zeiger` ist dafür das Dach anzugeben. Damit ist dann der „Inhalt" von `zeiger` gemeint:

Abb. 8.2:
Zeigerdarstellung

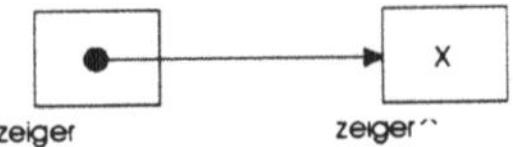

In dieser graphischen Darstellung repräsentiert das Kästchen eine Variable, die entweder einen Zeiger (Kreis mit Pfeil) oder den Inhalt (in diesem Fall das Zeichen „x") enthalten kann. Der Pfeil zeigt auf den Inhalt der Zeigervariablen.

Angenommen in einem Programm existieren folgende Vereinbarungen:

```
TYPE
    string_kurz = STRING[10];

VAR
    z1,z2: ^string_kurz;
```

Unter dieser Voraussetzung zeigt folgende Tabelle, welche Anweisungen erlaubt und welche verboten sind:

Tab. 8.2:
Zeiger-Anweisungen

`z1^:='Pascal'`	ok, der Inhalt von z1 erhält den Wert ´Pascal´
`z1 := z2`	ok, nach der Zuweisung zeigt z1 auf den gleichen Inhalt wie z2
`z1^ := z2^`	ok, dem Inhalt von z1 wird der Inhalt von z2 zugewiesen
`z1 := z2 * 2`	falsch, Zeiger (= Speicheradressen) dürfen nicht „berechnet" werden
`z1 := 1001`	falsch, einem Zeiger kann keine Adresse direkt zugewiesen werden
`z1 := 'Problem'`	falsch, hier fehlt das „^" hinter „z1"

Wird eine Zeigervariable vereinbart, ist noch kein Speicherplatz für den Inhalt dieser Variablen reserviert. Lediglich der Name der Variablen ist festgelegt, nicht aber die Speicheradresse, auf die die Variable zeigen soll.

Standard-Prozedur New Bevor ein Inhalt der Zeigervariablen abgespeichert werden soll, muß dafür ein Speicherplatz gefunden und reserviert werden. Diese Zuteilung erfolgt — im Gegensatz zu statischen Variablen — erst zur Laufzeit des Programms. Angenommen es soll ein Speicherplatz für den Inhalt der Zeigervariablen **zeiger** reserviert werden, so ist dafür die Standard-Prozedur **New** anzuwenden:

```
PROGRAM speicher_suchen;
VAR zeiger: ^CHAR;
BEGIN
    New (zeiger);
    zeiger^ := ´x´;
    ...
```

Erst nach der Anwendung der **New**-Anweisung auf die Zeigervariable kann die Zuweisung des Zeichens ´x´ erfolgen. Mit Hilfe der **New**-Prozedur wird das Pascal-Laufzeitsystem veranlaßt, eine freie Speicherstelle zu suchen und die Adresse dieser Stelle in **zeiger** (nicht im Inhalt **zeiger^**!) abzulegen.

Wird die **New**-Anweisung weggelassen, so ist mit fatalen Ergebnissen (die von der Pascal Implementierung abhängen) zu rechnen. Leider liefert weder der Übersetzer noch das Laufzeitsystem in diesem Fall eine Fehlermeldung. Folgendes kleine Beispiel demonstriert dieses:

8.1: Fehlendes New

```
PROGRAM new_vergessen;

VAR
    p,q: ^INTEGER;

BEGIN
    p^:=1;
    q^:=2;
    Writeln (p^:4,q^:4);
END.
```

Dieses Programms gibt zufällige Werte aus und nicht wie gewollt:

    1   2.

Folgende Abbildung verdeutlicht die Arbeitsweise der Prozedur New:

Abb. 8.3:
Arbeitsweise der
Prozedur 'New'

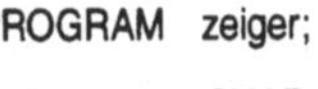

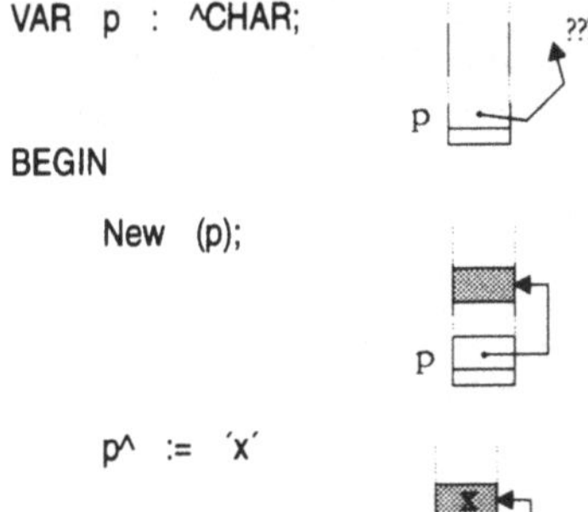

Nach der Variablenvereinbarung des Zeigers p wird lediglich eine Speicherstelle für den Zeiger selbst angelegt, nicht aber die Speicherstelle, unter der der Inhalt (in diesem Fall ein Zeichen) gespeichert werden soll. Der Zeiger p ist demnach noch nicht initialisiert — er zeigt auf eine beliebige Stelle im Speicher.

Initialisierung

Erst nach dem Aufruf der Prozedur New wird ein Speicherplatz für den Inhalt reserviert. Außerdem bekommt die Zeigervariable p daraufhin die Adresse des reservierten Speicherplatzes zugewiesen.

Auf die Variable p können nun beliebig viele „New-Anweisungen" angewendet werden. Nach jeder Anweisung existiert genau ein Element vom Datentyp CHAR mehr. Außerdem wird jedesmal die Adresse in p aktualisiert. Erfolgt nun eine Zuweisung eines konkreten Datums, so wird dieses auf dem

Speicherplatz abgelegt, auf den p nach der letzten New-Anweisung zeigt:


```
PROGRAM  zeiger;

VAR  p  :  ^CHAR;



BEGIN

    (p);
    (p);
    (p);

    'x';
    ...
```

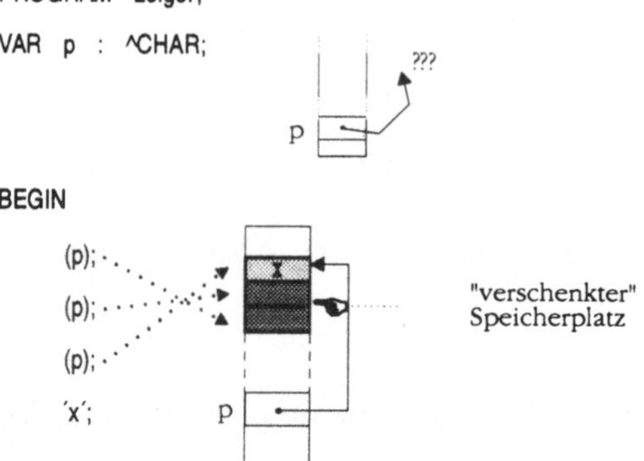

In diesem Beispiel sind mehr Speicherplätze reserviert, als benötigt wurden. Da nun p auf die zuletzt reservierte Speicherstelle verweist, gibt es keine Möglichkeit, um auf die vorherigen Speicherplätze zuzugreifen. Für das Pascal-Laufzeitsystem sind alle über New angelegten Plätze reserviert — und damit nicht mehr für weitere Speicher-Reservierungen, etwa über New-Anweisungen, verfügbar.

Außerdem kann es vorkommen, daß nach „unkontrollierten" New-Anweisungen die Daten verloren gehen:

```
    ...
    New (p); p^ := ´x´;
    New (p); p^ := ´y´;
    ...
```

In diesem Beispiel ist das erste Datum (´x´) zwar im Speicher abgelegt, es ist aber nicht mehr „erreichbar": der ursprüngliche Zeiger, der auf den ersten Inhalt (´x´) zeigte, ist durch den zweiten Zeiger überschrieben. Dieser zeigt jetzt auf den zweiten Inhalt (´y´). Der Inhalt ´x´ liegt „brach" im Speicher.

8.3 Listen

In einer Liste sind, wie bereits weiter oben beschrieben wurde, beliebig viele Listenelemente gespeichert. Um eine Liste aufzubauen, in der ein Element auf das nächste zeigt, das wiederum auf das nächste zeigt usw., bedient man sich Zeigervariablen.

Die Listenelemente bestehen im wesentlichen aus zwei Teilen: einem Inhalt und einem Zeiger, der auf das nächste Element zeigt. Eine Liste kann nun etwa wie folgt graphisch dargestellt werden:

Abb. 8.5:
Einfache Liste

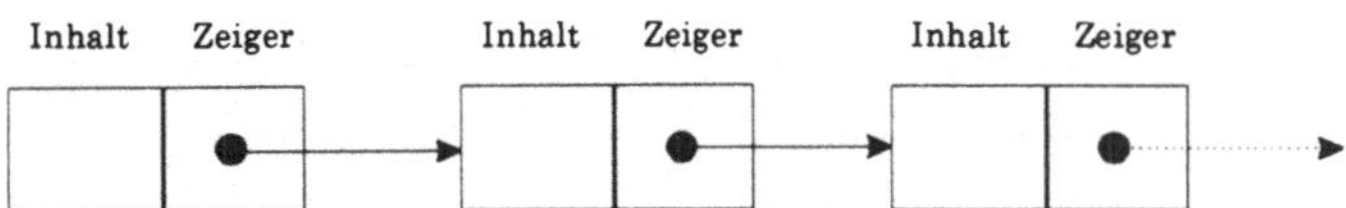

Eine Listenvereinbarung

In Pascal kann/sollte ein (Listen-)Element als Verbund vereinbart werden. Da der Datentyp des Listenelements beliebig ist, sollte dieser zunächst als selbstdefinierter Datentyp vereinbart werden. Innerhalb der Typen-Definitionen sind folgende Vereinbarungen zu treffen:

Inhalt

Zunächst sollte zur besseren Übersicht und einfacheren Änderbarkeit ein „Inhalts-Typ" (wir nennen ihn `inhalt`) vereinbart werden. Dieser ist hier zum besseren Verständnis zunächst der BASIS-TYP `INTEGER`:

```
TYPE
    inhalt = INTEGER;
```

Denkbar sind hier selbstverständlich auch Mengen- oder Verbund-Typen.

Vereinbarung der „Listen-Verkettung"

Im nächsten Schritt muß dann das Listenelement (wir nennen es `listen_element`) vereinbart werden:

```
TYPE
    listen_element = RECORD
                         dat: inhalt;
                         nachfolger: zgr_listen_element
                     END;
```

Zeigervereinbarung

Die Komponente `nachfolger` dient der Listenverkettung und soll auf das folgende Element zeigen. Diese Vereinbarung wird über den Datentyp `zgr_listen_element` umgesetzt.

Offen bleibt hierbei jedoch zunächst, was sich hinter `zgr_listen_element` verbirgt. Hierbei handelt es sich um einen Zeiger auf ein `listen_element`. Mit diesem „Trick" kann die Liste, wie sie weiter oben beschrieben ist, realisiert werden. Wie alle „individuellen" Datentypen muß nun auch `zgr_listen_element` vereinbart werden. Dieses kann wie folgt aussehen:

```
TYPE
    zgr_listen_element = ^listen_element;
```

Jetzt sind die drei wesentlichen Typen-Vereinbarungen der Liste abgeschlossen. Es stellt sich jedoch die Frage, in welcher

Reihenfolge die Vereinbarungen erfolgen können, da eine „rekursive" Vereinbarung vorliegt: `listen_element` verweist auf `zgr_listen_element` und `zgr_listen_element` selbst bezieht sich auf `listen_element`.

Normalerweise müssen die Vereinbarungen in der Reihenfolge erscheinen, in der sie benötigt werden, d.h., es muß immer zuerst die Typen-Vereinbarung eines bestimmten Typs erfolgen, bevor dieser benutzt werden darf. In diesem Fall ist eine Ausnahme zur strengen „Reihenfolgepflicht" der Vereinbarungen zugelassen. Die Zeigervereinbarung `zgr_listen_element` darf vor der Vereinbarung zum `listen_element` erfolgen:

```
TYPE
    inhalt = INTEGER;
    zgr_listen_element = ^listen_element;
    listen_element = RECORD
                        dat: inhalt;
                        nachfolger: zgr_listen_element
                     END;
```

Listenaufbau

Der eigentliche Aufbau einer Liste benötigt nun noch eine Variablenvereinbarung. In ihr wird einem beliebigen VARIABLEN-NAMEN der oben entwickelte Datentyp zugewiesen:

```
VAR
    liste: zgr_listen_element;
```

Im Programm kann mittels der New-Anweisung, angewendet auf `liste`, ein erstes Element erzeugt werden:

```
New (liste);
```

Hiernach existiert aber noch kein Inhalt für das Datenfeld des ersten Listenelementes. Diesem kann ein Datum zugewiesen werden:

```
liste^.dat := 1;
```

Da es sich bei dem Datentyp von `liste` um einen Verbund handelt, muß die Komponente „dat" über einen Punkt („.") vom RECORD-NAMEN (`liste`) getrennt werden. Zu beachten ist hierbei, daß *vor* dem Punkt ein Dach („^") angegeben werden muß. Mit Hilfe des Dachs wird die konkrete Speicherstelle des Elements `liste` angegeben.

Listenende

Die genaue Betrachtung dieses Beispiels zeigt, daß das Listenende nicht initialisiert ist. Die Zeigervariable `liste^.nachfolger`, eine Komponente des Zeigers `liste`, besitzt nämlich keinen definierten Wert. Dieser Zeiger zeigt auf eine undefinierte Stelle im Speicher. Um nun das Ende einer Liste zu markieren, verwendet Pascal den Standardwert `NIL`. Für die oben beschriebene Liste bedeutet dies: der Nachfolger des letzten Listenelements kann (und sollte) auf `NIL` gesetzt werden.

```
liste^.nachfolger := NIL;
```

Nachdem die beschriebenen Anweisungen auf die Zeigervariable `liste` ausgeführt wurden, ist folgende kleine Liste entstanden:

Abb. 8.6:
Liste mit Ende

An dieser Stelle ist noch kurz auf einen typischen Fehler oder eine Unachtsamkeit hinzuweisen. Im Unterschied zur obigen Variablen-Vereinbarung ist eine Vereinbarung denkbar, bei der die Variable `liste` nicht vom Datentyp `zgr_listen_element`, sondern einfach vom Datentyp `listen_element` vereinbart wird:

```
VAR liste: listen_element;
```

Hierbei ist `liste` kein Zeiger-Typ, sondern lediglich von einem STRUKTURIERTEN TYP. Auf `liste` darf hier nicht die Anweisung `New` angewendet werden. Es kann lediglich ein Datum zugewiesen werden. Erst die Komponente `nachfolger` ist von Datentyp Zeiger:

```
liste.dat := 0;
list.nachfolger := NIL;
```

Für das erste Element darf auch kein Dach angegeben werden — es handelt sich bei `liste` ja um keinen Zeiger:

Abb. 8.7:
Erstes Listenelement

Die folgenden zwei Beispiele zur Erstellung einer Zahlenliste basieren auf den bisher diskutierten Datentypen:

```
PROGRAM liste;

TYPE
   inhalt = INTEGER;
   zgr_listen_element = ^listen_element;
   listen_element = RECORD
                        dat: inhalt;
                        nachfolger: zgr_listen_element
                    END;

VAR
   liste: zgr_listen_element;

BEGIN
   New (liste);
   liste^.dat := 1;
   New (liste^.nachfolger);
   liste^.nachfolger^.dat := 2;
   New (liste^.nachfolger^.nachfolger);
   liste^.nachfolger^.nachfolger^.dat:=3;
   New (liste^.nachfolger^.nachfolger^.nachfolger);
   liste^.nachfolger^.nachfolger^.nachfolger^.dat:= 4;
END.
```

Mit dieser ersten einfachen Programmversion kann zwar die
Liste erstellt werden. Sie ist aber nicht geeignet, um beliebig
lange Listen zu erstellen. Aufbauend auf derselben
Typenvereinbarung kann aber auch noch eine andere
Programmvariante formuliert werden:

```pascal
PROGRAM liste;

TYPE
   inhalt = INTEGER;
   zgr_listen_element = ^listen_element;
   listen_element = RECORD
                       dat: inhalt;
                       nachfolger: zgr_listen_element
                    END;

VAR
   liste, anfang, p: zgr_listen_element;

BEGIN
   New (liste);        { erstes Element erzeugen }
   liste^.dat := 1; { Wert (1) zuweisen }
   anfang := liste; { Anfang der Liste merken }

   New (p);            { neues Element erzeugen }
   p^.dat := 2;        { Wert (2) zuweisen }
   liste^.nachfolger := p; { Nachfolger eintragen }
   liste := p;         { aktuelles Element mit p gleichsetzen }

   New (p);                 { wieder neues Element }
   p^.dat := 3;             { Wert (3) zuweisen }
   liste^.nachfolger := p; { Nachfolger eintragen }
   liste := p;              { aktuelles Element mit p gleichsetzen }

   liste^.nachfolger := NIL;   { Listenende }

END.
```

Zunächst wird ein neues Element erzeugt (New(liste)) Daraufhin wird diesem ersten Listenelement der Inhalt zugewiesen (liste^.dat := 1).

Damit die erste Adresse der Liste (also der Listenanfang) erhalten bleibt, muß der Zeiger (liste) „gesichert" werden (anfang := liste). Wird dieses Sichern unterlassen, so würde der Listenanfang nach der Anweisung liste := p überschrieben und ginge somit verloren. In diesem Fall würde kein Zugriff mehr auf das erste Element der Liste (mit dem Inhalt 1) möglich sein.

Nach dem Sichern des Listenanfangs wird ein neues Element erzeugt. Dafür muß zunächst ein neues, von der liste unabhängiges Listenelement erzeugt werden. Dafür ist im Beispiel die Hilfsvariable p (ebenfalls vom Datentyp zgr_listen_element) verwendet worden (New (p)). Daraufhin wird dem Inhalt des neuen Listenelements (p^.dat) ein Wert zugewiesen (p^.dat := 2). Um nun die eigentliche Liste um dieses neue Element zu erweitern, wird dem ersten Listenelement (Vorgänger) die

Adresse des aktuellen Elements als Nachfolger zugewiesen (`liste^.nachfolger := p`).

Der Einsatz einer Hilfsvariablen wird dann verständlich, wenn man bedenkt, daß nach der direkten Erzeugung eines neuen Listenelements (`New (liste)`) keine Zugriffsmöglichkeit mehr auf das vorherige Element besteht. Die Adresse würde nach der `New`-Anweisung überschrieben werden. Wird auf diesen Zwischenschritt verzichtet, so entsteht folgendes fatales Ergebnis:

```
   ...
   New (liste);
   liste^.dat := 1;

   New (liste);
   liste^.dat := 2;
   liste^.nachfolger := liste; { !!! }
   ...
```

Das Ergebnis dieser Anweisungsfolge würde unter Berücksichtigung der Speicheradressen (z.B. 101) wie folgt aussehen:

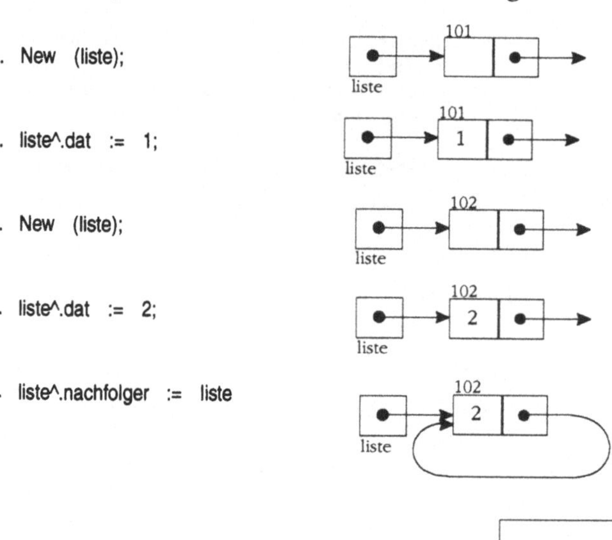

Abb. 8.8:
Fehlerhafter
Listenaufbau

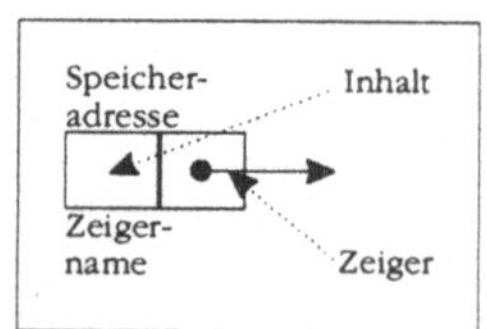

Zum besseren Verständnis des Programmablaufs soll die Entwicklung der Liste, die durch das korrekte Programm entsteht, graphisch dargestellt werden. Auch hier sind die Speicheradressen zum besseren Verständnis aufgenommen:

Abb. 8.9:
Entstehung einer Liste

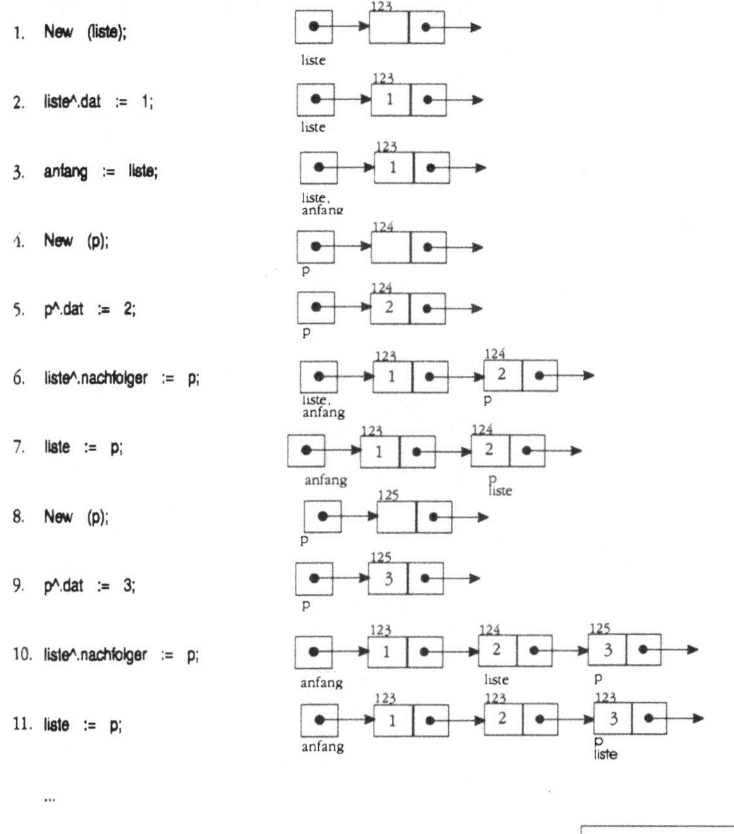

einfachere Lösung

Einfacher, übersichtlicher und für beliebig viele Listenelemente geeignet ließe sich das Programm zum Erweitern einer Liste mit Hilfe einer Prozedur zum Einfügen realisieren:

8.2: Liste erstellen

```
PROGRAM liste;

CONST
   max_zahlen = 10;

TYPE
   inhalt = INTEGER;
   zgr_listen_element = ^listen_element;
   listen_element = RECORD
                         dat: inhalt;
                         nachfolger: zgr_listen_element
                    END;

VAR
   liste, anfang: zgr_listen_element;
   i: inhalt;

PROCEDURE einfuegen (datum: inhalt);
VAR p: zgr_listen_element;
BEGIN
   New (p);                  { neues Element erzeugen }
   p^.dat := datum;          { Wert zuweisen }
   liste^.nachfolger := p;   { Nachfolger eintragen }
   liste := p;               {aktuelles Element mit p gleichsetzen}
END; { einfuegen }

BEGIN { Hauptprogramm }
   New (liste);                      { erstes Element erzeugen }
   liste^.dat := 0;                  { erstes Datum eintragen }
   liste^.nachfolger := NIL;
   anfang := liste;                  { Anfang der Liste merken }
   FOR i:=1 TO max_zahlen
       DO einfuegen (i); { 1 bis max-zahlen Elemente einfügen }
END.
```

8.4

Operationen auf Listen

Eine Liste muß nicht nur erzeugt, sondern auch

- ausgegeben (alle Elemente anzeigen),
- sortiert und
- verändert

werden können.

Soll eine Liste *verändert* werden, so müssen bestimmte Elemente

- eingefügt,
- gesucht und
- gelöscht

werden können.

Für diese Operationen werden im folgenden entsprechende Prozeduren vorgestellt. Dabei ist es unerheblich, von welchem Datentyp der Inhalt der Listenelemente ist, da die Operationen auf Listen (meist vollständig) unabhängig vom Datentyp sind.

Mit dem folgenden Programm kann eine Liste (bestehend aus ganzen Zahlen) erzeugt, erweitert und ausgegeben werden. Außerdem kann überprüft werden, ob ein vorgegebenes Element in der Liste gespeichert ist[9]:

8.3: Listenverarbeitung

```pascal
PROGRAM listen_Verarbeitung;
USES crt;  { für „ReadKey" }

TYPE
    inhalt = INTEGER;
    zgr_listen_element = ^listen_element;
    listen_element = RECORD
                        dat: inhalt;
                        nachfolger: zgr_listen_element
                     END;

VAR
    p: zgr_listen_element;
    c: CHAR;
    zahl: inhalt;

PROCEDURE erzeugen (VAR l: zgr_listen_element);
VAR zahl: inhalt;
BEGIN
    New (l);
    Readln (zahl);    { erstes Listenelement }
    l^.dat := zahl;
    l^.nachfolger := NIL
END;

PROCEDURE erweitern (l: zgr_listen_element; x: inhalt);
VAR q: zgr_listen_element;

    PROCEDURE listenende_suchen;
```

---

9 Bei vorliegendem Programm wurde von der Regel, „sprechende" Variablennamen zu verwenden, abgewichen. Der Grund liegt darin, daß die meisten Variablen lediglich „Merk-Funktionen" besitzen. Im Programm wurde aus Übersichtsgründen außerdem auf einen „komfortablen" Dialog mit dem Programmnutzer verzichtet.

```
                BEGIN
                   WHILE 1^.nachfolger <> NIL DO 1 := 1^.nachfolger;
                END; { listenende_suchen }

                PROCEDURE listenelement_anhaengen;
                BEGIN
                   New (q);
                   q^.dat := x;
                   q^.nachfolger := NIL;
                   1^.nachfolger := q
                END; { listenelement_anhaengen }

        BEGIN { erweitern }
           listenende_suchen;
           listenelement_anhaengen;
        END; { erweitern }


        PROCEDURE ausgeben (1: zgr_listen_element);
        BEGIN
           WHILE 1 <> NIL
           DO BEGIN
              Writeln (1^.dat);
              1 := 1^.nachfolger
           END
        END; { ausgeben }


        FUNCTION gefunden (1: zgr_listen_element; x: inhalt): BOOLEAN;
        BEGIN
           WHILE (1^.dat <> x) AND (1^.nachfolger <> NIL)
           DO 1 := 1^.nachfolger;      { Ende suchen }

           gefunden := 1^.dat = x
        END;  { gefunden }

        PROCEDURE loeschen (1: zgr_listen_element; x: inhalt);
        VAR q: zgr_listen_element;
        BEGIN
           WHILE (1^.nachfolger <> NIL) AND (1^.nachfolger^.dat <> x)
           DO 1 := 1^.nachfolger;  { Ende suchen }
           IF 1^.nachfolger = NIL
           THEN Writeln ('Element nicht gefunden')
           ELSE BEGIN
              q := 1^.nachfolger;
              1^.nachfolger := q^.nachfolger;
              Dispose (q); { Speicherplatz von q freigeben }
           END
        END; { loeschen }

        BEGIN { Programm }
           erzeugen (p);
           REPEAT
```

```
Write('(E)rweitern,(A)usgeben,(S)uchen,(L)öschen,(Q)uit');
c := ReadKey; Writeln (c);
CASE c OF
  'E': REPEAT
            Readln (zahl);
            IF zahl <> 0
            THEN erweitern (p,zahl)
         UNTIL zahl = 0;
  'A': ausgeben (p);
  'S': BEGIN
            Read (zahl);
            Writeln (gefunden (p,zahl))
         END
  'L': BEGIN
            Readln (zahl);
            loeschen (p, zahl)
         END
  END { CASE }
UNTIL c = 'Q'
END.
```

Zum besseren Verständnis des vorliegenden Programms sollen nachfolgend die einzelnen Teile noch einmal separat betrachtet werden:

Listentyp

```
TYPE
    inhalt = INTEGER;
    zgr_listen_element = ^listen_element;
    listen_element = RECORD
                          dat: inhalt;
                          nachfolger: zgr_listen_element
                     END;
```

Als Listentyp ist hierbei die gleiche Struktur, die bereits weiter oben behandelt wurde, gewählt worden.

Liste erzeugen

```
PROCEDURE erzeugen (VAR l: zgr_listen_element);
VAR zahl: inhalt;
BEGIN
    New (l);
    Readln (zahl);    { erstes Listenelement }
    l^.dat := zahl;
    l^.nachfolger := NIL
END;
```

Zuerst muß eine Liste erzeugt werden. Dafür reicht es üblicherweise aus, die New-Anweisung auszuführen. Es sollte aber darauf geachtet werden, daß der Nachfolgerzeiger einen initialisierten Anfangszustand erhält. Das ist hier besonders wichtig, damit die anderen Prozeduren problemlos arbeiten. Würde diese Initialisierung entfallen, so kann etwa der Aufruf von erweitern einen fatalen Fehler herbeiführen. Diese Prozedur geht nämlich davon aus, daß das Listenende — egal wieviele Elemente die Liste besitzt — mit NIL angegeben ist.

Außerdem muß innerhalb der Prozedur **erzeugen** das erste Element eingelesen werden, damit der Listenanfang initialisiert ist. Würde dieses entfallen, so müßte die folgende Prozedur überprüfen, ob das erste Element oder ein weiteres Element eingefügt werden soll.

Prozedurparameter

Für die Prozedur **erzeugen** muß der Parameter in diesem Fall *variabel* vereinbart werden, damit die Adresse des ersten Listenelementes auch dem aufrufenden Programm „bekannt" ist. Für die weiteren Prozeduren muß der Listenparameter fest vereinbart werden, damit der Zeiger auf das erste Listenelement nicht verändert wird.

Liste erweitern

```
PROCEDURE erweitern (l: zgr_listen_element; x: inhalt);
VAR q: zgr_listen_element;

    PROCEDURE listenende_suchen;
    BEGIN
        WHILE l^.nachfolger <> NIL DO l := l^.nachfolger;
    END; { listenende_suchen }

    PROCEDURE listenelement_anhaengen;
    BEGIN
        New (q);
        q^.dat := x;
        q^.nachfolger := NIL;
        l^.nachfolger := q
    END; { listenelement_anhaengen }

BEGIN { erweitern }
    listenende_suchen;
    listenelement_anhaengen;
END; { erweitern }
```

Mit Hilfe dieser Prozedur kann eine Liste um den Inhalt von x erweitert werden. Dafür sind zwei Schritte notwendig:

- Listenende suchen
- Element ans Listenende anhängen

Listenende suchen

Für das Suchen des Listenendes wird mittels eine WHILE-Schleife solange der Nachfolger des aktuellen Elementes betrachtet bis diese auf NIL zeigt (WHILE l^.nachfolger <> NIL ...). Solange das Listenende (NIL) nicht erreicht ist, wird das folgende Element zum aktuellen Element (l := l^.nachfolger).

Element anhängen

Nach Beendigung des Suchvorgangs wird ein neues Element erzeugt (New (q)). Nachdem diesem neuen Element der Inhalt des Parameters x zugewiesen wurde und außerdem die Nachfolgeradresse den initialen Wert NIL erhalten hat, muß nur noch die Adresse von q im (bisherigen) Listenende eingetragen werden (1^.nachfolger := q). Damit wird automatisch der bisherige Wert NIL (am alten Listenende) überschrieben. Grafisch kann das Erweitern wie folgt dargestellt werden:

Abb. 8.10:
Listenerweiterung

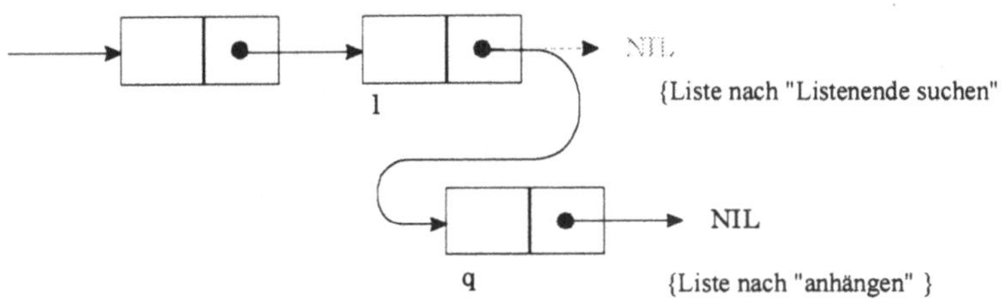

Prozedurparameter

Auffallend für die Prozedur **erweitern** ist, daß der Parameter 1 als fester (also „unveränderbarer") Parameter vereinbart wurde. Innerhalb der Prozedur listenende_suchen ist dann jedoch 1 verändert worden. Dieses widerspricht scheinbar den Empfehlungen im Abschnitt „7.1.2 Parameter". Mit Hilfe dieser „Technik" kann vermieden werden, daß zunächst eine lokale Liste (innerhalb **erweitern**) deklariert und diese entsprechend der globalen Liste (p) zu initialisieren ist.

Alternative Lösung

Denkbar ist auch eine einfachere Lösung zum Erweitern der Liste. Dafür wird das einzufügende Listenelement nicht ans Ende „gehängt", sondern „vor" dem aktuellen Anfang eingefügt. Bei dieser Lösung kann das „Suchen des Listenendes" entfallen:

Liste erweitern
(Alternative)

```
PROCEDURE erweitern (VAR 1: zgr_listen_element; x: inhalt);
VAR q: zgr_listen_element;
BEGIN
  New (q);
  q^.dat := x;
  q^.nachfolger := 1;
  1 := q;
END; { erweitern }
```

In diesem Fall mußte der Parameter 1 variabel vereinbart werden, da sich der (Anfangs-)Zeiger verändert (das neue Element ist der neue Anfang) — und dieses dem aufrufendem Programm „mitgeteilt" werden muß.

Grafisch kann die zweite Variante von **erweitern** wie folgt skizziert werden:

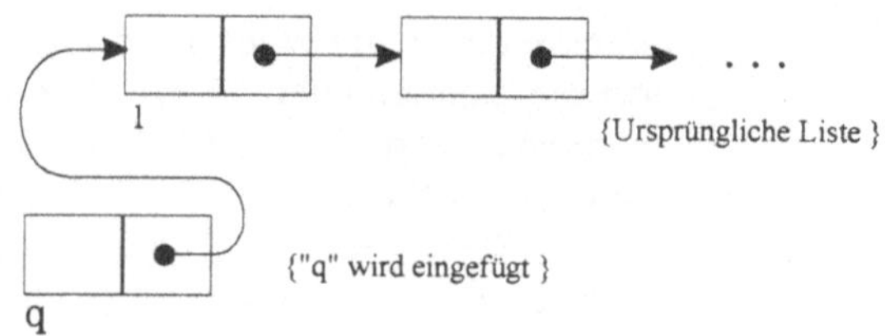

Abb. 8.11:
Listenerweiterung
(Alternative)

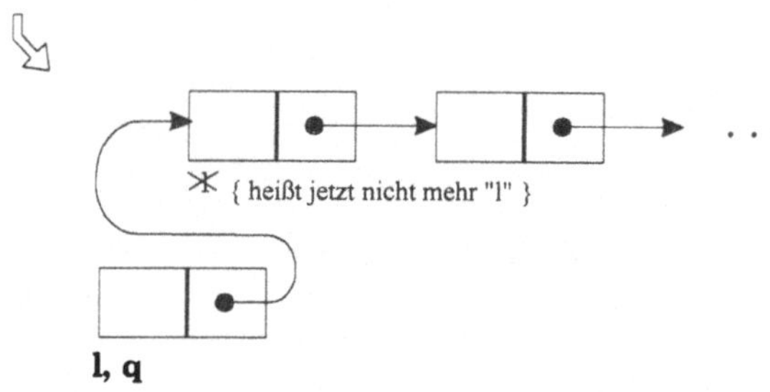

Liste ausgeben

```
PROCEDURE ausgeben (l: zgr_listen_element);
BEGIN
    WHILE l <> NIL
    DO BEGIN
        Writeln (l^.dat);
        l := l^.nachfolger
    END
END; { ausgeben }
```

Die Prozedur **ausgeben** zeigt alle Elemente der Liste l am Bildschirm an. Dafür wird die Liste solange durchgearbeitet, bis der Nachfolger eines Listenelementes auf NIL zeigt. Damit ist das Listenende gefunden und die Ausgabe kann beendet werden.

Element suchen

```
FUNCTION gefunden (l: zgr_listen_element; x: inhalt): BOOLEAN;
BEGIN
    WHILE (l^.dat <> x) AND (l^.nachfolger <> NIL)
    DO l := l^.nachfolger;     { Ende suchen }

    gefunden := l^.dat = x
END;  { gefunden }
```

Die Funktion **gefunden** prüft, ob das im Parameter als x übergebene Element in der Liste l vorhanden ist. Die WHILE-Anweisung terminiert, wenn entweder das aktuelle Listenelement (l^.dat) gleich dem zu suchenden ist oder wenn das Listenende erreicht ist (l^.nachfolger = NIL). Der Funktion wird dann das Ergebnis der Suche mit Hilfe der Zuweisung übergeben. Die Funktion gefunden ist dann TRUE, wenn das aktuelle Listenelement gleich dem gesuchten ist (l^.dat = x).

Element löschen

```
PROCEDURE loeschen (l: zgr_listen_element; x: inhalt);
VAR q: zgr_listen_element;
BEGIN
    WHILE (l^.nachfolger <> NIL) AND (l^.nachfolger^.dat <> x)
    DO l := l^.nachfolger;  { Ende suchen }
    IF l^.nachfolger = NIL
    THEN Writeln ('Element nicht gefunden')
    ELSE BEGIN
       q := l^.nachfolger;
       l^.nachfolger := q^.nachfolger;
       Dispose (q);  { Speicherplatz von q freigeben }
    END
END; { loeschen }
```

Die Prozedur loeschen ist wohl die aufwendigste Prozedur. Zum
einen muß sie berücksichtigen, daß der von dem zu löschenden
Element belegte Speicherplatz wieder freigegeben werden muß.
Zum anderen muß sie dafür sorgen, daß die Liste nicht einfach
unterbrochen wird, wenn ein Element gelöscht wird. Wir wollen
den Vorgang des Löschens anhand folgender Grafik verdeutlichen:

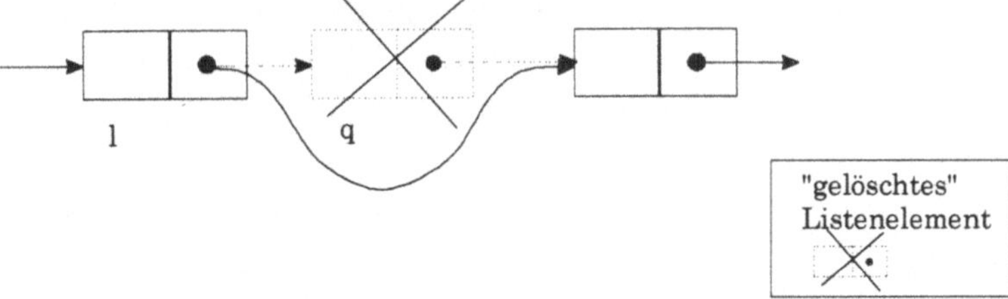

Abb. 8.12:
Löschen eines
Listenelements

Innerhalb von loeschen wird zunächst das zu löschende Element
gesucht. Da hier der konkrete Verweis (also die Adresse) benötigt wird, kann nicht auf die Funktion „gefunden" zurückgegriffen werden — diese liefert nur die Information, ob ein Element
in der Liste ist, nicht aber wo es ist.

Die Suche endet, wenn der aktuelle Zeiger auf das zu löschende
Element zeigt. Das ist deshalb notwendig, weil dieser Zeiger
gegen den Nachfolgerzeiger des zu löschenden Elements ausge-
tauscht werden soll (l^.nachfolger := q^.nachfolger). In q ist
die Adresse des zu löschenden Elements zwischengespeichert.
Würde auf das „Zwischenspeichern" verzichtet, so wäre nach
der Zuweisung

```
l^.nachfolger := l^.nachfolger^.nachfolger
```

die Adresse des zu löschenden Elements überschrieben und
eine Speicherfreigabe nicht mehr möglich.

Freigabe von reserviertem Speicher

Mit Hilfe der Dispose-Anweisung kann der belegte Speicherplatz des zu löschenden Elements wieder freigegeben werden. Dafür wird die Zeigervariable, die auf diesen Speicherplatz zeigt (in diesem Beispiel q), als Parameter übergeben. Mittels Dispose (q) wird der reservierte Speicherplatz freigegeben und q zeigt auf eine undefinierte Stelle im Speicher.

Die falsche Anwendung von Dispose kann zu fatalen Fehlern führen. Angenommen zwei Zeigervariablen (etwa: p = q) zeigen auf dasselbe Element, dann hat die Anweisung Dispose (p) zur Folge, daß der Inhalt von q ebenfalls gelöscht wird. Ist sich der Programmierer über diesen Umstand nicht im klaren, kann es passieren, daß er versucht, über q auf einen Speicherbereich zuzugreifen, dessen Inhalt nicht mehr definiert ist.

8.5 Weitere dynamische Datenstrukturen

An dieser Stelle soll kurz auf Möglichkeiten weiterer dynamischer Datenstrukturen eingegangen werden.

zirkuläre Liste

Bisher sind Listen behandelt worden, deren Ende mit Hilfe des NIL-Wertes angegeben wurde. Denkbar ist auch eine zirkuläre Liste, für die es keinen definierten Anfangs- oder Endpunkt gibt:

Abb. 8.13:
Zirkuläre Liste

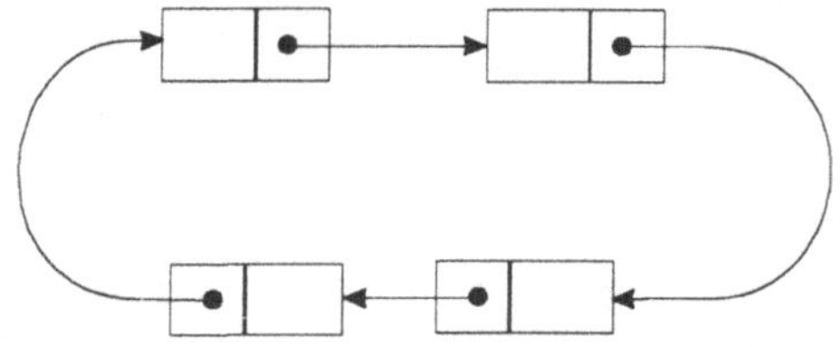

Zirkuläre Liste

Bei der Bearbeitung einer zirkulären Liste besteht keine Notwendigkeit, den Listenanfang gesondert zu speichern. Die Liste kann unabhängig vom aktuellen Listenelement jederzeit vollständig abgearbeitet werden.

Das Suchen eines Elementes innerhalb einer zirkulären Liste kann leicht eine Endlosschleife zur Folge haben, wenn keine korrekte Abbruchbedingung vorhanden ist. Das „Warten" auf ein *Finden* des NIL-Wertes führt bei diesen Listen jedenfalls zu keinem Ergebnis.

doppelte Verzeigerung

Um die Suche nach einem Listenelement von beliebiger Stelle innerhalb der Liste und in beliebige Richtung vornehmen zu können, kann eine „doppelte" Verzeigerung benutzt werden.

Hierbei hat jedes Listenelement sowohl einen Zeiger auf den Nachfolger als auch auf den Vorgänger. Diese Idee wird über folgende Abbildung veranschaulicht:

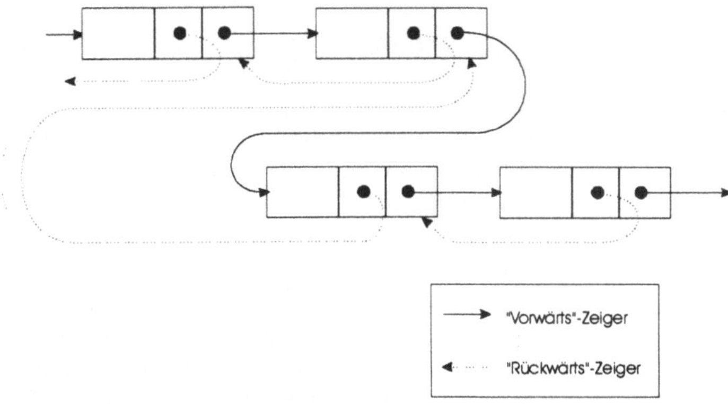

Abb. 8.14:
Doppelt verzeigerte Liste

In Pascal könnte die Datenstruktur einer doppelt verzeigerten Liste etwa wie folgt aussehen:

```
TYPE
    ptr_liste = ^liste;
    liste =    RECORD
                    inhalt: INTEGER;
                    nachfolger, vorgaenger: ptr_liste
               END;
```

Der Vorteil dieser Listen liegt nun darin, daß die Suche eines Elementes quasi von einer beliebigen Stelle aus — in beide Richtungen — begonnen werden kann. Es kann also gegebenenfalls der „kürzere Weg" eingeschlagen werden.

doppelt verzeigerte Liste

komplexe Zeigerstrukturen

Weitere Zeiger-Datenstrukturen sind z.B. *Bäume* mit beliebiger Breite und Tiefe:

Abb. 8.15:
Dynamische Baumstruktur

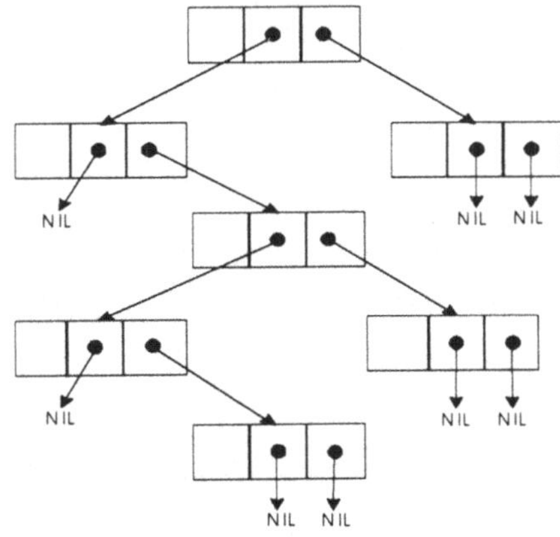

9 Dateiverwaltung

Datei und Datensatz

Dateien (engl. Files) speichern Daten beliebiger Strukturen (Adressen, Artikel usw.) permanent, d.h., diese Daten sind auch noch nach dem Ausschalten eines Computers. Sie werden nicht gelöscht, wie die Daten des Hauptspeichers. Dateien können beispielsweise eine Sammlung von Adreßdaten, Artikeldaten oder Daten zu den letzten Umsatzergebnissen sein. Ein Datum, etwa eine Adresse, wird Datensatz genannt. Die Anzahl von Datensätzen innerhalb einer Datei muß nicht von vornherein bekannt sein — ähnlich wie bei den dynamischen Zeigertypen. Dateien werden üblicherweise auf Datenträgern, wie Disketten, Festplatten, Bändern oder Chip-Karten gespeichert.

Datentyp in Pascal

Kein Datentyp in Pascal ist so stark abhängig von der verwendeten Pascal-Implementierung, wie der von Dateien. Fast jede Pascal-Implementierung bietet eine Vielzahl eigener erweiterter Standard-Funktionen für das Dateimanagement an. Zunächst sei die stark eingeschränkte und mit nur wenigen Möglichkeiten ausgestattete, ursprüngliche Implementierung betrachtet. Sie ist bei (fast) allen Pascal-Implementierungen zu finden. Danach können die speziell unter Turbo Pascal implementierten erweiterten Funktionen vorgestellt werden.

9.1 Ursprüngliche Dateiverwaltung

Grundsätzliche Dateiverarbeitung

Grundsätzlich werden Dateien unter Pascal sequentiell abgearbeitet. Es ist also nicht möglich, wie etwa bei Feldern, auf einen bestimmten Datensatz zuzugreifen. Soll etwa der 10. Satz gelesen werden, so müssen — genau wie bei den Listen — zunächst alle 9 vorherigen Sätze abgearbeitet werden.

In Pascal kann eine Datei Daten von jeder beliebigen Datenstruktur (ausgenommen vom Datentyp Zeiger!) aufnehmen.

File-Vereinbarung

Die Vereinbarung eines Files erfolgt nach folgender Syntax:

Syntaxdiagramm 9.1:
FILE-Typ

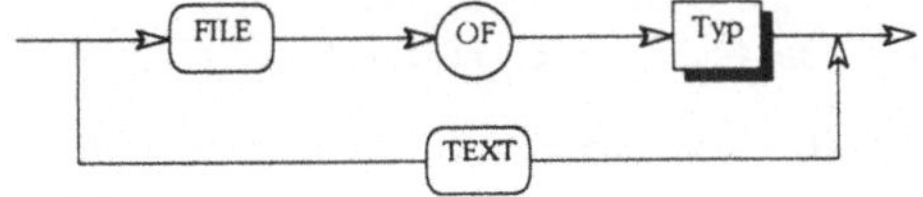

Variablen vom FILE-TYP (File-Variablen) können z.B. wie folgt vereinbart werden:

```
VAR zahl_datei: FILE OF INTEGER;
    zeichen_datei: FILE OF CHAR;
    wahrheits_datei: FILE OF BOOLEAN;
    brief: TEXT;
```

Dateien vom Typ TEXT werden in Abschnitt „9.2.2 Operationen auf Textdateien" behandelt.

Denkbar sind auch Dateien auf der Basis strukturierter Datentypen:

```
VAR feld_datei: FILE OF ARRAY [1..100] OF INTEGER;
    record_datei: FILE OF RECORD
                    Artikel: STRING;
                    Preis: REAL
                 END;
```

Die Vereinbarung von strukturierten Files sollte nicht wie oben gezeigt erfolgen[10]. Besser ist die vorherige Vereinbarung eines TYP-NAMENS, um dann der File-Variablen diesen TYP-NAMEN zuweisen zu können.

```
TYPE
    zeichenfolge = STRING[20];

    artikel = RECORD
                name: zeichenfolge;
                anzahl: INTEGER;
                preis: REAL;
                lieferant: RECORD
                             l_name : zeichenfolge;
                             l_anschrift: zeichenfolge
                           END
              END;
VAR
    artikel_datei: FILE OF artikel;
    ...
```

Problematisch, wenngleich syntakisch erlaubt, ist die Vereinbarung eines Files von Datentyp Zeiger:

---

10 Spätere Ausführungen werden noch zeigen, daß Turbo-Pascal dazu zwingt, Files — neben einfachen Typen — nur vom Typ eines selbstdefinierten Typen-Namens zu vereinbaren.

```
TYPE    zgr_zahlen = ^INTEGER;
VAR     f: FILE OF zgr_zahlen;
```

Pascal kann den aktuellen Zeiger zwar in eine Datei speichern, wird dieser aber irgendwann wieder von der Datei gelesen, so zeigt er nicht mehr unbedingt auf den gleichen Speicherinhalt, wie vor der Speicherung. Als Folge können fatale Fehler auftreten.

Um mit Dateien arbeiten zu können, sind folgende Funktionen notwendig:

- Öffnen einer Datei,
- Schreiben von Datensätzen in die Datei,
- Lesen von Datensätzen aus der Datei und
- Schließen einer Datei.

Zunächst werden diese vier Funktionen für das ursprüngliche Pascal (nach Wirth) skizziert. Im zweiten Teil werden die Erweiterungen behandelt.

Öffnen von Files

Der Original-Sprachumfang von Pascal sieht zwei Arten des Öffnens von Dateien vor. Bei der einen darf eine Datei nur zum „Schreiben", bei der anderen nur zum „Lesen" geöffnet werden.

Rewrite

Wird eine Datei zum Schreiben geöffnet, so wird sie quasi neu angelegt. Die Datei wird dabei sequentiell vom Anfang her beschrieben, d.h. alle bisher vorhandenen Datensätze werden überschrieben. Für diese Art der Dateieröffnung ist die Standard-Prozedur Rewrite anzuwenden. Als Parameter wird die vorher vereinbarte File-Variable angegeben:

```
...
VAR
    artikel_datei: FILE OF artikel;
...
Rewrite (artikel_datei)
...
```

Ausnahme der ursprünglichen Dateiverwaltung: DOS-Dateiname

Bei der Anwendung dieses Befehls wirft sich sofort die Frage auf, unter welchem Dateinamen das Betriebssystem (z.B. MS-DOS) diese Daten ablegen soll. Der Name artikel_datei der File-Variablen gilt hierbei nur als programminterner Name, nicht aber als DOS-Name. In älteren Pascal-Implementierungen wurden die File-Variablen über die Parameter des Programmkopfes beschrieben.

Assign

Bei neueren Pascal-Implementierungen erfolgt die Zuordnung eines DOS-Dateinamens zur File-Variablen mittels der Standard-

Prozedur `Assign`. Über diese wird ein interner Filename mit dem DOS-Dateinamen verknüpft. Angenommen, es soll eine DOS-Datei mit dem Namen `artikel.dat` im Diskettenlaufwerk `a:` angelegt werden, dann ist folgende Anweisung anzugeben:

```
Assign (artikel_datei,'a:artikel.dat');
```

Die folgende Abbildung verdeutlicht die Semantik dieser Anweisung :

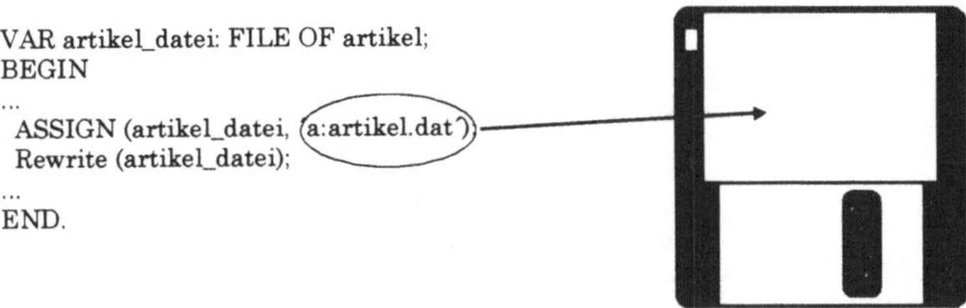

Abb. 9.1:
Zuordnung der DOS-Datei und der internen Datei

Nach der `Assign`-Anwendung wird mittels der `Rewrite`-Anweisung zunächst die unter `Assign` angegebene Datei (in diesem Beispiel: `artikel.dat`) angelegt. Dabei erfolgt keine Überprüfung, ob diese bereits vorher existierte. Falls in der Datei bereits Datensätze gespeichert waren, sind diese nach der Ausführung von `Rewrite` gelöscht!

Reset

Die zweite Art eine Datei zu öffnen, besteht darin, sie zum Lesen zu öffnen. Dafür ist die Standard-Prozedur `Reset` zu verwenden. Genau wie bei `Rewrite` muß vorher der File-Variablen mit Hilfe von `Assign` ein DOS-Dateiname zugewiesen werden.

Laut ursprünglicher Sprachdefinition von Pascal darf eine mit `Reset` geöffnete Datei nicht beschrieben werden. Diese Einschränkung gilt unter Turbo Pascal nur für Dateien vom Typ TEXT (s. Abschnitt „9.2.2 Operationen auf Textdateien").

```
...
VAR
    artikel_datei: FILE OF artikel;
...
Assign (artikel_datei,'a:artikel.dat');
Reset (artikel_datei);
...
```

Die Verwendung von `Reset` führt allerdings zu einem Laufzeitfehler, falls die Datei (in diesem Fall `artikel.dat`) nicht vorhanden ist. `Reset` kann keine neue Datei anlegen, was auch naheliegt, wenn man bedenkt, daß mit der Reset-Prozedur ein FILE ausschließlich zum Lesen eröffnet werden soll.

Die Ein-/Ausgabe für Dateien erfolgt mit Hilfe der bereits bekannten Standard-Prozeduren Write und Read.

Im ursprünglichen Pascal sind zum Bearbeiten sequentieller Dateien noch die (umständlicheren) Standard-Funktionen Get und Put verwendet worden[11]. Diese sind unter Turbo Pascal nicht implementiert, so daß weitere Ausführungen dazu an dieser Stellen entfallen.

Datensatz schreiben
Mit Hilfe der Standard-Prozedur Write können Datensätze sequentiell, d.h. fortlaufend in eine Datei geschrieben werden. Der bisher (s. Abschnitt „5.2 Interaktion") behandelte Write-Aufruf ist hierbei um die Angabe der File-Variablen zu erweitern, z.B.:

```
...
VAR
    artikel_datei: FILE OF artikel;
    artikel_satz: artikel;


...
Rewrite (artikel_datei);
...
artikel_satz.name := 'Disketten';
artikel_satz.preis := 2.55;
...
write (artikel_datei, artikel_satz)
```

Soll in eine Datei etwas geschrieben werden, so ist diese Datei (im Rahmen der ursprünglichen Dateiverarbeitung) mit der Anweisung Rewrite zu öffnen.

Für das Schreiben eines Datensatzes in eine Datei, ist eine sogenannte *Puffervariable* zu verwenden. Dieser Puffervariablen muß zunächst der zu speichernde Inhalt zugewiesen werden. Die Write-Anweisung überträgt den Inhalt (hier aus: artikel_satz) dann in das File (hier in: artikel_datei).

Datensatz lesen
Umgekehrt müssen über eine Puffervariable die Daten aus der Datei gelesen werden, um sie im Progamm weiterverarbeiten zu können. Dieser Lesevorgang erfolgt über die Standard-Prozedur Read:

---

[11] Vgl. u.a. WIRTH, N. / JENSEN, K: PASCAL User Manual and Report, 1978

```
...
VAR
    artikel_datei: FILE OF artikel;
    artikel_satz: artikel;

...
Reset (artikel_datei);
...

Read (artikel_datei, artikel_satz);

Writeln ('Artikelname: ',artikel_satz.name);
Writeln ('Artikelpreis: ',artikel_satz.preis);
...
```

Datensatzzeiger

Pascal „merkt" sich intern die Position des aktuellen Datensatzes. Dafür wird ein sogenannter *Datensatzzeiger* verwendet. Dieser Zeiger verweist immer auf den aktuellen Datensatz. Lesen/Schreiben bewegt ihn automatisch um einen Satz weiter, wie das folgende Beispiel zur Anweisung Write zeigt:

Abb. 9.2:
Sequentielles Satz-Schreiben

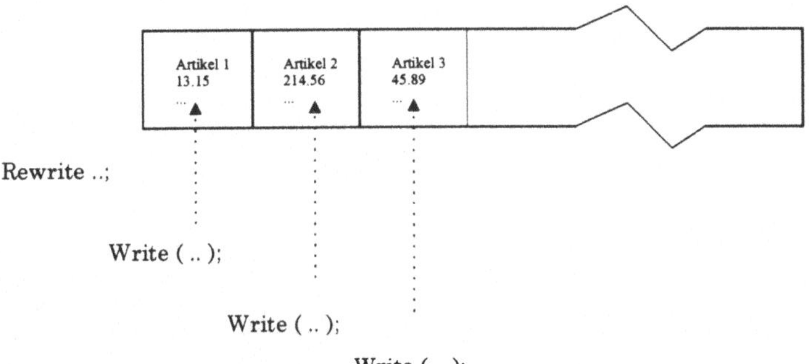

Datei schließen

Über die Standard-Prozedur Close wird die Datei geschlossen. Noch im Speicher befindliche Daten werden auf den externen Datenträger übertragen. Normalerweise kann dieser Aufruf auch weggelassen werden, da Pascal am Ende des Programms automatisch alle offenen Dateien schließt. Wird die Datei nur an einer Stelle im Programm benutzt, so sollte diese dort nach Benutzung wieder geschlossen werden. Ein Datenverlust nach einem eventuellen Programmabsturz läßt sich so vermeiden.

Positionieren auf einem bestimmten Satz

Der Datensatzzeiger weist immer auf den aktuellen Satz und wird über eine der beiden Prozeduren Read oder Write um eine Stelle weiter bewegt. Leider ist die Position dieses Zeigers — im ursprünglichen Pascal — nicht zu beeinflussen, so daß etwa ein bestimmter Datensatz nicht direkt angesprungen werden kann.

Soll nun ein bestimmter Datensatz innerhalb der Datei angesprochen werden, so müssen alle vorherigen Daten „überlesen" werden:

```
PROGRAM gezieltes_satz_lesen;

CONST
    datei_name = 'test.dat';

TYPE
    zeichenfolge = STRING[20];
```

9.1: Datei

```
            artikel = RECORD
                        name: zeichenfolge;
                        anzahl: INTEGER;
                        preis: REAL;
                        lieferant: RECORD
                                    l_name : zeichenfolge;
                                    l_anschrift: zeichenfolge
                                   END
                      END;

    VAR
        artikel_datei: FILE OF artikel;
        artikel_satz: artikel;
        satznummer: INTEGER;

    PROCEDURE positionieren (position: INTEGER; VAR inhalt: artikel);
        VAR
            dummy: artikel;
            i: INTEGER;
        BEGIN
            Reset (artikel_datei); { globale Artikeldatei }
            i:=1
            WHILE i < position
            DO BEGIN
                Read (artikel_datei,dummy);
                i := i +1
            END;
            Read (artikel_datei,inhalt);
            Close (artikel_datei);
        END; { positionieren }

    BEGIN
        Assign (artikel_datei,datei_name);
        Write ('Welcher Satz soll gelesen werden? ');
        Readln (satznummer);
        positionieren (satznummer, artikel_satz);
        WITH artikel_satz DO BEGIN
            Writeln (name);
            Writeln (anzahl);
            Writeln (preis);
            Writeln (lieferant.l_name);
            Writeln (lieferant.l_anschrift)
        END;
    END.
```

In diesem kleinen Beispiel übernimmt die Prozedur `positionie-`
`ren` das „Suchen" nach einer bestimmten Datensatznummer.
Nachdem die Datei zum „Lesen" geöffnet wurde, bewegt die
Prozedur den Satzzeiger auf eine Position vor dem eigentlich zu
lesenden Datensatz. Dafür werden soviele Leseoperationen
durchgeführt, bis `i >= position` ist. Hierdurch wird bewirkt,
daß der Satzzeiger an die gewünschte Position bewegt wird. Im

Anschluß daran kann der gewünschte Datensatz gelesen und als Parameter dem Aufrufer übergeben werden. Grafisch kann der oben programmierte Vorgang wie folgt beschrieben werden:

Abb. 9.3:
Sequentielles Satz-Lesen

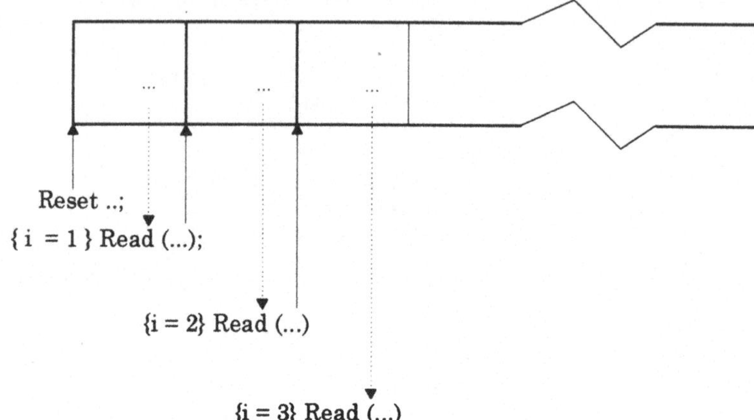

Es wäre denkbar, für obiges Beispiel die Standard-Prozeduren Reset und Close außerhalb der Prozedur positionieren aufzurufen. Innerhalb des Programms soll aber positionieren möglicherweise mehrmals aufgerufen werden. Dann muß dafür gesorgt werden, daß der Datensatzzeiger vor jedem Aufruf auf den ersten Satz positioniert wird. Dies erfolgt automatisch durch den Aufruf von Reset. Bei einem weiteren Aufruf von positionieren ist zu vermeiden, daß eine Fehlermeldung durch das wiederholte Öffnen der Datei ausgegeben wird. Dazu muß die Datei vor Beendigung der Prozedur wieder mittels Close geschlossen werden.

Diese Art der Dateiverarbeitung ist ausgesprochen umständlich. Eine einfachere Form — in Turbo Pascal umgesetzt — bietet der folgende Abschnitt.

Dateiende

Häufig „weiß" das Programm nicht, wieviele Datensätze in einer Datei gespeichert sind. In diesem Fall kann man sich der *File-Ende-Marke* bedienen. Diese wird von Pascal automatisch ans Ende einer Datei geschrieben. D.h., daß jede Write-Anweisung (in einer über Rewrite geöffneten Datei) diese „Ende-Marke" eine Position weiter „schiebt".

Soll nun beim Dateilesen abgeprüft werden, ob das Dateiende bereits erreicht ist, so kann dies über die Boole'sche Standard-Funktion Eof (end of file) abgeprüft werden.

```
...
VAR
   artikel_datei: FILE OF artikel;
...
   Reset (..);
...
   IF Eof(artikel_datei)
       THEN Writeln ('Dateiende ist erreicht');
...
```

Wird vom Programm versucht, über das Ende der Datei hinaus zu lesen, gibt das Pascal-System eine Fehlermeldung aus.

Um zu verhinden, daß die Suche nach einem bestimmten Datensatz eine Fehlermeldung liefert, weil versucht wurde, über die Dateigrenzen hinaus zu lesen, sollte dem „Abfragemechanismus" ein Prüfen auf Eof zugefügt werden. Hierdurch soll festgestellt werden, ob das Dateiende erreicht ist. Soll nun innerhalb dieser Datei ein bestimmter Satz gesucht werden, so ist der Wert dieser Funktion vor jeder Read-Anweisung abzufragen. Nur so kann verhindert werden, daß über das Dateiende hinaus gelesen wird, falls der gesuchte Datensatz nicht existiert.

```
...
PROCEDURE positionieren (pos: INTEGER; VAR inhalt: file_typ);
    VAR    dummy: artikel;
           i: INTEGER;

    BEGIN
      Reset (artikel_datei); { globale Artikeldatei }
      i:=1
      WHILE (NOT Eof(artikel_datei)) AND i < pos
        DO BEGIN
            Read (artikel_datei,dummy);
            i := i + 1
          END;
        IF NOT Eof(artikel_datei)
        THEN Read (artikel_datei,inhalt);
        Close (artikel_datei);
    END; { positionieren }
...
```

Die Prozedur aus dem obigen Beispiel wurde ergänzt. Die Schleife (über Bedingung NOT (Eof(artikel_datei))) terminiert, wenn entweder das Dateiende oder die gesuchte Position erreicht ist. Auch die folgende Read-Anweisung muß vor dem Überlesen der Eof-Markierung geschützt werden, für den Fall, daß die gesuchte Position in der Datei noch gar nicht belegt ist.

Abb. 9.4:
Eof-Marke

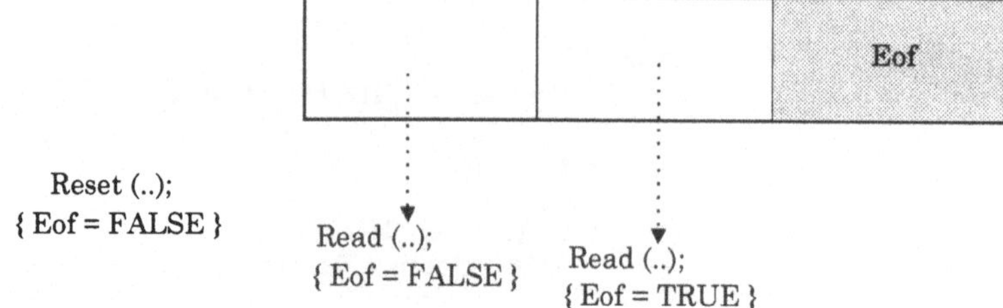

sequentielle
Verarbeitung

Die im ursprünglichen Pascal aufgeführte Dateiverwaltung läßt noch einige Wünsche offen. Das Hauptproblem hierbei liegt in der sequentiellen Abarbeitung der Dateien. Die Praxis zeigt darüber hinaus, daß es nicht ausreicht, eine Datei entweder *nur* zum Lesen oder *nur* zum Schreiben öffnen zu können.

Ändern einzelner
Datensätze

Aufgrund dieser eingeschränkten Verarbeitung ist eine einfache Änderung eines bestimmten Datensatzes nicht möglich. Da dies aber unbedingt erforderlich ist, sobald mit Dateien gearbeitet werden soll, erschwert die starre Trennung beider Datei-Eröffnungsprozeduren im ursprünglichen Pascal das Ändern einzelner Datensätze wesentlich. Soll ein Datensatz verändert werden, muß die Quelldatei (die Datei, in der die Daten gespeichert sind) zum Lesen (`Reset`) geöffnet werden. Parallel dazu ist eine Zieldatei (für das Speichern der Datensätze mit den Änderungen) zum Schreiben (`Rewrite`) zu eröffnen. Im nächsten Schritt müssen alle Datensätze vor dem zu ändernden Datensatz von der Quelldatei in die Zieldatei kopiert, der geänderte Satz in die Zieldatei geschrieben und die übrigen Sätze aus der Quelldatei an die Zieldatei angehängt werden:

Abb. 9.5:
Datensatz ändern

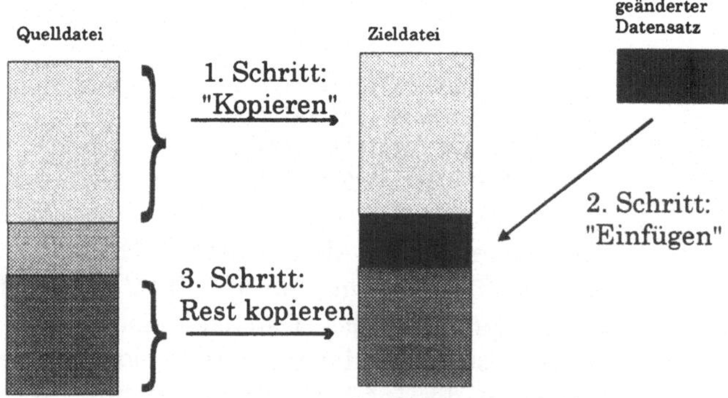

Turbo Pascal trennt nicht so starr. Eine (allgemeine) *Datei* kann *auch* (an jeder beliebigen Stelle) *beschrieben* werden, nachdem sie mit `Reset` geöffnet wurde. Mit `Reset` kann jedoch auch hier *keine neue Datei* angelegt werden! Eine mit `Rewrite` geöffnete (allgemeine) *Datei* kann unter Turbo Pascal *auch gelesen* werden. Eine bereits bestehende Datei wird allerdings beim Öffnen mit `Rewrite` überschrieben. `Rewrite` legt also auch hier eine *neue Datei* an! Die Tabelle orientiert über die Lese- und Schreibmöglichkeiten:

Tab. 9.1:
Reset und Rewrite
unter Turbo Pascal

		Reset		Rewrite	
	Beschreibung	öffnet bestehende Datei; Fehler bei Nicht-Existenz		erzeugt neue Datei; ggf. bereits existierende Datei wird überschrieben	
Möglich-	**Text**	X		X	
keit bei	**Datei (allgemein)**	X	X	X	X
		lesen	**schreiben**	**lesen**	

Wegen der oben genannten Einschränkung unter dem ursprünglichen Pascal bieten viele Pascal-Implementierungen zusätzliche Dateiverarbeitungs-Prozeduren und -Funktionen an. Im folgenden werden einige Turbo Pascal-spezifische Operationen vorgestellt.

9.2

Erweiterte Dateiverwaltung

Turbo Pascal teilt die erweiterten Dateioperationen in drei wesentliche Bereiche auf:

- Dateibearbeitung (allgemein),
- Operationen auf Textdateien und
- Operationen mit DOS-Dateien.

9.2.1

Erweiterte Dateibefehle

Dateibearbeitung (allgemein)

Wie bereits oben gezeigt, erlauben die Standard-Befehle zur Dateiverarbeitung nur einen umständlichen Umgang mit Files. Turbo Pascal implementierte deshalb einige Erweiterungen:

Tab. 9.2:
Erweiterte
Dateibearbeitungs-
befehle

Name	Wirkung
`Flush (file_name)`	letzte Änderung zurückschreiben
`FilePos (file_name): LONGINT`	aktuelle, absolute Fileposition (in Byte)
`FileSize (file_name): LONGINT`	Größe des Files (in Byte)
`IOResult: INTEGER`	Ergebnis der letzten File-Operation
`Truncate (file_name)`	Schneidet Rest (ab aktuellem Satzzeiger) der Datei ab
`Seek(file_name, LONGINT)`	der Datensatzzeiger wird auf den angegebenen Datensatz positioniert

Die folgenden Beispiele stellen einige der Prozeduren kurz vor.

Flush

Damit die Ausführung von dateiverarbeitenden Prozeduren beschleunigt wird, speichert das Laufzeitsystem von Turbo Pascal Teile der Datei im Hauptspeicher in sogenannten Puffern (engl. Buffer) zwischen. Erst wenn diese Bereiche nicht mehr ausreichen, um weitere Daten aufzunehmen, wird deren Inhalt auf den externen Speicher geschrieben. Dieses hat zur Folge, daß im Falle eines Programmabsturzes die Daten des Puffers verlorengehen, da sie u.U. noch nicht in die eigentliche Datei übertragen wurden. Um nun sicher zu gehen, daß alle Änderungen auch wirklich physikalisch gespeichert werden, könnte man nach jeder Schreiboperation die Datei schließen und wieder öffnen. Da dieses aber mit nicht unerheblichen Wartezeiten zur Laufzeit verbunden ist, bietet Turbo Pascal die Funktion `Flush` an:

```
...
    Write (artikel_datei,artikel_satz);
    Flush (artikel_datei);
...
```

Nach dem Aufruf von `Flush` wird der aktuelle Pufferinhalt auf den Datenträger geschrieben. Ein evtl. auftretender „Absturz" hat dann keinen Datenverlust mehr zur Folge. Natürlich führt die Verwendung der `Flush`-Prozedur zu längeren Wartezeiten, jedoch nicht in dem Maße wie es bei der Ausführung von `Close` und `Reset` der Fall ist. Außerdem wird beim Aufruf der `Flush`-Prozedur der aktuelle Satzzeiger nicht verändert — im Gegensatz zur Alternative (`Close/Reset`).

IOResult

Ein häufiges Problem in der Dateiverarbeitung besteht darin, zu erkennen, ob eine Datei vorhanden ist oder nicht. Wird die

Reset-Prozedur etwa auf eine Datei angewendet, die (noch) nicht vorhanden ist, erfolgt ein „Programmabsturz" mit einer entsprechenden Fehlermeldung durch das Laufzeitsystem. Diese gibt dann an, daß die Datei nicht zu öffnen ist. Soll dieser „Absturz" abgefangen werden, kann man sich der erweiterten Standard-Funktion IOResult (Input/Output Result) bedienen. Diese prüft das Ergebnis der letzten Ein-/Ausgabe-Anweisung ab.

Trat während dieser Anweisung ein Fehler auf (etwa Datei nicht vorhanden), liefert IOResult einen Wert ungleich Null. War die letzte Ein-/Ausgabeanweisung hingegen erfolgreich, so ist dieser Wert = 0. Allerdings muß für die Verwendung dieser Funktion eine *Compiler-Option eingeschaltet* werden (Option im Programm: {$I-}; zum Ausschalten {$I+}). Damit wird die *Fehlerüberprüfung des Laufzeitsystems ausgeschaltet* und die „Verantwortung" für einen korrekten Ablauf dem Programm übergeben, also die Laufzeitüberprüfung überbrückt.

Wird der Wert von IOResult nach dem Setzen der Compiler-Option nicht vom Programm überprüft, würde dieses auch weiterarbeiten, falls eine zu öffnende Datei nicht vorhanden ist — dieses könnte dann fatale Ergebnisse liefern.

Folgendes Beispiel demonstriert den Einsatz von IOResult:

9.2: IOResult

```
PROGRAM ioResult_im_einsatz;

{$I-}

TYPE
    zeichenfolge = STRING[20];
```

```
                        artikel = RECORD
                                name: zeichenfolge;
                                anzahl: INTEGER;
                                preis: REAL;
                                lieferant: RECORD
                                            l_name : zeichenfolge;
                                            l_anschrift: zeichenfolge
                                        END
                    END;

        VAR
            artikel_datei: FILE OF artikel;
            name: STRING[12];

        BEGIN
            REPEAT
              Write ('Bitte Dateinamen eingeben:');
              Readln (name);
              Assign (artikel_datei,name);
              Reset (artikel_datei);
              status := IOResult;
              IF status <> 0
                THEN Writeln ('Fehler-Nr.: ',Status);
            UNTIL status = 0;
            ...
        END.
```

Die REPEAT-Schleife veranlaßt die Suche nach einer Datei. Dabei kann deren Name immer wieder neu eingegeben werden bis die Operation erfolgreich war.

Die ausführliche Beschreibung aller konkreten IOResult-Werte befindet sich im Pascal-Handbuch. Mit Hilfe von IOResult ist es einfach, einen Programmteil anzugeben, mit dessen Hilfe eine Datei — unabhängig davon, ob sie existiert oder nicht — geöffnet werden kann:

```
  ...
  {$I-}      { Fehlerüberprüfung des Laufzeitsystems ausschalten }
    Assign (artikel_datei,name);
    Reset (artikel_datei);
    IF IOResult <> 0 { Fehler }
    THEN BEGIN
        Writeln ('Datei wird erzeugt...');
            Rewrite (artikel_datei)
    END;
  {$I+}      { Fehlerüberprüfung des Laufzeitsystems einschalten }
  ...
```

Seek

Im Zusammenhang mit dem Suchen eines Datensatzes haben wir bereits weiter oben eine kleine Prozedur (positioniere) „programmiert". Die Positionierung erfolgte dabei, indem eine

Datei bis zum gesuchten Satz sequentiell abgearbeitet wurde. In Turbo Pascal existiert eine Standard-Prozedur, über die eine Positionierung erfolgen kann: mit Hilfe der Prozedur Seek kann auf einen bestimmten Datensatz direkt zugegriffen werden — ohne für jeden Zugriff die Datei öffen und schließen (vgl. weiter oben) zu müssen.

Angenommen der 6. Datensatz von `artikel_datei` soll gelesen werden, so ist zunächst auf den vorherigen Satz zu positionieren:

```
Seek (artikel_datei,5);      { auf 5. Satz positioniert }
Read (artikel_datei,daten);  { 6.Satzes lesen }
```

Da Seek den Datensatzzeiger immer auf einen Satz *vor* den eigentlich zu lesenden positioniert, beginnt die Datei für die Funktion Seek mit dem Satz 0 (dieser existiert natürlich in Wirklichkeit nicht). Will man also einen bestimmten Datensatz n lesen, so muß über Seek eine Position n-1 eingegeben werden.

9.3: Seek

```
PROGRAM seek_Beispiel;

VAR
    f: FILE OF INTEGER;
    i,zahl: INTEGER;

BEGIN
    Assign (f,'zahlen.dat');
    Rewrite (f);
    FOR i:= 1 TO 10 DO Write (f,i);

    Seek (f,0); Read (f,zahl); Writeln (zahl);
    Seek (f,5); Read (f,zahl); Writeln (zahl);

    Close (f)
END.
```

Dieses Programm liefert die Inhalte des 1. und 6. Datensatzes als Ausgabe:

```
1
6
```

9.2.2

Textdatei

Operationen auf Textdateien

Als besonderer FILE-TYP ist die Textdatei vorgesehen (s. Syntaxdiagramm FILE-TYP, S.183), die wie folgt vereinbart werden kann:

```
...
VAR
    text_datei: TEXT;
...
```

Prinzipiell ist dieser FILE-TYP zu vergleichen mit einer Datei vom Typ STRING. Eine Textdatei ist also eine Sammlung von Zeichen, wobei diese in Zeilen abgelegt werden.

Die Schreib- und Leseoperationen auf Text-Files sind identisch mit den weiter oben beschriebenen Zugriffen mittels Write und Read. Dabei muß die Puffervariable vom Datentyp STRING sein.

```
...
VAR
    text_datei: TEXT;
    zeile: STRING;
...
    Assign (text_datei,'BRIEF.TXT');
    Rewrite (text_datei);
    zeile := 'Eine Textzeile ...';
    Writeln (text_datei, zeile);

...
```

In Textdateien dürfen auch Textkonstanten angeführt werden:

```
Writeln (text_datei, 'Das ist ein konstanter Text.');
```

Konvertierung zwischen Zahlen und Text

Sollen Zahlen in eine Textdatei geschrieben bzw. aus ihr gelesen werden, so übernimmt das Laufzeitsystem die Konvertierung der internen Zahlendarstellung in die der ASCII-Darstellung.

Eoln-Marke

Die TEXT-Files sind in etwa vergleichbar mit der „Zeilenstruktur" des Bildschirms: jede Zeile ist durch ein Sonderzeichen, eine „End-of-line-Marke" (Eoln), von der nächsten getrennt. Das Zeilenende wird mittels der Writeln-Anweisung festgelegt:

```
...
VAR
    text_datei: TEXT;
    zeile: STRING;
...
    assign (text_datei,'BRIEF.TXT');
    rewrite (text_datei);

    Writeln (text_datei,'Lieber Kunde,');
    Writeln (text_datei);
    Write   (text_datei,'wir haben heute ');
    Writeln (text_datei,'ein besonderes Angebot,');
    Write   (text_datei,'speziell für Sie,');
    Writeln (text_datei,' erstellt...');

    Close (text_datei);
...
```

Abb. 9.6:
Die Struktur einer
Textdatei

Lieber Kunde,

wir haben heute ein besonderes Angebot,
speziell für Sie, erstellt...

Textdateien können u.a. für die flexible Gestaltung von Bildschirmmasken verwendet werden.

Textdatei zur Definition von Bildschirmmasken

Sollen z.B. die Ausgaben eines Programms nicht direkt im Programm festgehalten, sondern aus einer „(Masken-)Definitionsdatei" eingelesen und dann automatisch ausgegeben werden, so läßt sich dieses mit Hilfe von Textdateien realisieren. Der Vorteil dabei ist, daß die Ausgaben des Programms unabhängig vom Programmtext verändert (z.B. korrigiert oder für andere Sprachen übersetzt) werden können.

Mit Hilfe einer Definitionsdatei soll eine beliebige (Datenerfassungs-)Maske beschrieben werden, wobei die Bildschirm-Positionen der möglichen Eingabefelder ebenfalls in dieser Definitionsdatei festgelegt sind. Das Programm soll zuerst die Maske anzeigen und danach an den festgelegten Positionen der Eingabefelder Daten vom Benutzer abfragen. Nach der Abarbeitung alle Felder sind die abgefragten Daten in einer Textdatei zu speichern.

Das Hauptprogramm für die oben beschriebene Aufgabe kann etwa wie folgt aussehen:

9.4: TEXT-Datei und
Liste (Hauptprogramm)

```
PROGRAM flexible_Masken_Verarbeitung;

USES Scr;  { Unit mit ClrScr }

CONST
    zeilen_laenge = 80;
    def_datei='maske.DEF';  {Name (Masken-)Definitionsdatei}
    dat_datei='reise.DAT';  { Name Datendatei }


TYPE    zeilen_typ = STRING[zeilen_laenge];
        zgr_eingabe_feld = ^eingabe_feld;
        eingabe_feld =    RECORD
                                zeile, spalte: INTEGER;
                                inhalt: STRING[20];
                                nachfolger: zgr_eingabe_feld
                          END;


VAR     listen_start, listen_ende: zgr_eingabe_feld;

...


BEGIN
    listen_start := NIL;
    maske_ausgeben;
    eingabefelder_suchen;
    feldinhalte_abfragen;
    feldinhalte_speichern;
END.
```

Prozeduren benötigen die Vereinbarung von Konstanten, Typen und Variablen. Ebenso die Initialisierung des Zeigers `listen_start`. Die einzelnen Prozeduren sollen im folgenden nacheinander aufgeführt und erläutert werden.

`maske_ausgeben`   Mit Hilfe der Prozedur `maske_ausgeben` wird der gesamte Inhalt der folgenden Definitionsdatei gelesen und sofort am Bildschirm angezeigt:

**Inhalt der
Definitionsdatei
maske.DEF**

```
Reisebüro  SONNE & REGEN  GmbH

Name: #                   Vorname: #                  Tel.: #
Anschrift: #

Anzahl Mitreisende: #

Reisezeit von #        bis #    Anzahl Tage: #

Katalogeintrag: #

Startflughafen: #
Zielflughafen:  #                  Zielort: #

Preis #           geleistete Anzahlung #
```

Diese Text-Datei beinhaltet den vom Programm auszugebenden
Text. Zusätzlich sind im Text durch Steueranweisungen (hier: #)
die Stellen markiert, an denen später — während des Programmablaufs — Daten eingegeben werden sollen.

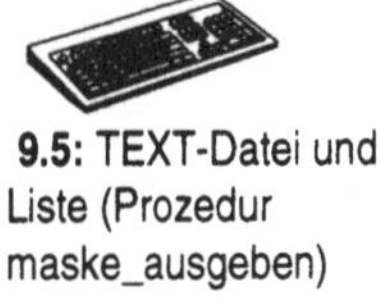

**9.5: TEXT-Datei und
Liste (Prozedur
maske_ausgeben)**

```
PROCEDURE maske_ausgeben;

VAR
    zeile: zeilen_typ;
    text_datei: TEXT;

BEGIN { maske_ausgeben }
    Assign (text_datei,def_datei);
    RESET (text_datei);
    ClrScr;
    WHILE NOT Eof(text_Datei)
    DO BEGIN
        Readln (text_datei, zeile);
        Writeln (zeile);
    END;
    Close (text_datei)
END; { maske_ausgeben }
```

Mit der Prozedur `maske_ausgeben` wird der Inhalt der Textdatei
`maske.DEF` Zeile für Zeile eingelesen und auf dem Bildschirm
ausgegeben. Er wurde zuvor mit `ClrScr` (einer Prozedur der
UNIT `Scr`, s. Abschnitt „5.2.3 Erweiterte Ein- und Ausgabe")
„geleert".

Die Prozedur `eingabefelder_suchen` ermittelt die Eingabepositio-
nen aus `maske.DEF`. Damit die Anzahl der Eingabefelder flexibel
bleibt, also für alle möglichen Eingabemasken geeignet ist,
wurde für die interne Speicherung der Feldinhalte eine Liste
gewählt:

9.6: TEXT-Datei und
Liste (Prozedur
eingabefelder_suchen)

```pascal
PROCEDURE eingabefelder_suchen;

VAR
    zeile: zeilen_typ;
    text_datei: TEXT;
    spalten_pos, zeilen_pos: INTEGER;

    PROCEDURE eingabefelder_in_zeile_suchen (zeile: zeilen_typ);
    CONST feld_marke = '#';
    VAR marken_pos: INTEGER;

        PROCEDURE eingabe_liste_erweitern;
        VAR p: zgr_eingabe_feld;
        BEGIN { eingabe_liste_erweitern }
            New (p);
            p^.nachfolger := NIL;
            p^.zeile := zeilen_pos; p^.spalte := spalten_pos;
            p^.inhalt := '';
            IF listen_start = NIL
            THEN BEGIN
                listen_start := p;
                listen_ende := p;
            END
            ELSE BEGIN
                listen_ende^.nachfolger := p;
                                    {Listenende erweitern}
                listen_ende := p;
                                    {neues Listenende}
            END
        END; { eingabe_liste_erweitern }

    BEGIN  { eingabefelder_in_zeile_suchen }
        zeilen_pos := zeilen_pos + 1;
        spalten_pos := 0;
        REPEAT
            marken_pos := Pos(feld_marke, zeile);
            IF marken_pos > 0
            THEN BEGIN
                spalten_pos := spalten_pos + marken_pos;
                eingabe_liste_erweitern;
                zeile := Copy(zeile, marken_pos + 1,
                            (zeilen_laenge - marken_pos+1))
            END;
        UNTIL marken_pos = 0;
    END; { eingabefelder_in_zeile_suchen }

BEGIN { eingabefelder_suchen }
    zeilen_pos:=0;
    Assign (text_datei,def_datei);
    Reset (text_datei);
    WHILE NOT Eof(Text_Datei)
    DO BEGIN
        Readln (text_datei, zeile);
```

```
            eingabefelder_in_zeile_suchen (zeile);
    END;
    Close (text_datei);
END; { eingabefelder_suchen }
```

Die Standard-Funktion Pos (s. Abschnitt „6.3.3 String") wird in
Prozedur eingabefelder_in_zeile_suchen benötigt, um die
Position der „Feldmarke" (#) in der aktuellen Zeile zu
bestimmen. Die Standard-Funktion Copy (s. Abschnitt „6.3.3
String") wird verwendet, um den *Zeileninhalt ab der Position*
nach der gefundenen feld_marke (marken_pos + 1) für die Suche
nach weiteren Eingabemarken (feld_marke) zu *kopieren*. Auf
diese Weise wird es möglich, mehr als eine Eingabemarke in
einer Zeile zu berücksichtigen.

Neben den Bildschirm-Positionen zeile_pos und spalte_pos
werden Inhalt und Nachfolger eines Eingabefeldes mit Hilfe der
Listenstruktur zgr_eingabe_feld verwaltet.

Die Erfassung der Daten kann im einfachen Fall, wie in der fol-
genden Prozedur, sequentiell — also Feld für Feld — erfolgen.
Die Cursor-Positionierung erfolgt hierbei über die erweiterte
Standard-Funktion GotoXY (s. Abschnitt „5.2.3 Erweiterte Ein- und
Ausgabe").

9.7: TEXT-Datei und
Liste (Prozedur
feldinhalte_abfragen)

```
PROCEDURE feldinhalte_abfragen;

VAR
    p: zgr_eingabe_feld;

BEGIN { feldinhalte_abfragen }
    p:=listen_start;
    WHILE p <> NIL
    DO BEGIN
        GoToXY (p^.spalte, p^.zeile);
        Readln (p^.inhalt);
        p:=p^.nachfolger
    END
END; { feldinhalte_abfragen }
```

Die letzte noch fehlende Prozedur sorgt (nach Abfrage) dafür,
daß die eingegebenen Daten in einer Textdatei gespeichert werden:

9.8: TEXT-Datei und Liste (Prozedur feldinhalte_speichern)

```pascal
PROCEDURE feldinhalte_speichern;

VAR
   antwort: CHAR;
   datei: TEXT;
   p: zgr_eingabe_feld;

BEGIN { feldinhalte_speichern }
   Writeln;
   Write ('Sollen die Eingaben gespeichert werden (j/n) ?');
   REPEAT
      Read (antwort);
      antwort := UpCase (antwort) { in Großbuchstaben umwandeln }
   UNTIL antwort IN ['J','N'];
   IF antwort = 'J'
   THEN BEGIN
      ASSIGN (datei, dat_datei);
{$I-}                            { Prüfen, ob Datei bereits existiert }
      Append (datei);
      IF IOResult <> 0
         THEN Rewrite (datei);  { neu anlegen }
{$I+}
      p:=listen_start;
      WHILE p <> NIL
      DO BEGIN
         Writeln (datei, p^.inhalt);
         p:=p^.nachfolger
      END;
      Close (datei)
   END
END; { feldinhalte_speichern }
```

UpCase

Die Turbo Pascal Funktion UpCase kann dazu benutzt werden, um einen Kleinbuchstaben (z.B. „j") in einen Großbuchstaben (z.B. „J") umzuwandeln. Alle anderen Zeichen werden von UpCase unverändert zurückgeliefert.

Append

Mit der Standard-Prozedur Append besteht die Möglichkeit, weitere Datensätze an die (bestehende) Datei reise.DAT anzuhängen. Der Satzzeiger zeigt hierbei nach dem Öffnen automatisch auf das Ende der Datei. Mit Hilfe der Compiler-Option wird abgeprüft, *ob* die Datei schon existiert oder eine neue Datei erstellt werden muß.

Eine mit Append geöffnete Datei kann nicht gelesen werden.

Text drucken

Soll ein Programm einen Text drucken, erfolgt dieses ebenfalls mit Hilfe der TEXT-Files. Dafür muß im Programm eine Zuweisung des internen TEXT-Filenamens an ein bestimmtes DOS-

Gerät erfolgen. Diese Zuweisung erfolgt über die (bereits bekannte) Assign-Anweisung:

9.9: Drucken

```
PROGRAM Schreibmaschine;

VAR
    druck_datei: TEXT;
    eingabe: STRING;

BEGIN
    Assign (druck_datei,'LPT1'); { Drucker „zuweisen" }
    Rewrite (druck_datei);
    REPEAT
        Readln (eingabe);
        Writeln (druck_datei,eingabe);
    UNTIL eingabe = ''; { Leerstring=„leeres" RETURN }
    Close (druck_datei)
END.
```

Anhand der Angabe des reservierten Gerätenamens LPT1 oder LPT2, der wie jede andere Zeichenkette in „' " geklammert werden muß, erkennt das Pascal-Laufzeitsystem, daß ab sofort über Write oder Writeln (und die Angabe der File-Variablen!) alle Daten auf den Drucker ausgegeben werden sollen.

Im obigen Beispiel wird also der über die Tastatur eingegebene Text sofort (nach Betätigung der Eingabetaste (⏎)) auf dem Drucker ausgegeben.

Über das Standard-Gerät LPT1 können keine Daten gelesen werden, also darf auch nicht die Prozedur Read auf ein File angewendet werden, welches dem Drucker zugewiesen wurde.

9.2.3   Operationen mit DOS-Dateien

Zunächst interessiert die allgemeine Verwaltung von DOS-Dateien. So kann es besonders nützlich sein, wenn ganze Dateien über nur eine Anweisung kopiert, umbenannt oder gelöscht werden können. Außerdem sollten Verzeichnisse angelegt, gelöscht oder in diese gewechselt werden können. Folgende Tabelle gibt eine Übersicht über die unter Turbo Pascal verfügbaren erweiterten Prozeduren für Operationen mit DOS-Dateien:

Tab. 9.3:
DOS-Dateibefehle

Name	Wirkung	Beispiel
ChDir (ZEICHENKETTE)	Verzeichnis wechseln	ChDir (´\pascal´)
GetDir (<Laufwerk>, ZEICHENKETTE)	Name des aktuellen Verzeichnisses im angegebenen Laufwerk (0=aktuelle Laufwerk, 1=A, 2=B usw.)	GetDir(0,verzeichnis)
Erase (ZEICHENKETTE)	Datei löschen	Erase (´\pascal\myfile´)
MkDir (ZEICHENKETTE)	Verzeichnis anlegen	MkDir (´\home´)
Rename (<alter Dateiname>,<neuer Dateiname>)	Datei mit *altem Dateinamen* umbenennen in *neuen Dateinamen* (beide vom Typ ZEICHENKETTE)	Rename (´alt.dat´,´neu.dat´)
RmDir (ZEICHENKETTE)	Verzeichnis löschen	RmDir (´\home´)
DiskFree (<Laufwerknummer>): LONGINT	freier Plattenplatz (in Byte) auf dem Laufwerk mit der Nummer *Laufwerknummer* (VORZEICHENLOSE GANZE ZAHL).	frei:= DiskFree(0)
DiskSize (<Laufwerknummer>): LONGINT	Gibt die gesamte Plattenkapazität des Laufwerks mit der Nummer *Laufwerknummer* (VORZEICHENLOSE GANZE ZAHL) an	groesse:= DiskSize(0)

Die letzten beiden Funktionen (DiskFree und DiskSize) benötigen die USES-Vereinbarung der UNIT Dos.

Folgendes Programm demonstriert die Ermittlung des freien Speicherplatzes auf dem Datenträger mit Hilfe des Befehls DiskFree.

9.10: DiskFree

```
PROGRAM Speicherplatz_auf_Platte;

USES Dos;

VAR
    lw: CHAR;

BEGIN
    Writeln ('Welches Laufwerk? ');
    Readln (lw);
    lw := UpCase (lw);          { in Großbuchstaben umwandeln }
    Write('Freie Kapazität im Laufwerk ',lw,' : ');
    Writeln(DiskFree(Ord(lw)-65));  { A -> 0, B -> 1 usw.)
END.
```

Die Laufwerksnummer wird über die bereits bekannte Standard-Funktion Ord aus dem Laufwerksbuchstaben abgeleitet.

9.3

Dateioperationen im Überblick

Die folgende Tabelle faßt alle Dateifunktionen nochmals zusammen. Dabei wird nach den bisher vorgestellten Dateiverarbeitungsarten (File-Variablen, spezielle Text-Files, DOS-Dateien und DOS-Verzeichnisse) unterschieden:

Tab. 9.4:
Standard-Pascal-
Dateibefehle

Befehl	File-Variablen	Text-Files
Assign	X	X
Close	X	X
Eof	X	X
Eoln		X
Read	X	X
Reset	X	X
Rewrite	X	X
Write	X	X

Befehl	File-Variablen	Text-Files	DOS-Dateien	DOS-Verzeichnisse
Append		X		
ChDir				X
Erase	X			
FilePos	X			
FileSize	X			
Flush	X	X		
GetDir				X
IOResult	X	X		
MkDir				X
Rename			X	
RmDir				X
Seek	X			
Truncate	X	X		

10 Modularisierung

Die Modularisierung zerlegt ein Programm in mehrere, voneinander unabhängige Teilprogramme (Module). Dafür werden Schnittstellen zwischen einzelnen Modulen spezifiziert. Daraufhin können die Module von unterschiedlichen Personen implementiert und getestet werden. Erst nachdem die Entwicklung aller Module abgeschlossen ist, werden diese zu einem Gesamtprogramm integriert. Hat sich jeder Modulentwickler an die Schnittstellenvereinbarungen gehalten, so sind kaum Integrationsschwierigkeiten zu erwarten. Neben dieser modularen Programmentwicklung kann die Modularisierung auch besonders gut eingesetzt werden, um etwa dasselbe Modul in verschiedenen Programmen zu verwenden.

Pascal ist ursprünglich nicht für die modulare Programmierung konzipiert worden. Eine der ersten Sprachen die auf Modulen basiert ist die, insbesondere im wissenschaftlichen Bereich verbreitete Sprache MODULA-2, die — wie Pascal — von N.Wirth entwickelt wurde.

Im Laufe der „Weiterentwicklung" von Turbo Pascal ist diese Sprache um die Möglichkeiten der Modularisierung ergänzt worden. Anhand dieser Erweiterungen wird im folgenden die Idee der Modularisierung praktisch behandelt.

10.1 Module

Moduldefinition

Ein Modul besteht aus einer Sammlung von Algorithmen und Daten. Diese kommunizieren mit der Außenwelt nur über eine klar definierte Schnittstelle. Die Benutzung eines Moduls darf keine Kenntnis des inneren Aufbaus dieses Moduls voraussetzen. Ein Modul erscheint als „black box".

Export

Ein Modul stellt demnach eine Export-Schnittstelle zu Verfügung, über die dem Modul-Nutzer mitgeteilt wird, welche Operationen und/oder Daten des Moduls benutzbar sind. Wird dieses Modul in ein Programm eingebunden, so kennt dieses auch nur die exportierten Operationen und Daten.

Import

Soll ein Modul programmiert werden, so muß es eigenständig, ähnlich wie ein Programm, übersetzt werden. Die Operationen dieses Moduls, die in der Form von Prozeduren und Funktionen vorliegen, werden dann von anderen Programmen oder Modulen benutzt (importiert). Außerdem kann ein Modul neben den zugehörigen Operationen auch bestimmte Datentypen exportieren:

Abb. 10.1:
Die
Modulstruktur

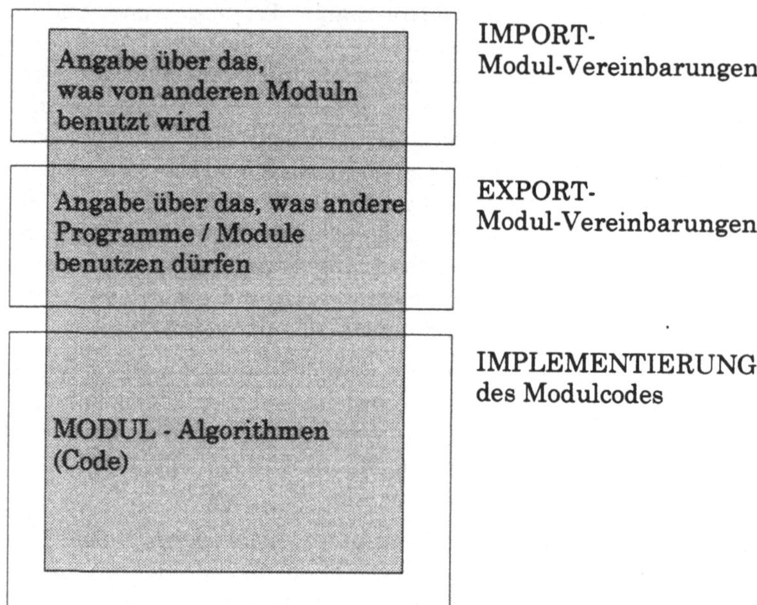

IMPORT-
Modul-Vereinbarungen

EXPORT-
Modul-Vereinbarungen

IMPLEMENTIERUNG
des Modulcodes

Diese Abbildung verdeutlicht die drei wesentlichen Teile eines Moduls. Zunächst kann ein Modul auf Vereinbarungen eines anderen Moduls zurückgreifen (Import). Danach wird beschrieben, welche Vereinbarungen von anderen Modulen benutzt werden können (Export). Zum Abschluß werden die zu exportierenden Operationen programmiert (Implementierung).

Prozeduren, keine Module

Unterstützt nicht bereits Pascal mit seinen Prozeduren, die globale und lokale Daten zulassen, die Modularisierung? Diese Frage kann mit einem klaren „Nein" beantwortet werden. Einer der Gründe ist, daß Daten, die von verschiedenen Prozeduren gemeinsam benutzt werden sollen, global vereinbart werden müssen. Diese Daten könnten also auch von anderen Prozeduren, die nichts mit dem „Modul" (dieser Prozedur) zu tun haben, benutzt werden. Diese globalen Daten sind dann nicht mehr „versteckt".

Natürlich könnten diese Daten auch innerhalb einer Prozedur vereinbart werden. Die Moduloperationen würden dann ausschließlich innerhalb dieser Prozedur (lokal) implementiert. Doch dann kann auch keine andere Prozedur mehr auf diese Operationen zugreifen, was natürlich auch nicht der Sinn der Modularisierung sein kann.

10.2 UNITS in Turbo Pascal

In Turbo Pascal können Module mittels des Sprachkonstrukts UNIT umgesetzt werden. Im folgenden werden deshalb die Begriffe „Unit" und „Modul" synonym verwendet (Unit ist unter Turbo Pascal die Bezeichnung für Modul). Die allgemeine Syntax der UNITS / Unit-Vereinbarung lautet:

Syntaxdiagramm 10.1:
UNIT

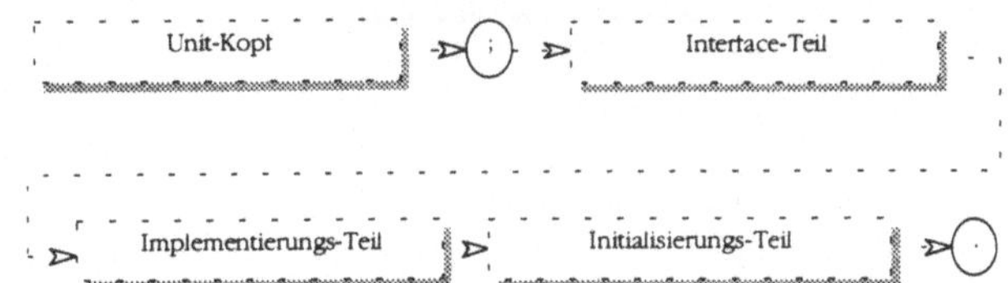

Wie bereits beschrieben wurde, erfolgt auch hierbei die Teilung zwischen Modul-Interface (Interface für Im- und Export) und Modul-Implementierung. In Turbo Pascal werden außerdem noch

- Unit-Kopf und
- Initialisierungs-Teil

angegeben.

Unit-Kopf

Der UNIT-KOPF dient, vergleichbar mit dem Programmkopf, nur zum „Benennen" der Unit. Die formale Struktur hierfür ist denkbar einfach:

Syntaxdiagramm 10.2:
UNIT-KOPF

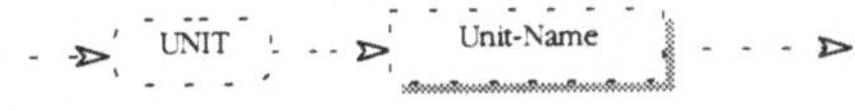

Syntaxdiagramm 10.3:
UNIT-NAME

Die ersten acht Zeichen des Unit-Namens sollten mit dem Dateinamen (ohne Bezeichner) identisch sein, unter dem das gesamte Modul gespeichert wird. Turbo Pascal kann dann dieses Modul problemloser mit den späteren Programmen, die Teile des Moduls nutzen wollen, „verbinden".

10.2.1 UNIT-Interface

Modul-Interface

Der Interface-Teil ist zu vergleichen mit dem Vereinbarungsteil eines Programmes:

Syntaxdiagramm 10.4:
INTERFACE-TEIL

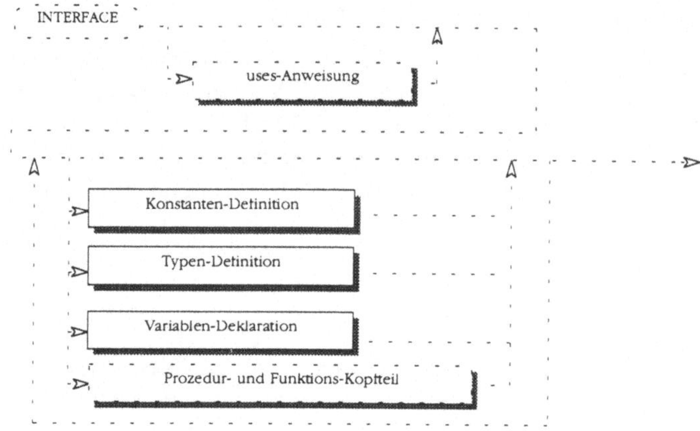

In diesem Teil werden alle Konstanten, Typen, Variablen und Modul-Operationen, die außerhalb der Unit bekannt sein sollen, vereinbart und damit exportiert.

Im Unterschied zur Programmvereinbarung wird bei dem Unit-Interface der Prozedur- und Funktionscode noch nicht angegeben. Lediglich die Prozedur- und Funktions-Namen (die die Moduloperationen beschreiben) werden neben ihren Parametern vereinbart.

10.2.2 UNIT-Implementierung

Unit-Implementierung

Die eigentliche Deklaration der Routinen erfolgt im Implementierungs-Teil einer Unit:

Syntaxdiagramm 10.5:
IMPLEMENTIERUNGS-TEIL

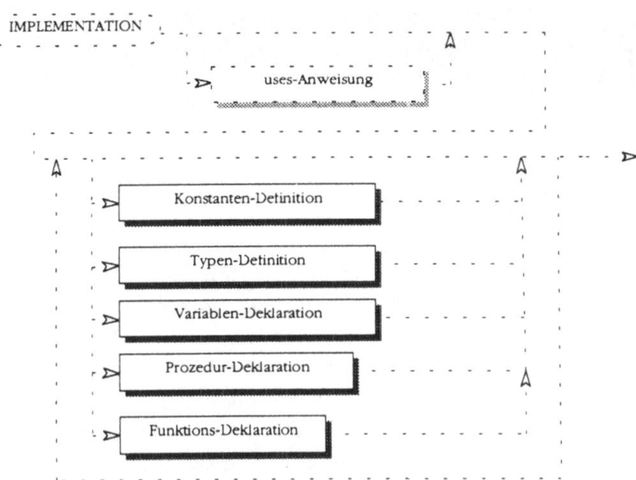

Wie dieses Diagramm zeigt, ist es erlaubt, neben den Vereinbarungen im Interface-Teil, auch „Modul-lokale" Vereinbarungen anzugeben. Diese sind lokal, weil sie nur innerhalb des Moduls „bekannt" sind – sie werden also nicht exportiert. Andere Module können auf diese, im Implementierungs-Teil aufgeführten Vereinbarungen, nicht zugreifen.

Die Vereinbarungen des Schnittstellen-Teils sind auch in dem Implementierungs-Teil des Moduls bekannt, ohne daß sie in diesem nochmals angegeben werden müssen oder dürfen.

Im letzten Abschnitt des Implementierungs-Teils der Unit wird der eigentliche Programmcode zu den entsprechenden Operationen angegeben.

Initialisierungs-Teil

Im letzten Teil einer Unit können Daten, die später von einer der Modul-Operation benutzt werden sollen, initialisiert werden. Diese Anweisungen werden unmittelbar nach dem Start des Programmes, welches Funktionen, Prozeduren oder Daten dieser Unit importiert, ausgeführt. Die Syntax dieses Initialisierungs-Teils ist wie folgt:

Syntaxdiagramm 10.6:
INITIALISIERUNGS-TEIL

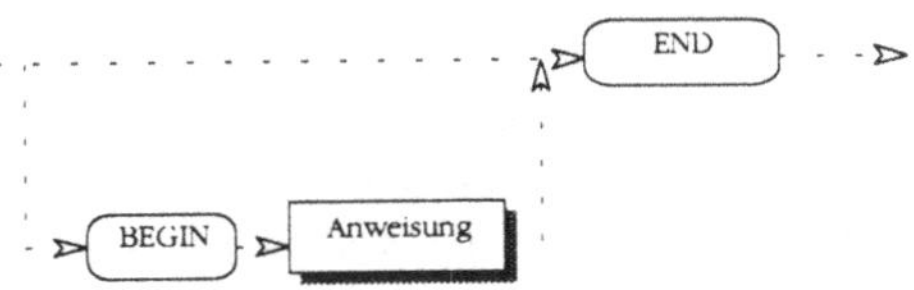

Am Ende des Moduls muß, genau wie am Programmende, ein Punkt („.") angegeben werden (vgl. Syntaxdiagramm UNIT (S.211)).

10.2.3 Ein UNIT-Beispiel

Im folgenden erläutert ein kleines Beispiels die Unit-Technik von Turbo Pascal. Annahme: Ein kleines Speditionsunternehmen verfügt für seine LKWs nur über einen kleinen Parkplatz mit einer einzigen Zufahrt. Da dieser Parkplatz auch keine Rangiermöglichkeit bietet, muß jeweils der letzte eintreffende LKW den Parkplatz als erster wieder verlassen. Eine ähnliche Situation findet man z.B. auch in einem Container-Hafen, in dem die einkommenden Schiffe nicht wenden können, so daß die zuletzt kommenden Schiffe zuerst wieder abfahren müssen. Solche Situationen sind Software-Entwicklern unter dem Namen Stapel (engl. *stack*) bekannt.

Stapel arbeiten nach dem LIFO-Prinzip (*last in, first out*). Konkret bedeutet dies, daß das zuletzt in den Stapel eingetragene Element zuerst wieder entnommen wird.

Abb. 10.2:
Ein Stapel

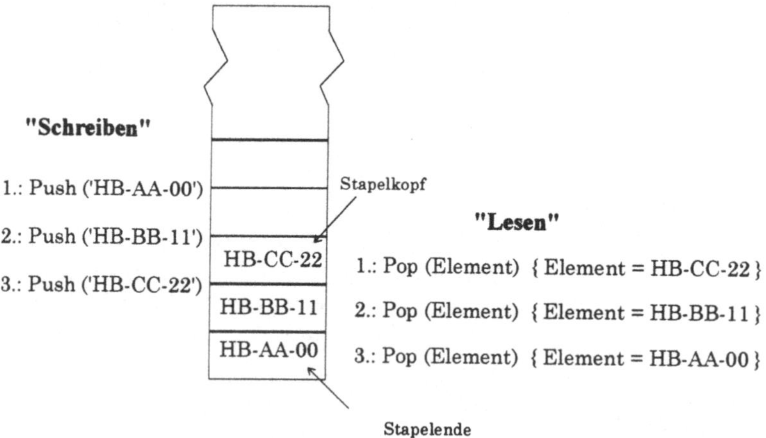

Mit Hilfe der Operation push wird ein Datenelement (in diesem Beispiel sind die Daten vom Typ STRING, denn wir werden die Zulassungsnummmern der LKWs auf den Stapel legen) auf den Stapel geschrieben. Im Gegenzug dazu liefert die Operation pop immer das zuletzt auf dem Stapel abgelegte Element.

Das nun vorzustellende Modul implementiert diese beiden Operationen (push und pop) – und zwar beide als Boole´sche Funktionen implementiert. Sie liefern einen WAHRHEITSWERT, der angibt, ob die Operation erfolgreich (TRUE) oder erfolglos (FALSE) war. Erfolglos könnte die Operation sein, wenn pop versucht, ein Element vom Stapel zu lesen, obwohl dieser bereits leer ist.

Die unter Turbo Pascal vereinbarte UNIT könnte wie folgt aussehen:

10.1: UNIT
Stapelverarbeitung

```pascal
UNIT strStack;

INTERFACE

    TYPE
        element_typ = STRING;

    FUNCTION push (el: element_typ): BOOLEAN;
    FUNCTION pop (VAR el: element_typ): BOOLEAN;

IMPLEMENTATION

    CONST max_stapel = 100;

    VAR
        kopf:       INTEGER;
        stapel:     ARRAY [1..max_stapel] OF element_typ;

    FUNCTION push (el: element_typ): BOOLEAN;
    BEGIN
        IF kopf >= max_stapel
        THEN
            push := FALSE
        ELSE
        BEGIN
            kopf := kopf + 1;
            stapel[kopf] := el;
            push := TRUE
        END
    END;   { push }

    FUNCTION pop (VAR el: element_typ): BOOLEAN;
    BEGIN
        IF kopf = 0
        THEN
            pop := FALSE
        ELSE
        BEGIN
            el:= stapel [kopf];
            kopf := kopf - 1;
            pop:= TRUE
        END
    END;   { pop }

BEGIN { Modulinitialisierung }
    kopf := 0;
END.
```

Leider müssen die Prozedur- bzw. Funktions-Vereinbarungen in
Turbo Pascal zweimal identisch erfolgen: zum einen im
INTERFACE- und zum anderen im IMPLEMENTATIONS-TEIL. Werden
hierbei unterschiedliche Vereinbarungen angegeben

(unterschiedliche Namen oder Parameter), so liefert der Übersetzer einen Syntaxfehler.

Modul-Interface

Im INTERFACE-TEIL wird zunächst mittels einer TYPE-Deklaration vereinbart, welche Art von Elementen auf dem Stapel abgelegt werden kann. In unserem Fall verwenden wir den Elementtyp STRING. Wenn der Stapel später für einen anderen Zweck verwendet werden soll, muß lediglich diese Zeile geändert werden, um den Stapel auf einen neuen Elementtyp einzustellen.

Danach werden die Namen und Parameter der Operationen für den Export vereinbart. Beide Funktionen liefern einen WAHRHEITSWERT. Außerdem wird vereinbart, daß die Funktion pop einen variablen Parameter vom Elementtyp des Stacks besitzen soll (Übergabewert für den Aufrufer von pop). push soll hingegen einen festen Parameter besitzen — dieser Übergabewert kommt vom Aufrufer und darf nicht verändert werden.

lokale Modul-Vereinbarungen

Bevor die Kodierung der beiden Funktionen beginnt, müssen noch einige lokale Modul-Vereinbarungen getroffen werden. Diese betreffen zunächst die maximal erlaubte Länge des Stapels (max_stapel = 100).

Daneben ist der Stapel selbst zu vereinbaren, der in diesem Modul als Feld repäsentiert werden soll (stapel: ARRAY [1..max_stapel] OF element_typ). Denkbar wäre auch die Repräsentation als dynamische Liste. Dem Modul-Nutzer bleibt diese Repräsentation verborgen, so daß später die Feld-Vereinbarung noch in eine Liste umgewandelt werden könnte.

Zuletzt muß noch eine lokale Modul-Variable vereinbart werden. Sie zeigt immer auf das aktuelle Element, den „Kopf", des Stapels (kopf: INTEGER). Auch dieser Wert bleibt dem Modul-Nutzer verborgen. Bei kopf ist dieses sogar besonders wichtig, denn es würden fatale Fehler enstehen, wenn ein anderes Programm diesen Wert verändern könnte.

Arbeitsweise des Stapels

Die Variable kopf muß um eins reduziert werden, wenn ein Element vom Stapel gelesen wird (mit pop). Sie ist um eins zu erhöhen, wenn ein Element auf den Stapel gelegt wird (mit push).

Diese Veränderungen des Kopf-Zeigers erfolgen in den Funktionen push und pop. Außerdem wird innerhalb von push darauf geachtet, daß die Anzahl der auf den Stapel gelegten Elemente nicht die Maximalanzahl übersteigt:

```
IF kopf >= max_stapel
    THEN
        put := FALSE
    ELSE ...
```

In der Funktion pop wird überprüft, ob überhaupt noch Elemente auf dem Stapel vorhanden sind:

```
IF kopf = 0
    THEN
        get := FALSE
    ELSE ...
```

Erkennt push oder pop einen Fehler, erhält die Funktion den Wert FALSE als Rückgabewert. Anderenfalls wird ihr Rückgabewert auf TRUE gesetzt.

Initialisierungsteil

Wichtig hierbei ist der Initialisierungsteil des Moduls, in dem die Variable kopf ein Startwert (Null) zugewiesen wird. Erfolgt keine derartige Initialisierung, so führen die folgenden Aufrufe der Funktionen push und pop zu fatalen Ergebnissen.

Besonders anhand dieser einfachen Initialisierungsmöglichkeit kann eine der Stärken der Modul-Technik gezeigt werden. Würde man die beiden Modul-Funktionen innerhalb eines Programms vereinbaren, so müßte die Variable kopf global (im Programm) vereinbart werden. Dies hätte zur Folge, daß ihr Inhalt unter Umständen fälschlicherweise irgendwo im Programm verändert werden könnte, so daß die Funktionen push und pop unerwartete Ergebnisse liefern würden.

Es gibt — mit Ausnahme der später diskutierten Objektorientierung — keine Möglichkeit, dieses Beispiel ohne Unit-Technik in Pascal umzusetzen.

Einbindung von Units im Hauptprogramm

Soll die oben beschriebene Unit strStack innerhalb des Turbo Pascal Systems erstellt werden, so sind folgende Schritte notwendig. Zunächst ist das Modul strStack innerhalb des Turbo Pascal Entwicklungssystems separat zu übersetzen (zu Details s. ANHANG A: Das Turbo Pascal-System, S.296).

Ist der Übersetzungsvorgang der Unit erfolgreich abgeschlossen, d.h. sind keine Syntaxfehler aufgetreten, erstellt Turbo Pascal eine Datei mit dem gleichen Namen wie die Quelldatei. Anhand des Schlüsselwortes UNIT erkennt der Übersetzer, daß es sich bei dem übersetzten Programm um eine Unit handelt. Der Unit-Datei fügt der Übersetzer deshalb den Bezeichner „TPU" — für „Turbo Pascal Unit" — an, anstatt, wie sonst üblich, den Bezeichner „EXE". Diese Unit-Datei kann jetzt von einem

beliebigen Programm mit Hilfe des Befehls USES eingebunden
werden:

10.2: UNIT
Parkplatzverwaltung

```
PROGRAM parkplatz;

USES strStack;

VAR
   el: element_typ;

BEGIN
   writeln (push ('HB-AA-00'));
   writeln (push ('HB-BB-11'));
   writeln ('Parkplatz in Ordnung: ', pop(el));
   writeln ('Als nächstes fährt aus: ', el);
   Readln;
END.
```

Einbinden der
TPU-Dateien

Mit Hilfe der USES-ANWEISUNG (S.61) teilt der Modul-Nutzer dem
Turbo Pascal Entwicklungssystem mit, welche Unit er benutzen
will. In diesem Fall muß also eine „TPU"-Datei mit dem Namen
„strstack.tpu" existieren, die ihrerseits den Code eines Moduls
mit dem Namen StrStack beinhaltet.

Wird nun das Modul-nutzende Programm übersetzt, sucht Turbo
Pascal selbständig diese Unit-Datei und bindet sie automatisch
in das Programm ein.

Sollte der Übersetzer eine Fehlermeldung ausgeben, über die
mitgeteilt wird, daß er die einzubindende Modul-Datei nicht
gefunden hat, so kann die Ursache an der Einstellung im Turbo
Pascal Menü: „Optionen, Directories" zu finden sein. Dort muß
angegeben werden, in welchem Verzeichnis der Übersetzer die
Module suchen soll.

Hat der Übersetzer das Modul gefunden, so „kennt" er alle Vereinbarungen des UNIT-INTERFACE. Entsprechend kann also das
Programm Daten vom Typ element_typ vereinbaren und natürlich kann es auch Gebrauch von den beiden Funktionen push
und pop machen. Das Programm kann aber z.B. nicht auf die
Modul-Variable kopf zugreifen.

Beispiele für Module

Module lassen sich für die unterschiedlichsten Bereiche einset-
zen. So erweist es sich als besonders hilfreich, wenn ein Modul
zur Bildschirmverarbeitung implementiert wird. Dieses Modul
stellt alle hardware-abhängigen Operationen zum Bild-
schirmaufbau, zur Ein- und Ausgabe von Daten am Bildschirm
usw. bereit. Die von dieser konkreten Umsetzung
abstrahierende Verarbeitung erfolgt dann an anderer Stelle des

Programms. Um das Programm später auf ein anderes Computersystem zu übertragen, kann es u.U. ausreichen, nur die speziellen Module zur Bildschirmverarbeitung anzupassen.

Denkbar ist auch eine Programmierung von Modulen zur Verwaltung von Baumstrukturen. Die komplexe Technik zur Verwaltung solcher Bäume bleibt dem Nutzer gänzlich verborgen, so daß er sich auf andere Probleme konzentrieren kann.

11 Objektorientierte Programmierung

Dieses Kapitel stellt die Mechanismen vor, mit denen Turbo Pascal das objektorientierte Programmieren unterstützt. Drei Konzepte charakterisieren entscheidend *objektorientierte Programmiersprachen*:

Konzepte objektorientierter Programmiersprachen

- *Datenabstraktion*
- *Vererbung*
- *Polymorphie*

Die folgenden drei Abschnitte erläutern diese Begriffe und ihre Entsprechungen in Turbo Pascal genauer. Im anschließenden Kapitel 12 kann anhand eines vollständigen Beispiels die objektorientierte Vorgehensweise von der Problembeschreibung bis zum fertigen Programm gezeigt werden.

11.1 Datenabstraktion

Zusammengehörigkeit von Daten und Operationen

In allen bisher betrachteten Programmen lassen sich zwei Komponenten beobachten: die *Daten*, die von dem Programm verwaltet werden und die *Operationen* die auf diese Daten anzuwenden sind. Ein Programm handhabt in der Regel verschiedene Datenstrukturen, außer bei sehr trivialen Aufgabenstellungen. Die Operationen des Programms lassen sich dann meistens schwerpunktmäßig einer bestimmten Datenstruktur zuordnen. Mit den bisher kennengelernten Sprachmitteln von Pascal können zusammengehörende Datenelemente beispielsweise in einem Verbund abgelegt werden. Die dazugehörenden Operationen lassen sich durch Prozeduren und Funktionen realisieren. Die direkte Zugehörigkeit bestimmter Routinen zu bestimmten Datenstrukturen läßt sich aber nicht mit den Sprachmitteln von Pascal selbst ausdrücken. Vielmehr muß sie durch textuelles Zusammenfassen solcher Routinen und durch entsprechende Kommentare dokumentiert werden.

Datenabstraktion

Der Grundgedanke der *Datenabstraktion* ist es, Daten und die dazugehörigen Operationen zusammen zu definieren und

Implementierungsdetails durch klar definierte Schnittstellen zu verbergen (s. Kapitel „10 Modularisierung"). Die Zusammenfassung von Daten und zugehörigen Operationen wird im folgenden *Objekt* genannt. Zum vollständigen Objektbegriff fehlen jedoch noch die Vererbungs- und Polymorphie-Eigenschaften, die in weiteren Abschnitten eingeführt werden.

prozedurale
Schnittstellen

Das Verbergen der Implementierungsdetails bedeutet, daß das „Innenleben" eines Objekts für den Benutzer des Objekts nicht erreichbar ist. Alle Zugriffe auf das Objekt müssen über entsprechende Prozeduren und Funktionen erfolgen. Solche *prozeduralen Schnittstellen* bleiben erfahrungsgemäß über einen viel längeren Zeitraum stabil. Sie müssen auch nicht geändert werden, wenn sich die zugrundeliegende Implementierung ändert. Zusätzlich führen solche Schnittstellen auch zu einer wesentlich klareren Gliederung des Programms in voneinander weitgehend unabhängige *Verantwortungsbereiche*. Jeder dieser Verantwortungsbereiche kann getrennt von den anderen Bereichen implementiert, getestet und gepflegt werden. Dies geschieht ggf. durch unterschiedliche Entwicklungsteams.

Datenabstraktion und
Units

Die Datenabstraktion läßt sich mit verschiedenen Mitteln und mit unterschiedlichem „Wirkungsgrad" erreichen. Das UNIT-Konzept (s. Kapitel „10 Modularisierung") bietet zum Beispiel eine einfache Möglichkeit zur Aufteilung eines Programms in weitgehend unabhängige Komponenten, ist jedoch zu grob (vgl. hierzu den Vergleich zwischen Modul- und Objekt-orientierter Datenabstraktion im Abschnitt „11.1.4 Objekte und Module"). Die objektorientierten Erweiterungen von Turbo Pascal gehen über die UNIT-Möglichkeiten hinaus. Die nächsten Abschnitte liefern eine Antwort auf die Frage, wie Daten und Operationen durch einen OBJECT-Typ gemeinsam definiert werden können. Der Abschnitt „11.1.2 Private und öffentliche Klassenelemente" zeigt dann, wie Implementierungsdetails vor dem Benutzer verborgen werden können und so ein abstrakter Datentyp entsteht.

11.1.1 Klassen und Instanzen

OBJECT-Deklarationen Der erste Schritt zur *Datenabstraktion* besteht darin, daß zur Definition eines neuen Objekts nicht nur die Menge der Objekt-Attribute, sondern auch alle relevanten Routinen angegeben werden müssen. In Turbo Pascal geschieht dies in der Form einer OBJECT-Deklaration.

Sie wird hier am Beispiel einer Kontoführung gezeigt. Dabei sollen Daten über den Inhaber, den aktuellen Kontostand und ein Kontosperrvermerk erfaßt werden. Zudem soll es möglich sein, Geld auf das Konto einzuzahlen und von diesem abzuheben. Die OBJECT-Deklaration für die Kontoführung hat folgendes Aussehen:

```
TYPE
    geldBetrag = REAL;
    person = OBJECT
                ...
                FUNCTION gibName:STRING;
                ...
            END;
    konto =  OBJECT
                inhaber:   person;
                stand:     geldBetrag;
                gesperrt:  BOOLEAN;
                PROCEDURE einzahlen(betrag: geldBetrag);
                PROCEDURE auszahlen(betrag: geldBetrag);
            END;
```

Eine OBJECT-Deklaration ist einer RECORD-Deklaration sehr ähnlich. Zusätzlich zu den Datenelementen können jedoch auch diejenigen Prozeduren und Funktionen deklariert werden, die auf das Objekt anwendbar sind. Das Beispiel zeigt außerdem, daß eine OBJECT-Deklaration einen neuen Datentyp definiert, in diesem Fall den Datentyp konto. Die Syntax einer solchen Objekttyp-Deklaration ist wie folgt:

Syntaxdiagramm 11.1:
OBJEKTTYP

Aus dem Syntaxdiagramm geht hervor, daß dem Schlüsselwort OBJECT eine Erbe-Klausel folgen kann. Abschnitt „11.2.3 Turbo Pascal" erläutert diese Angabe näher. Die eigentliche OBJEKTTYP-Deklaration besteht aus einer KOMPONENTENLISTE. Ihr können mehrere KOMPONENTENBEREICHE folgen. Die genaue Syntax hierzu beschreibt der Abschnitt „11.3.2 Virtuelle Prozeduren und Funktionen". Zum Verständnis der Beispiele in diesem Abschnitt reicht die Aussage, daß innerhalb von OBJEKTTYPEN Datenelemente und Routinen in beliebiger Reihenfolge deklarierbar sind.

Klassen, Instanzen, Objekte

Ein OBJEKTTYP wird im „objektorientierten Jargon" auch als *Klasse* bezeichnet. Variablen, die zu einem solchen Objekttyp deklariert werden, heißen auch *Instanzen*. Diese beiden Bezeichnungen müssen streng auseinandergehalten werden. Dagegen kann das Wort *Objekt* üblicherweise – je nach Zusammenhang – sowohl für die gesamte (Objekt-) Klasse als auch für eine einzelne (Objekt-) Instanz stehen.

Nicht nur die Deklaration, sondern auch die Verwendung einer Turbo Pascal Klasse ist der eines Verbundes sehr ähnlich:

```
...
VAR
   k1:   konto;

BEGIN
  k1.stand := 2500.00;
  ...
  IF NOT k1.gesperrt
    THEN BEGIN
            Writeln ('Name: ', k1.inhaber.gibName);
            k1.auszahlen(300.00)
          END;
  ...
END.
```

Variablen und Routinen an Instanzen „binden"

Wie von den Verbunden her gewohnt, bedeutet `k1.gesperrt`, daß der Wert des `gesperrt`-Elements der Variablen `k1` ermittelt werden soll. Im Gegensatz zu Verbund-Variablen werden bei den Objekten aber nicht nur die Datenelemente über die Punkt-Notation angesprochen, sondern auch die Prozedur- und Funktionsaufrufe werden mit einem Punkt an eine Instanz der Klasse „gebunden". Daher bedeutet `k1.auszahlen(300.00)`, daß die Prozedur `auszahlen` mit dem Parameter `300.00` und den aktuellen Werten der Variablen `k1` ausgeführt werden soll. Die Prozedur `auszahlen` kann folgendermaßen definiert werden:

```
PROCEDURE konto.auszahlen(betrag: geldBetrag);
BEGIN
   stand := stand - betrag;
END;   { konto.auszahlen }
```

Der Pseudo-Parameter SELF

Im PROZEDURKOPF (s. Syntaxdiagramm S.135) wird der Name der Objektklasse, zu der die Prozedur gehört, mit angegeben. Erst dadurch wird eindeutig, welche Prozedur definiert wird, da es durchaus mehrere `auszahlen`-Prozeduren in verschiedenen OBJEKTTYPEN geben könnte. Wenn in der Prozedur eine Variable `stand` verwendet wird, ist damit das Datenelement `stand` derjenigen konto-Instanz gemeint, für welche die Prozedur auszahlen aufgerufen wurde.

Turbo Pascal realisiert dies intern, indem die Objektinstanz (hier: k1), für welche die Prozedur aufgerufen wird, als ein zusätzlicher (nicht vereinbarter) Parameter an die Prozedur übergeben wird. Dieser Parameter trägt immer den Namen SELF und taucht nicht in der formalen Parameterliste der Prozedur auf.

In obigen Beispiel kann anstatt von SELF.stand einfach stand geschrieben werden. Der Prozedur auszahlen wird also die Instanz k1 im Parameter SELF übergeben. Die beiden Verwendungen von stand beziehen sich bei diesem Aufruf dadurch automatisch auf k1. Der Aufruf von k1.auszahlen(300.00) bewirkt also die Ausführung von

```
k1.stand := k1.stand - 300.00
```

Die ausdrückliche Verwendung von SELF ist ohne weiteres zulässig, obwohl es in den meisten Fällen nicht erforderlich ist. Dennoch kann es in einigen Situationen durchaus sinnvoll sein, beispielsweise um das gesamte „aktuelle Objekt" als Parameter an eine andere Routine zu übergeben:

```
...
TYPE
    journal = OBJECT
                ...
                PROCEDURE auszahlungsMeldung(
                        aktuellesKonto: konto,
                        betrag: geldBetrag);
                ...
            END
...
VAR
    journ: journal;

PROCEDURE konto.auszahlen(betrag: geldBetrag);

BEGIN
    SELF.stand := SELF.stand - betrag;
        { Hier ist die Verwendung von SELF überflüssig }

    journ.auszahlungsMeldung(SELF, betrag);
        { Hier ist sie sinnvoll, da ansonsten alle Elemente
          der konto-Instanz angeführt werden müßten }
END;  { konto.auszahlen }
```

Wiederverwendbarkeit von Funktions- und Prozedurnamen

Neben der besseren Unterstützung der Datenabstraktion durch die Aufnahme von Routinen haben OBJECT-Typen noch einen kleinen Vorteil gegenüber den RECORD-Typen: gleiche PROZEDUR- und FUNKTIONS-NAMEN können in verschiedenen Objektklassen „wiederverwendet" werden, da beim Aufruf jeweils durch den Typ der Instanz klar ist, welche Prozedur oder Funktion gemeint ist:

```
TYPE
    tuer = OBJECT
                ...
                PROCEDURE oeffnen;
                ...
            END;

    datei = OBJECT
                ...
                PROCEDURE oeffnen;
                ...
            END;
    ...
VAR
    tor:        tuer;
    datenbank:  datei;

BEGIN
    tor.oeffnen;
    datenbank.oeffnen;
    ...
END;
```

Obwohl in beiden Fällen derselbe Prozedur-*Name* verwendet wurde, wird in einem Fall die oeffnen-Prozedur der Klasse tuer, im anderen Fall die der Klasse datei aufgerufen.

11.1.2 Private und öffentliche Klassenelemente

Weitere Vorteile von abstrakten Datentypen

Dem Entwickler von Objekten bietet sich ein wesentlicher Vorteil: Er kann die Datenelemente einer Objektinstanz derart verbergen („einkapseln"), daß der Zugriff auf diese Datenelemente nur noch über die Routinen der Objektklasse möglich ist. Wie bereits angedeutet, hat eine solche Vorgehensweise verschiedene positive Auswirkungen. Angenommen, der Konten-Datentyp ist in einem größeren Programmpaket verwendet worden, welches nicht die Prozeduren einzahlen und auszahlen nutzt. Vielmehr enthält es viele Zuweisungen der Form:

```
k1.stand := k1.stand + betrag; ... k1.stand := k1.stand - betrag;
...
```

Zu einem späteren Zeitpunkt soll nun die Implementierung des Datentyps konto geändert werden. Jede Instanz enthalte den Kontostand des Monatsbeginns und eine Liste aller im laufenden Monat vorgenommenen Buchungen. Die Bestimmung des aktuellen Kontostands erfordert also jedesmal eine Aufsummierung dieser Buchungen. Für diese Änderung müßten alle Zuweisungen der obigen Form im gesamten Programmpaket herausgesucht und geändert werden.

Ein weiteres Problem tritt bei der Wartung solcher Programmsysteme auf: Programmfehler und „Systemabstürze" lassen sich oft darauf zurückführen, daß ein Element einer Datenstruktur einen falschen oder nicht zulässigen Wert aufweist. In diesem Fall muß geklärt werden, wie der falsche Wert zustandegekommen ist. Dazu ist eine (umständliche) Untersuchung aller Programmabschnitte, in denen die Elemente der Datenstruktur vorkommen, notwendig.

Objekt-Kapselung in Turbo Pascal

Bei der *Objekt-Kapselung* können nun beide Probleme vermieden werden. Alle Zugriffe auf Datenelemente und deren Veränderungen dürfen nur noch über die Routinen des Objekts möglich sein. Gleichzeitig werden die Datenelemente des Objekts vor dem Zugriff von „außen" geschützt. Nur noch die Objekt-Routinen dürfen diese Datenelemente auswerten und verändern. Turbo Pascal unterstützt die Objekt-Kapselung, indem die Objekt-Deklaration mittels des Schlüsselworts PRIVATE in einen öffentlichen und einen verborgenen (privaten) Bereich geteilt werden kann[12]:

---

[12] Die genaue Bedeutung von PRIVATE ist, daß alle als PRIVATE deklarierten Datenelemente, Prozeduren und Funktionen nur innerhalb des definierenden Moduls oder Programms bekannt sind. Das heißt, daß falls innerhalb desselben Moduls mehrere Objektklassen definiert werden, diese vollen Zugriff auf alle privaten Elemente der anderen Klassen besitzen.

```
TYPE
   geldBetrag = REAL;
   person = OBJECT
               ...
               FUNCTION gibName:STRING;
               ...
            END;
   konto = OBJECT
               PROCEDURE einzahlen(betrag: geldBetrag);
               PROCEDURE auszahlen(betrag: geldBetrag);
            PRIVATE
               inhaber:   person;
               stand:     geldBetrag;
               gesperrt:  BOOLEAN;
            END;
VAR
   k1: konto;
...
```

Die mittels **PRIVATE** vereinbarten Datenelemente können jetzt
nicht mehr außerhalb des Objekts angesprochen werden
(„außerhalb" bezeichnet hier Anweisungen, die sich weder in
der Prozedur **einzahlen** noch in der Prozedur **auszahlen** befin-
den):

```
Writeln (k1.inhaber); ... { Verboten ! }
```

Um die Inhalte der privaten Datenelemente (hier: **person**, **stand**
und **gesperrt**) aber dennoch „außerhalb" des Objekts
„abzufragen", müssen zusätzliche Routinen definiert werden, die
es erlauben, den Kontoinhaber, den Kontostand und den Status
des Kontos zu ermitteln sowie den Kontostatus zu ändern. Die
ergänzte Objekt-Deklaration ist wie folgt:

```
   ...

TYPE
   konto = OBJECT
               FUNCTION  gibInhaber:  person;
               FUNCTION  gibStand:    geldBetrag;
               FUNCTION  istGesperrt: BOOLEAN;
               PROCEDURE einzahlen(betrag: geldBetrag);
               PROCEDURE auszahlen(betrag: geldBetrag);
               PROCEDURE sperren(jaNein: BOOLEAN);
            PRIVATE
               inhaber:   person;
               stand:     geldBetrag;
               gesperrt:  BOOLEAN;
            END;
```

Die Routinen sind im einfachsten Fall in der folgenden Form zu programmieren:

```
...
FUNCTION konto.gibStand: geldBetrag;
BEGIN
  gibStand := stand
END;
...
```

Soll nun der Kontostand ausgegeben werden, ist die Funktion `konto.gibInhaber` aufzurufen:

```
Writeln (k1.gibInhaber);
```

Zusammen mit dem PRIVATE-Mechanismus sind jetzt alle erforderlichen Kriterien für die Definition abstrakter Datentypen gegeben, denn der Benutzer der Klasse sieht nur noch die Schnittstellen-Routinen des Datentyps, nicht jedoch seine tatsächliche Implementierung. Auf Instanzen dieses Datentyps (Klasse) sind nur noch die öffentlichen Routinen anwendbar:

```
VAR
    k1:  konto;

BEGIN
    ...
    k1.einzahlen(1500.00);
    Writeln('Kontostand: ', k1.gibStand);
    IF k1.istGesperrt
       THEN k1.sperren(FALSE);
    ...
END.
```

Der Kontostand läßt sich bei diesem Datentyp nur durch die Verwendung der Prozeduren `einzahlen` und `auszahlen` verändern. Wenn in einem Programm ein falscher Kontostand entdeckt wird, kann sich die Fehlersuche auf diese zwei Stellen konzentrieren. Auch die Änderung der internen Repräsentation des Kontostands ist kein Problem, es ist lediglich die Funktion `gibStand` neu zu formulieren.

PRIVATE und PUBLIC Turbo Pascal erlaubt die Deklaration von Variablen, Funktionen und Prozeduren sowohl im öffentlichen als auch im privaten Teil eines Objekts. In der Version 6.0 von Turbo Pascal konnte eine Objekt-Deklaration mittels des Schlüsselworts PRIVATE nur in genau einen öffentlichen und einen privaten Teil geteilt werden. Ab der Version 7.0 sind beliebig viele öffentliche und private Teile pro OBJEKTTYP erlaubt, wobei die öffentlichen Teile durch das Schlüsselwort PUBLIC eingeleitet werden. Dies geht aus der Syntax des KOMPONENTENBEREICHS hervor, der im Syntaxdiagramm OBJEKTTYP (S.223) verwendet wurde:

Syntaxdiagramm 11.2:
KOMPONENTENBEREICH

PRIVATE Komponentenliste
PUPLIC

Die öffentliche Deklaration von Objekt-Datenelementen widerspricht der Idee von abstrakten Datentypen. Sie kann damit die eben aufgeführten Probleme verursachen. Aus diesem Grund werden *Datenelemente* in den folgenden Abschnitten *grundsätzlich* als *privat* vereinbart. Auch die Deklaration von privaten Routinen kann sinnvoll sein, wie sich in den folgenden Beispielen noch zeigen wird.

11.1.3 Konstruktoren und Destruktoren

Initialisierung von Objekten

Zur Benutzung von Objekten ist noch die Frage zu klären, wie die Instanzen einer Objektklasse initialisiert werden können. Im Konto-Beispiel stehen nur Prozeduren zum Ein- und Auszahlen zur Verfügung. Es besteht bisher jedoch keine Möglichkeit, den anfänglichen Kontostand zu bestimmen, geschweige denn den Inhaber des Kontos. Genau wie alle anderen Zugriffe auf die Datenelemente eines Objekts, geschieht auch die Initialisierung von Instanzen über vom Programmierer definierte Prozeduren. Im Prinzip können hierzu völlig beliebige Prozeduren verwendet werden. Da sich jedoch im Zusammenhang mit der Verwendung von Zeigern und den weiter unten in Abschnitt 11.3.2 erläuterten virtuellen Routinen einige Eigenheiten ergeben, stellt Turbo Pascal spezielle Initialisierungsprozeduren zur Verfügung, die sogenannten *Konstruktoren*. Die Konstruktoren − genauso wie ihre Gegenstücke, die *Destruktoren* − werden aber schon an dieser Stelle verwendet, da sie besser als ein Kommentar deutlich machen, welche Prozeduren einer Klasse für die Initialisierung und Beseitigung von Instanzen zuständig sind:

```
TYPE
   person  = OBJECT
                    ...
                FUNCTION gibName: STRING;
                    ...
            END;

   z_konto = ^konto;
   konto   = OBJECT
                CONSTRUCTOR init(kontoInhaber: person);
                DESTRUCTOR  destroy;
                FUNCTION    gibInhaber:  person;
                FUNCTION    gibStand:    geldBetrag;
                FUNCTION    istGesperrt: BOOLEAN;
                PROCEDURE   einzahlen(betrag: geldBetrag);
                PROCEDURE   auszahlen(betrag: geldBetrag);
                PROCEDURE   sperren(jaNein: BOOLEAN);
             PRIVATE
                inhaber:    person;
                stand:      geldBetrag;
                gesperrt:   BOOLEAN;
             END;

CONSTRUCTOR konto.init(kontoInhaber: person);
   { Initialisiere ein neues Konto für einen }
   { bestimmten Inhaber. }
BEGIN
   inhaber  := kontoInhaber;
   stand    := 0.00;
   gesperrt := FALSE;
END;  { konto.init }

DESTRUCTOR konto.destroy;
   { Gebe eine Warnungsmeldung aus, wenn zum Zeitpunkt  }
   { der Kontoauflösung der Kontostand nicht Null ist. }
BEGIN
   IF stand <> 0.00
   THEN Writeln('ACHTUNG: Das Konto von ',inhaber.gibName,
                ' wurde aufgelöst, weist ',
                'jedoch einen Kontostand von ',stand,' auf !');
END;  { konto.destroy }

   ...

VAR
   k1:              konto;
   k2:              z_konto;
   einePerson:      person;
   eineAnderePerson: person;

BEGIN
   ...
   { Initialisiere ein neues Konto }
```

```
        k1.init(einePerson);

        { Erzeuge ein neues Konto mit dynamischer Speicherverwaltung }
        k2 := New(z_konto);
        k2^.init(eineAnderePerson);
         ...
        k1.destroy;
        k2^.destroy;
        Dispose(k2);
    END.
```

Bei der Deklaration von Konstruktoren wird (wie bei allen anderen Routinen) nur der „Kopf" angegeben. Die Syntax des KONSTRUKTORKOPFS ist wie folgt:

Syntaxdiagramm 11.3:
KONSTRUKTORKOPF

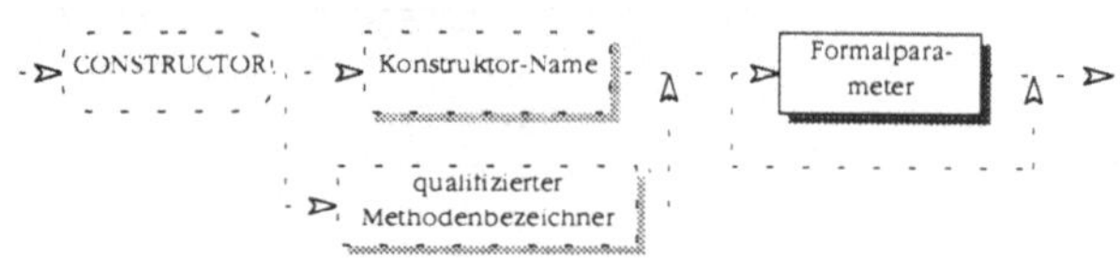

Im Prinzip lassen sich die mit dem Schlüsselwort CONSTRUCTOR vereinbarten Konstruktoren genau wie normale Prozeduren verwenden. Darüber hinaus dürfen aber *Konstruktorenaufrufe* auch *als zweiter Parameter eines Aufrufs von* New verwendet werden. Im Beispiel könnte also anstatt

```
    k2 := New(z_konto);
    k2^.init(eineAnderePerson);
```

auch folgende Anweisung möglich:

```
    k2 := New(z_konto, init(eineAnderePerson));
```

Destruktoren

Analog zu den Konstruktoren können auch sogenannte *Destruktoren* definiert werden, welche alle „Aufräumarbeiten" verrichten, die nötig sind, bevor ein Objekt seine Gültigkeit verliert. Für die Gültigkeit eines Objektes gilt dieselbe Regel, wie für alle anderen Variablen:

- Statische Variablen verlieren ihre Gültigkeit, wenn die Prozedur oder Funktion, in der sie deklariert worden sind, verlassen wird. Globale Variablen existieren bis zum Programmende.

- Dynamische, mittels New erzeugte Variablen sind solange gültig, bis sie durch einen Aufruf von Dispose beseitigt werden.

Prozeduren, die als Destrukturen vereinbart werden sollen, müssen mit dem Schlüsselwort DESTRUCTOR deklariert sein. *Destrukto-*

renaufrufe können *als zweiter Parameter eines* Dispose-*Aufrufs* angegeben werden. Die im Beispiel gezeigten Anweisungen

```
k2^.destroy;
Dispose(k2);
```

lassen sich daher auch durch folgende Anweisung zusammenfassen:

```
Dispose(k2, destroy);
```

Destruktoren sind insbesondere dann wichtig, wenn ein Objekt dynamische Datenstrukturen erzeugt (zum Beispiel durch New-Aufrufe innerhalb eines Konstruktors), die wieder freigegeben werden sollen, bevor das Objekt aufhört zu existieren. Hierfür lassen sich Dispose-Aufrufe innerhalb eines Destruktors verwenden.

Die Syntax des DESTRUKTORKOPFES ist wie folgt definiert:

Syntaxdiagramm 11.4:
DESTRUKTORKOPF

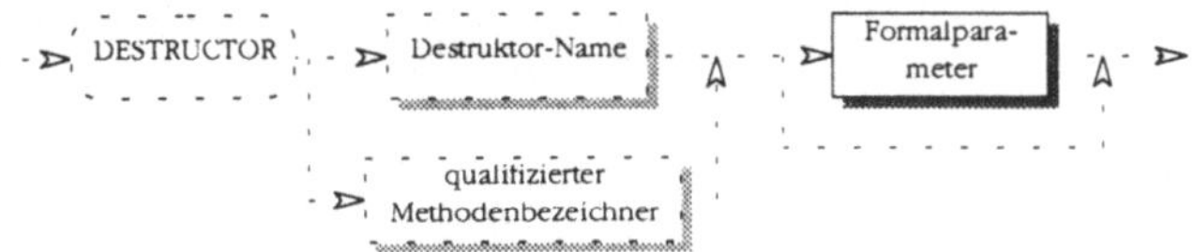

Konstruktoren und Destruktoren in anderen Programmiersprachen

Konstruktoren und Destruktoren sind in die Sprache Turbo Pascal nicht sehr stark integriert. In anderen objektorientierten Programmiersprachen (zum Beispiel in C++) ist es möglich, Klassen so zu definieren, daß ein Konstruktor bei der Erzeugung einer Instanz aufgerufen werden *muß*. Dies ist gleichzeitig der einzige Zeitpunkt, zu dem ein Konstruktor überhaupt aufgerufen werden *kann*. Destruktoren werden in diesen Sprachen automatisch ausgeführt, sobald ein Objekt aufhört zu existieren und müssen nicht explizit aufgerufen werden.

Konstruktoren und Destruktoren in Turbo Pascal

In Turbo Pascal ist die Verwendung eines Konstruktors weder Pflicht, noch wird verhindert, daß mehrere Konstruktoraufrufe pro Objekt erfolgen. Destruktoren werden nur dann ausgeführt, wenn sie aufgerufen werden und auch die mehrmalige Ausführung eines Destruktors für ein Objekt ist möglich. Dennoch kann auch in Turbo Pascal die Verwendung von Konstruktoren und Destruktoren die Lesbarkeit eines Programms steigern, wobei allerdings einige Konventionen eingehalten werden sollten:

- Alle Objektklassen mit Datenelementen sollten *mindestens einen Konstruktor* bereitstellen, mehrere Konstruktoren können bisweilen sinnvoll sein (siehe unten). Wenn überhaupt erforderlich, wird hingegen *ein Destruktor* in der Regel ausreichend sein.

- Für alle Klassen mit genau einem Konstruktor/Destruktor sollten die *Namen der Konstruktoren/Destruktoren identisch* sein (zum Beispiel init und destroy).

- Jeder Konstruktor sollte *alle Datenelemente* einer Instanz *initialisieren*, damit die Instanz einen definierten Zustand besitzt.

- Für jede Instanz einer Klasse, die einen Konstruktor besitzt, sollte ein *Konstruktor so früh wie möglich aufgerufen* werden. Wenn vorhanden, sollte der *Destruktor nach der letzten Verwendung* einer Instanz angewendet werden.

Mehrere Konstruktoren Für einige Objekte kann es sinnvoll sein, mehr als einen Konstruktor zur Verfügung zu stellen, um verschiedene Initialisierungssituationen zu behandeln. Für das Objekt konto wäre zum Beispiel folgendes denkbar:

```
...

TYPE
    konto = OBJECT
                { Initialisiere ein Konto ohne Inhaber (Der }
                { Inhaber kann später zugewiesen werden). }
                CONSTRUCTOR init;

                { Initialisiere ein Konto für einen }
                { bestimmten Inhaber. }
                CONSTRUCTOR initFuerPerson(p: person);

                { Führe einen Bildschirmdialog durch, }
                { bei dem die Kontendaten vom Benutzer }
                { eingegeben werden. }
                CONSTRUCTOR initInteraktiv;
                ...
            END;

VAR
    k1, k2, k3:  konto;
    einePerson:  person;

BEGIN
    k1.init;
    k2.initFuerPerson(einePerson);
    k3.initInteraktiv;
    ...
END.
```

Konstruktoraufrufe in Konstruktoren

Zu dem Beispiel sollte noch angemerkt werden, daß es oft Sinn macht, einen Konstruktor auf einem anderen Konstruktor aufzubauen:

```
...
CONSTRUCTOR konto.init;
BEGIN
    stand    := 0.0;
    gesperrt := FALSE;
END;  { konto.init }

CONSTRUCTOR konto.initFuerPerson(p: person);
BEGIN
    init;
    inhaber := p;
END;  { konto.initFuerPerson }
```

Bei Objekten mit mehreren Konstruktoren kommt es häufig vor, daß es einen „Hauptkonstruktor" gibt, von dem die anderen abgeleitet werden können. Da Konstruktoren ganz normale Prozeduren sind, steht ihrem Aufruf innerhalb anderer Prozeduren nichts im Weg. Diese Technik erspart nicht nur das wiederholte Eintippen identischer Initialisierungen, sondern reduziert dadurch auch die Anzahl möglicher Fehlerquellen.

11.1.4 Objekte und Module

Objekte und Module

Die Prinzipien der abstrakten Datentypen ergänzen sich ideal mit denen der Modularisierung. Dies ist offensichtlich, wenn das Stapelbeispiel aus dem Abschnitt „10.2.3 Ein UNIT-Beispiel" mit einer Objektklasse neu formuliert wird:

11.1: UNIT
Stapelverarbeitung (mit
Objekten)

```
UNIT strStack;

INTERFACE

CONST
   max_stapel = 50;

TYPE
   element_typ = STRING;

   stack = OBJECT
              CONSTRUCTOR init;
              FUNCTION push(element: element_typ): BOOLEAN;
              FUNCTION pop(VAR element: element_typ): BOOLEAN;
           PRIVATE
              stapel: ARRAY [1..max_stapel] OF element_typ;
              kopf:   INTEGER;
           END;

IMPLEMENTATION

CONSTRUCTOR stack.init;
BEGIN
   kopf := 0
END;  { stack.init }

FUNCTION stack.push(element: element_typ): BOOLEAN;
BEGIN
   IF kopf >= max_stapel
      THEN
        push := FALSE
      ELSE
        BEGIN
           kopf          := kopf + 1;
           stapel[kopf] := element;
           push          := TRUE
        END
END;  { stack.push }

FUNCTION stack.pop(VAR element: element_typ): BOOLEAN;
BEGIN
   IF kopf = 0
      THEN
        pop := FALSE
      ELSE
        BEGIN
           element := stapel[kopf];
           kopf    := kopf - 1;
           pop     := TRUE
        END
END;  { stack.pop }

END.
```

Im Gegensatz zum ursprünglichen UNIT-Beispiel definiert diese UNIT einen „echten" Datentyp, mit dem neue Variablen deklariert werden können. Solche Variablen lassen sich sehr bequem verwenden und erlauben es auch, das Parkplatzbeispiel auf mehrere Parkplätze zu erweitern:

11.2: UNIT
Parkplatzverwaltung
(mit Objekten)

```
PROGRAM parkplaetze;

USES crt, strStack;

VAR
    platz1:    stack;
    platz2:    stack;
    zulassung: element_typ;

BEGIN
    platz1.init;  { Initialisiere die Parkplätze }
    platz2.init;
    Writeln(platz1.push('HB-NO-361'));   { Stelle LKWs auf Platz 1 }
    Writeln(platz1.push('HH-KI-782'));
    Writeln(platz2.push('HB-T-5413'));   { Stelle LKWs auf Platz 2 }
    Writeln(platz2.push('HB-NM-712'));
    Writeln(platz2.push('HB-KA-281'));

    Writeln('Platz 1 in Ordnung: ', platz1.pop(zulassung));
    Writeln('Als nächstes fährt von Platz 1: ', zulassung);
    Writeln('Platz 2 in Ordnung: ', platz2.pop(zulassung));
    Writeln('Als nächstes fährt von Platz 2: ', zulassung);
    Readln;
END.
```

Modullösung

Das ursprüngliche („nicht Objekt-orientierte") Modul strStack besitzt den Nachteil, daß nur eine einzige „Instanz" des „Datentyps" benutzt werden kann. Vom „echten" Datentyp stack des neuen (objektorientierten) Moduls strStack können jedoch beliebig viele Instanzen gebildet werden. Das alte Modul strStack so umzuformulieren, daß der gleiche Komfort erreicht wird, ist recht schwierig und verlangt die explizite Verwendung der dynamischen Speicherverwaltung.

11.2

Klassifizierung von
„realen" Objekten

Vererbung

Der Betrachter seiner Umwelt nimmt ununterbrochen verschiedene Objekte wahr. Aber er klassifiziert diese auch: Einen hölzernen Gegenstand, bei dem eine rechteckige Platte auf vier Beinen von etwa 80 Zentimeter Höhe ruht, erkennt er ohne Schwierigkeiten als Tisch. Aber auch eine auf drei 60 Zentimeter hohen Beinen ruhende runde Platte wird als „Tisch" bezeichnet. Tatsächlich gibt es auch Tische, die nicht durch Beine gestützt werden, sondern zum Beispiel durch andere Platten oder sogar durch gar nichts, wie bei einem in eine Wand eingelassenen Tisch. Trotzdem lassen diese unterschiedlichen Gegenstände Gemeinsamkeiten erkennen, nämlich eine mehr oder weniger ebene, einigermaßen horizontal gelagerte Auflagefläche. Einige dieser Gemeinsamkeiten teilt die Klasse „Tisch" mit anderen Klassen, wie zum Beispiel mit der Klasse „Möbel". Andere Eigenschaften können benutzt werden, um die Klasse „Tisch" weiter zu unterteilen. So ist zum Beispiel nicht jeder „Tisch" auch gleichzeitig ein „Eßtisch". Offensichtlich benutzen Menschen zum Verständnis ihrer Umwelt ein Klassifizierungssystem, welches auf den Eigenschaften von Objekten beruht. Gleichzeitig werden dabei Eigenschaften von Oberbegriffen auf Unterbegriffe „vererbt". Ein solcher Vererbungsmechanismus wird auch für die Objekte der objektorientierten Programmierung eingesetzt, um Gemeinsamkeiten von verwandten Objekten ausnutzen zu können.

11.2.1 Einfache Vererbung

Angenommen es soll eine Klasseneinteilung für folgende Begriffe erfolgen: Kreuzfahrtschiff, Personenkraftwagen, Düsenflugzeug, Autobus, Hubschrauber, Lastkraftwagen, Segelflugzeug, Frachter, Motorrad, Propellerflugzeug, Fahrrad, Ruderboot.Diese kann wie folgt aussehen:

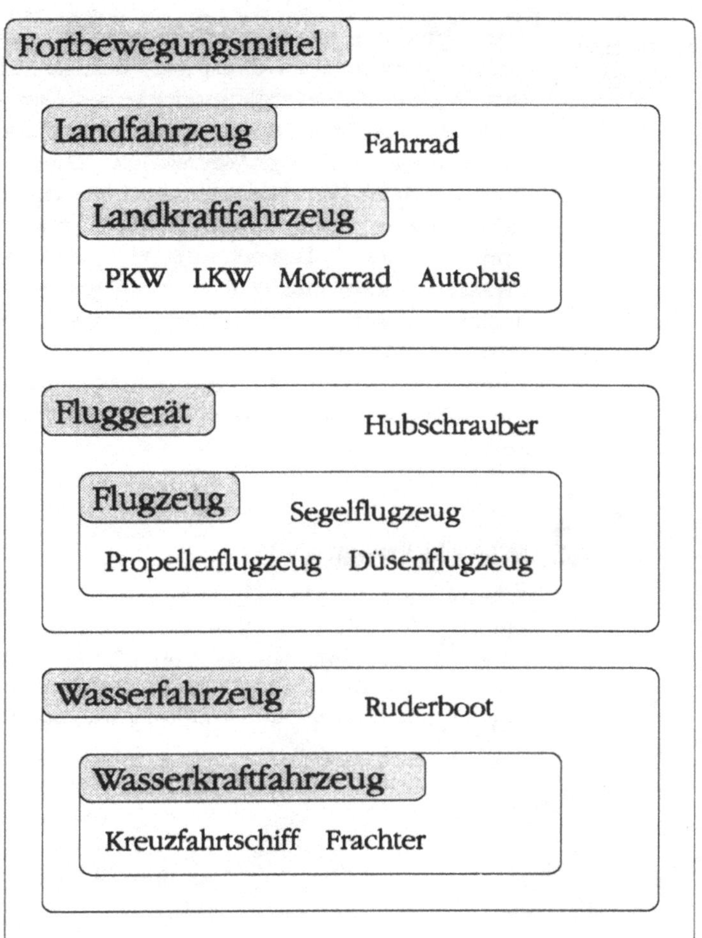

Abb. 11.1:
Fortbewegungsmittel
(einfache Vererbung)

Vererbung von
Eigenschaften

Sieben neue Begriffe wurde gebildet: Fortbewegungsmittel, Landfahrzeug, Landkraftfahrzeug, Fluggerät, Flugzeug, Wasserfahrzeug und Wasserkraftfahrzeug. Jeder dieser Begriffe steht für eine Klasse von Objekten. Jede dieser Klassen „erbt" alle Eigenschaften der übergeordneten Klasse: Ein Motorrad ist nicht nur ein Landkraftfahrzeug, sondern auch ein Landfahrzeug und damit ein Fortbewegungsmittel. Da alle Fortbewegungsmittel eine Höchstgeschwindigkeit besitzen, muß auch das Motorrad eine Höchstgeschwindigkeit aufweisen. Ebenso wird das Motorrad, wie alle Fortbewegungsmittel, beschleunigen und bremsen können. Dies ist einer der Grundgedanken des objektorientierten Programmierens, der *Vererbung* oder *Ableitung* genannt wird.

Einfache Vererbung

Die Einteilung wurde hier so gewählt, daß jeder Begriff nur genau *einen direkten Oberbegriff* besitzt. Eine Ausnahme bildet der Begriff Fortbewegungsmittel, der hier keinen Oberbegriff aufweist. Als Resultat gibt es in der Darstellung *keine Überschneidung von Begriffsbereichen*. Diese Einteilungsstrategie wird *einfache Vererbung* genannt. Bei der Betrachtung der auf diese Weise gruppierten Klassen fallen aber die etwas umständlichen Bezeichnungen „Landkraftfahrzeug" und „Wasserkraftfahrzeug" auf. Die Kategorie „Kraftfahrzeuge", die anstelle dieser Bezeichnungen verwendet werden kann, läßt sich nicht in dem Diagramm unterbringen, ohne Überschneidungen zu erzeugen. Hierzu wird eine andere Einteilungsstrategie benötigt — die *mehrfache Vererbung.*

11.2.2 Mehrfache Vererbung

Erlaubt man alle Überschneidungen, die dadurch entstehen, daß ein Begriff mehreren Oberbegriffen angehören kann, läßt sich eine übergeordnete Klasse aller „Kraftfahrzeuge" einführen. Dieser gehören außer allen Landkraftfahrzeugen und Wasserkraftfahrzeugen auch noch alle motorgetriebenen Fluggeräte an:

Abb. 11.2:
Fortbewegungsmittel
(mehrfache Vererbung)

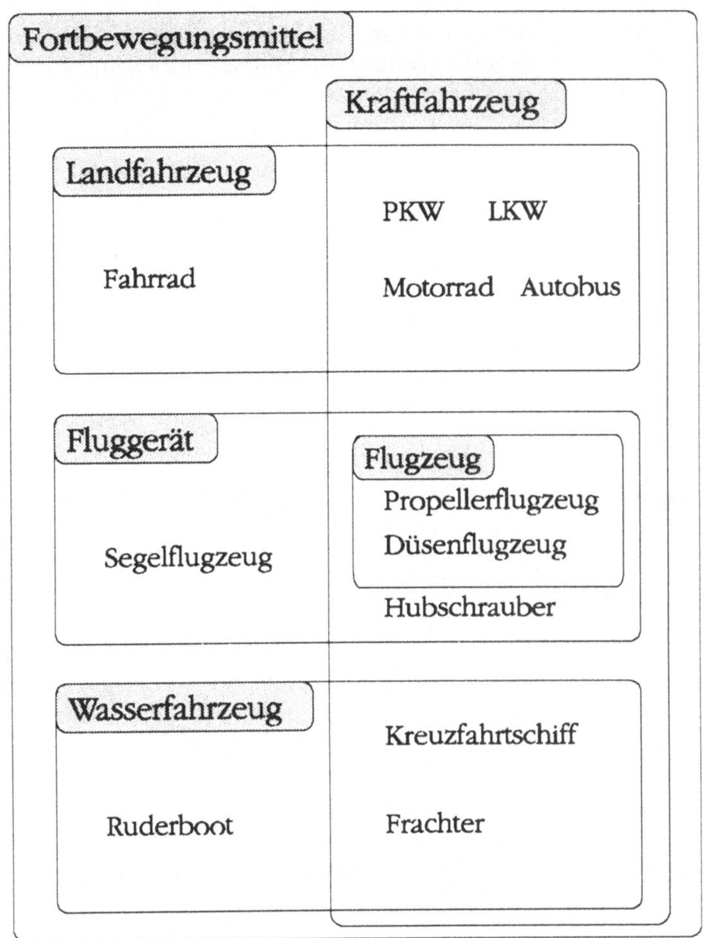

In dieser Einteilung nach dem Prinzip der *mehrfachen Vererbung* besitzt zum Beispiel der Begriff „Motorrad" zwei direkte Oberbegriffe, nämlich „Landfahrzeug" und „Kraftfahrzeug". Die Darstellung benötigt nur sechs neue (und natürlichere) Oberbegriffe, weist aber Überschneidungen auf.

Einfache oder mehrfache Vererbung?

Die gezeigten Einteilungsstrategien sind symptomatisch für zwei Grundströmungen unter den Anhängern der objektorientierten Analyse: Während die *mehrfache Vererbung* in vielen Fällen eine *natürlichere Klasseneinteilung* erlaubt, kann die *einfache Vererbung* in einigen Fällen zu *übersichtlicheren Klassenstrukturen* führen. Diese Übersichtlichkeit kann aber zu nicht unerheblicher Mehrarbeit führen: In dem Beispiel muß zum Beispiel die Aktion „Anlassen" sowohl für Landkraftfahrzeuge, als auch für Flugzeuge (aber nicht für Segelflugzeuge), für Hubschrauber und für Wasserkraftfahrzeuge spezifiziert werden. Bei mehrfacher Vererbung ist dies nur für die Klasse „Kraftfahrzeug" notwendig.

11.2.3 Turbo Pascal und die einfache Veerbung

Turbo Pascal unterstützt das Vererbungsprinzip, indem bei der Deklaration eines OBJEKTTYPS eine Oberklasse angegeben werden kann. Die Oberklasse wird im Syntaxdiagramm OBJEKTTYP (S.223) als ERBE angegeben. Das Syntaxdiagramm von ERBE wird wie folgt definiert:

Syntaxdiagramm 11.5:
ERBE

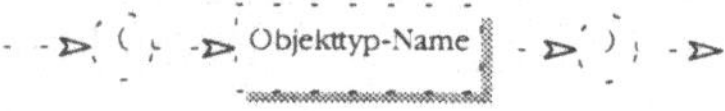

Syntaxdiagramm 11.6:
OBJEKTTYP-NAME

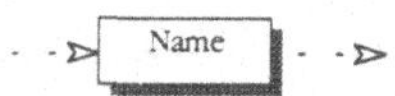

Turbo Pascal unterstützt nur die *einfache Vererbung*. Dies zeigt sich daran, daß innerhalb der „Erbenklammer" nur ein OBJEKTTYP-NAME angegeben werden kann. Neue Objektklassen, die auf diese Weise von einer bereits bestehenden Klasse „abgeleitet" werden, verfügen über alle öffentlichen Datenelemente und Routinen der Oberklasse und können zusätzlich neue Datenelemente und Routinen definieren:

```
...

TYPE
   fortbewegungsmittel =
      OBJECT

         ...
         FUNCTION  hoechstgeschwindigkeit: geschwindigkeit;
         PROCEDURE beschleunigen(auf: geschwindigkeit);
         PROCEDURE abbremsen(auf: geschwindigkeit);
      END;

   landfahrzeug =
      OBJECT(fortbewegungsmittel)
                  { Vererbung der Datenelemente und Routinen der
                    Klasse fortbewegungsmittel }

         ...
         FUNCTION anzahlRaeder: INTEGER;
         ...
      END;

   landkraftfahrzeug =
      OBJECT(landfahrzeug)
                  { Vererbung der Datenelemente und Routinen der
                    Klasse landfahrzeug }

         ...
         PROCEDURE anlassen;
         PROCEDURE abstellen;
         ...
      END;

   motorrad =
      OBJECT(landkraftfahrzeug)
                  { Vererbung der Datenelemente und Routinen der
                    Klasse landkraftfahrzeug }

         ...
         PROCEDURE init;
         PROCEDURE destroy;
         ...
      END;

   fluggeraet =
      OBJECT(fortbewegungsmittel)
                  { Vererbung der Datenelemente und Routinen der
                    Klasse fortbewegungsmittel }

         ...
      END;

   ...

VAR
   mrad:  motorrad;

BEGIN
```

```
          mrad.init;
          Writeln('Mrad hat ', mrad.anzahlRaeder, ' Räder.');
          mrad.anlassen;
          mrad.beschleunigen(50.0);
          mrad.abbremsen(0.0);
          mrad.abstellen;
          mrad.destroy;
      END.
```

Wie das Beispiel zeigt, besitzen abgeleitete Klassen alle (öffentlichen) Eigenschaften der Oberklassen: Die Klasse motorrad erbt sowohl die Aktion anlassen eines Landkraftfahrzeugs, als auch die Anfrage anzahlRaeder eines Landfahrzeugs und die Aktionen beschleunigen und abbremsen eines Fortbewegungsmittels.

11.3 Polymorphie

Das Wort *Polymorphie* bedeutet eigentlich nichts anderes als *Vielförmigkeit.* Es ist nicht verwunderlich, daß die Software-Entwicklung diesen Begriff in verschiedenen Zusammenhängen verwendet. Er tritt auf, wenn eine programmiersprachliche Konstruktion je nach Kontext unterschiedliche Bedeutungen besitzen kann[13]:

- *Automatische Typumwandlungen:*

  In Pascal ist der Ausdruck 2.0 + 3 nur deshalb zulässig, weil die ganzzahlige Konstante 3 auch überall dort stehen darf, wo eine Gleitkommakonstante erwartet wird. Sie wird dabei automatisch in die Gleitkommakonstante 3.0 umgewandelt. Ohne diese Umwandlungsregel, wäre der Unterschied zwischen 3 und 3.0 für den Compiler ebenso unüberwindlich wie der zwischen 3 und '3'. Diese Form der Polymorphie kann vom Compiler bereits zur Übersetzungszeit umgesetzt werden.

- *Überladene Operatoren:*

  In Pascal sind die Operatoren +, - und * überladene Operatoren. Sie können sowohl für ganzzahlige als auch für Gleitkommaoperanden verwendet werden. Der Ausdruck 2 + 3 führt zu einer ganzzahligen Addition, während 2.0 + 3.0 eine reellzahlige Operation bewirkt. In Turbo Pascal

---

[13] Die folgende Aufzählung orientiert sich an Luca Cardelli und Peter Wegener: *„On Understanding Types, Data Abstraction and Polymorphism".*

kann der Operator + außerdem für die Verknüpfung von Zeichenketten verwendet werden: '2' + '3' liefert die Zeichenkette '23'. Das Operatorsymbol + kann also — abhängig vom Typ der Operanden — drei verschiedene Algorithmen bezeichnen. Auch diese Form der Polymorphie wird von Turbo Pascal aufgelöst.

- *Untertypen-Polymorphie:*

  Diese Form der Polymorphie tritt auf, wenn eine Operation eines Basistyps auch für abgeleitete Untertypen gilt. Dieses Prinzip wird für Klassen und Objekte im weiteren Verlauf dieses Abschnitts erläutert, tritt aber in sehr einfacher Form schon bei Standard-Pascal auf: Folgendes Beispiel eines Teilaufzählungstyps verdeutlicht dies:

  ```
  TYPE minuten = 0..59;
  ...
  VAR m: minuten;
  ```

  Auf Werte dieses Typs können alle Operationen des „Basistyps" INTEGER angewandt werden:

  ```
  ... m := 2 * 12; m := m + 13 ...
  ```

  Auch bei dieser Form der Polymorphie ist schon während der Übersetzung entscheidbar, welche Bedeutung ein bestimmter Ausdruck hat. Wie später deutlich wird, gibt es aber Fälle, in denen die Bedeutung einer Untertyp-Polymorphie erst zur Laufzeit zu klären ist.

- *Parametrische Polymorphie:*

  In einigen Programmiersprachen ist es möglich, Prozedur-, Funktions- oder sogar Klassendeklarationen mit einem formalen Parameter zu versehen. Eine einzelne Deklaration reicht dann aus, um damit eine unendliche Anzahl von Deklarationen mit *unterschiedlichen* Typen zu ermöglichen. In solchen Sprachen kann zum Beispiel der in Kapitel "10 Modularisierung" behandelte Stack-Datentyp derart definiert werden, daß die Routinen des Moduls nicht nur auf einen bestimmten Element-Datentyp (hier war es ein STRING) festgelegt sind. Turbo Pascal unterstützt die parametrische Polymorphie nicht, wenngleich einige der Systemfunktionen als Beispiele angesehen werden, so akzeptiert die Funktion SizeOf() Parameter jeden beliebigen Typs und liefert die Anzahl der Bytes, die zur Repräsentation eines Objekts des Typs benötigt werden:

```
VAR adresse:  RECORD
                 Name: STRING[40];
                 Anschrift: STRING[80];
              END;
   ...
   groesse := SizeOf (adresse);
   ...
```

Eine Funktion, die ähnlich wie SizeOf() arbeitet, kann in
Pascal nicht vereinbart und programmiert werden und ist
daher bei Turbo Pascal fest in den Funktionsumfang der
Sprache eingebaut.

11.3.1 Polymorphie in Turbo Pascal

Die wichtigste Form der Polymorphie für die objektorientierte
Programmierung in Turbo Pascal ist die Untertypen-Polymorphie. Angenommen zwei Grafik-Objekte sind zu
programmieren. Das „Basis-Objekt" (punkt) soll einen Punkt am
Bildschirm setzen. Ein weiteres Objekt (kreis), auf dem Basis-
Objekt aufbauend, soll einen Kreis zeichnen. In diesem Beispiel
wird ein Kreis als eine Erweiterung eines Punktes angesehen:
Der Punkt bildet den Mittelpunkt des Kreises und besitzt
zusätzlich einen Radius. Folgende Vereinbarungen können dafür
angegeben werden:

```
...

USES Graph14;
...
TYPE
  z_punkt = ^punkt;
  punkt   = OBJECT
                x, y: INTEGER; { Koordinaten des Punktes }
                PROCEDURE zeichnen; { Aktion: Punkt zeichnen }
              END;

  z_kreis = ^kreis;
  kreis   = OBJECT(punkt)
                radius: INTEGER; { Radius des Kreises }
                PROCEDURE zeichnen; { Aktion: Kreis zeichnen }
              END;

PROCEDURE punkt.zeichnen;
BEGIN
   PutPixel(x, y, White);  { Zeichne einen weißen Punkt }
END;  { punkt.zeichnen }

PROCEDURE kreis.zeichnen;
BEGIN
   SetColor(White);
   Circle(x, y, radius);  { Zeichne einen weißen Kreis }
END;  { kreis.zeichnen }

VAR
   pu:         punkt;
   kr:         kreis;
   ein_zeiger,     { wird später benötigt ! }
   pu_zeiger:  z_punkt;
   kr_zeiger:  z_kreis;
...
```

Entsprechend den bisher bekannten Zuweisungsregeln sind Zuweisungen der folgenden Form verboten, da sich die zugrundeliegenden Typen unterscheiden:

```
kr := pu;                  { VERBOTEN ! }
...
kr_zeiger := pu_zeiger;  { VERBOTEN ! }
```

Neu ist allerdings, daß die umgekehrten Zuweisungen erlaubt sind:

---

14 Es werden hier einige Prozeduren aus der Turbo Pascal UNIT Graph verwendet. PutPixel() setzt einen Punkt auf dem Grafikbildschirm, SetColor() setzt die aktuelle Zeichenfarbe und Circle() zeichnet einen Kreis in der aktuellen Zeichenfarbe, wobei Kreisursprung und Radius als Parameter übergeben werden. Näheres kann dem Turbo Pascal Referenzhandbuch entnommen werden. Diese Prozeduren sind unter MS-Windows nicht verfügbar.

```
pu := kr;                   { ERLAUBT ! }
...
pu_zeiger := kr_zeiger;     { ERLAUBT ! }
```

Zuweisung von Objekt an Oberklassenobjekt

Bei der Zuweisung pu := kr werden alle Datenelemente kopiert, die in der Definition der Basisklasse vorkommen, und damit durch die Vererbung auch in der Definition der abgeleiteten Klasse enthalten sind. In diesem Fall werden also die x- und y-Koordinaten von kr kopiert, nicht jedoch das radius-Element, denn pu besitzt kein solches Element.

Grundsätzlich darf jedem Zeiger/Instanz einer Basisklasse ein Zeiger/Instanz eines Objekts irgendeiner von der Basisklasse abgeleiteten Klasse zugewiesen werden. Dies entspricht dem in Abschnitt „3.2 Objektorientierte Programmentwicklung" eingeführten Konzept der „ist-Beziehung": Jedes kreis-Objekt *ist* auch ein punkt-Objekt (mit einem zusätzlichen Radius). Im Gegensatz dazu ist aber nicht jedes punkt-Objekt auch ein kreis-Objekt.

Explizite Zeiger-Konvertierung

Gelegentlich ist es aber wünschenswert, eine „umgekehrte" Zuweisung durchführen zu können: Wenn zum Beispiel absolut sicher ist, daß ein_zeiger auf ein kreis-Objekt zeigt. In solchen Fällen erlaubt Turbo Pascal die *explizite Konvertierung* von Zeigern:

```
kr_zeiger := z_kreis(ein_zeiger);
```

Hierbei wird nun der punkt-Zeiger, der eigentlich auf ein kreis-Objekt zeigt, in einen kreis-Zeiger verwandelt, der dann an kr_zeiger zugewiesen werden kann. Die explizite Konvertierung sollte aber nur in Ausnahmesituationen verwendet werden, denn wenn in der obigen Zuweisung ein_zeiger nicht auf einen kreis, sondern auf einen punkt zeigt, kann die Benutzung dieses Zeigers nicht vorhersehbare Resultate, bis hin zum Programmabsturz, hervorbringen.

Die Zuweisung von Instanzen abgeleiteter Klassen zu Zeigern der Oberklasse erlaubt die einheitliche Behandlung unterschiedlicher Objekte. Um den vollen Nutzen dieser Einrichtung zu erkennen, muß allerdings noch ein zusätzlicher programmiersprachlicher Mechanismus eingeführt werden, nämlich der der *virtuellen Routinen.*

11.3.2 Virtuelle Prozeduren und Funktionen

Für das bessere Verständnis des Konzepts der virtuellen Routinen dient zunächst folgendes Programmsegment:

```
pu_zeiger   := New(z_punkt);
kr_zeiger   := New(z_kreis);
ein_zeiger := kr_zeiger;  { ERLAUBT ! }

ein_zeiger^.zeichnen;
```

Was bedeutet der Prozeduraufruf in der letzten Zeile? Welche Version der Prozedur `zeichnen` wird aufgerufen? Obwohl die Variable `ein_zeiger` zur Zeit des Aufrufs auf ein `kreis`-Objekt zeigt, wird trotzdem die Prozedur `punkt.zeichnen` aufgerufen. Denn: `zeichnen` wurde in beiden Klassen als *statische Prozedur* vereinbart; alle bisher betrachteten Funktionen und Prozeduren werden im Unterschied zu den im folgenden betrachteten *virtuellen Routinen* als *statische Routinen* bezeichnet. Dadurch wird die aufzurufende Prozedur vom Compiler zur Übersetzungszeit festgelegt, und zwar abhängig vom Typ der *Variablen,* für welche die Prozedur aufgerufen wird. Im Beispiel ist `ein_zeiger` ein Zeiger auf ein `punkt`-Objekt, also wird grundsätzlich `punkt.zeichnen` angenommen. Oft ist es hingegen wünschenswert, daß der tatsächliche Typ des *Objekts* über die aufzurufende Prozedur entscheidet. Dies läßt sich dadurch erreichen, daß die Prozeduren der Objekte (hier `zeichnen`) mittels des Schlüsselworts `VIRTUAL` als *virtuelle Prozeduren* deklariert werden:

```
...
PROCEDURE zeichen; VIRTUAL;
...
```

Die Funktionsweise virtueller Routinen

Beim Aufruf von virtuellen Prozeduren über einen Zeiger, wird erst zur Laufzeit entschieden, welche Prozedur tatsächlich aufgerufen wird. Dabei ist der Typ des Objekts entscheidend, auf das die Prozedur angewendet wird.

```
...
ein_zeiger := pu_zeiger; {ein_zeiger zeigt auf einen Punkt}
ein_zeiger^.zeichnen;    {ruft punkt.zeichnen auf}
ein_zeiger := kr_zeiger; {ein_zeiger zeigt jetzt auf einen Kreis}
ein_zeiger^.zeichnen;    {ruft jetzt kreis.zeichnen auf}
...
```

Syntaktisch taucht das Schlüsselwort VIRTUAL in der METHODENLISTE auf. Sie wiederum ist Bestandteil der KOMPONENTENLISTE. Die KOMPONENTENLISTE findet Verwendung in den Syntaxdiagrammen OBJEKTTYP (S.223) und KOMPONENTENBEREICH (S.230):

Syntaxdiagramm 11.7:
KOMPONENTENLISTE

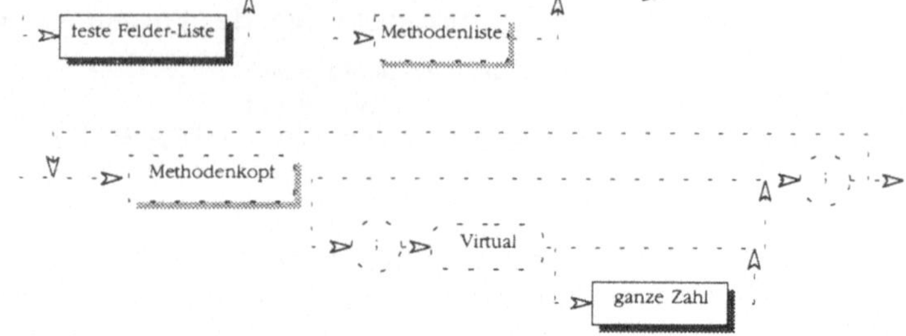

Syntaxdiagramm 11.8:
METHODENLISTE

Bei der Verwendungen von virtuellen Prozeduren oder Funktionen gilt es allerdings eine technische Einschränkung von Turbo Pascal zu berücksichtigen: Bevor für ein Objekt eine virtuelle Routine aufgerufen wird, muß dieses Objekt mit einem Konstruktor initialisiert werden! Die Nichtbefolgung dieser Regel wird vom Compiler nicht entdeckt und kann zu Programmabstürzen führen. Da die Verwendung von Konstruktoren aber fast immer sinnvoll ist, stellt diese Einschränkung kein großes Hindernis dar. Obiges Beispiel muß demnach noch um die Angabe von Konstruktoren erweitert werden, so daß folgendes Programm entsteht:

```
...
USES Graph

TYPE
   z_punkt = ^punkt;
   punkt   = OBJECT
                x, y: INTEGER;
                CONSTRUCTOR init(xi, yi: INTEGER);
                PROCEDURE   zeichnen; VIRTUAL;
             END;

   z_kreis = ^kreis;
   kreis   = OBJECT(punkt)
                radius: INTEGER;
                CONSTRUCTOR init(xi, yi, ri: INTEGER);
                PROCEDURE   zeichnen; VIRTUAL;
             END;

CONSTRUCTOR punkt.init(xi, yi: INTEGER);
BEGIN
  x := xi;
```

```
    y := yi;
END;  { punkt.init }

PROCEDURE punkt.zeichnen;
BEGIN
  PutPixel(x, y, White);
END;  { punkt.zeichnen }

CONSTRUCTOR kreis.init(xi, yi, ri: INTEGER);
BEGIN
  punkt.init(xi, yi);
  radius := ri;
END;  { kreis.init }

PROCEDURE kreis.zeichnen;
BEGIN
  SetColor(White);
  Circle(x, y, radius);
END;  { kreis.zeichnen }

VAR
   ein_zeiger,
   pu_zeiger:  z_punkt;
   kr_zeiger:  z_kreis;

BEGIN
  pu_zeiger  := New(z_punkt, init(10,50)); { neuer Punkt }
  kr_zeiger  := New(z_kreis, init(100,100,50)); { neuer Kreis }
  ein_zeiger := pu_zeiger;
                      { ein_zeiger zeigt jetzt auf einen Punkt. }
  ein_zeiger^.zeichnen;   { ruft punkt.zeichnen auf }
  ein_zeiger := kr_zeiger;
                      { ein_zeiger zeigt jetzt auf einen Kreis ! }
  ein_zeiger^.zeichnen;   { ruft kreis.zeichnen auf ! }
END.
```

Polymorphie und
Wiederverwendung

Polymorphie kann einen wichtigen Teil zur erhöhten Wiederverwendbarkeit von Objekten beitragen. Angenommen, eine Firma habe von einem Softwarehersteller zwei Bibliotheksmodule gekauft:

- Ein „Geometriemodul", welches die obigen Definitionen für punkt und kreis enthält.

- Ein „Grafikmodul", welches unter anderem in der Lage ist, Listen von Zeigern auf punkt-Objekte aufzubauen und auf dem Bildschirm auszugeben, indem die zeichnen-Prozeduren der Objekte aufgerufen werden.

Die Quelltexte dieser Module wurden der Firma nicht ausgeliefert. Zusätzlich zu Punkten und Kreisen seien seitens der Nutzer auch noch Quadrate benötigt. Das Problem ließe sich dann mit folgenden Definitionen lösen:

```
TYPE
  z_quadrat = ^quadrat;
  quadrat   = OBJECT(punkt)
                  { Ein Quadrat hat einen Mittelpunkt }
                  { ... und einen Radius }
                  {      (=halbe Seitenlänge) }
                radius: INTEGER;
                CONSTRUCTOR init(xi, yi, ri: INTEGER);
                PROCEDURE   zeichnen; VIRTUAL;
              END;

CONSTRUCTOR quadrat.init(xi, yi, ri: INTEGER);
BEGIN
  punkt.init(xi, yi);   { Initialisiere den Punktteil }
  radius := ri;         { Speichere den Radius }
END;  { quadrat.init }

PROCEDURE quadrat.zeichnen;
BEGIN
  SetColor(White);
  MoveTo(x-radius, y-radius);
  LineTo(x+radius, y-radius);
  LineTo(x+radius, y+radius);
  LineTo(x-radius, y+radius);
  LineTo(x-radius, y-radius);
END;  { quadrat.zeichnen }
```

Aufgrund der Definitionen im Geometriemodul kann eine Quadrat-Klasse definiert werden, die von der Punktklasse abgeleitet ist. Es können nun Quadrat-Instanzen erzeugt und Zeiger auf diese Instanzen an alle Routinen des Grafikmoduls übergeben werden, die einen Zeiger auf einen Punkt erwarten.

```
          . . .
VAR liste: grafikListe;
    pu:    z_punkt;
    kr:    z_kreis;
    qu:    z_quadrat;

BEGIN
    . . .
    { Erzeuge ein paar Objekte: }
  pu := New(z_punkt,   init(100, 100));
  kr := New(z_kreis,   init(100, 100, 50));
  qu := New(z_quadrat, init(100, 100, 50));
    { Füge die Objekte in eine Liste ein: }
  liste.hinzufuegen(pu);
  liste.hinzufuegen(kr);
  liste.hinzufuegen(qu);
    { Zeichne alle Objekte in der Liste: }
  liste.zeichnen;
    . . .
END.
```

In diesem Beispiel sei `grafikListe` ein im Grafikmodul definierter Datentyp. Dessen Prozedur `hinzufuegen` erwartet einen Zeiger auf ein `punkt` Objekt als Parameter. Damit sind auch Zeiger auf Instanzen aller abgeleiteten Klassen und daher auch Zeiger auf `quadrat` erlaubt. Wenn nun die Ausgabeprozedur `zeichnen` des `grafikListe`-Objekts die Prozedur `zeichnen` für einen solchen Zeiger aufruft, wird ein Quadrat auf dem Bildschirm gezeichnet, *obwohl der Code für das Zeichnen eines Quadrats erst nach dem Grafikmodul entstanden ist, denn das Grafikmodul muß nicht neu übersetzt werden!*

Warum sind nicht alle Routinen virtuell?

Es stellt sich nun die Frage, warum bei den genannten Vorteilen Turbo Pascal-Routinen nicht grundsätzlich als virtuell angenommen werden, anstatt das zusätzliche Schlüsselwort `VIRTUAL` zu erfordern[15]. Zum einen ist der Aufruf einer virtuellen Routine technisch etwas aufwendiger als der einer statischen Routine: Die Adresse des anzuspringenden Maschinencodes muß erst einer Tabelle entnommen werden, die jeder Klasse zugeordnet ist. Infolgedessen dauert der Aufruf einer virtuellen Routine auch geringfügig länger. Zum anderen erfordert die Implementierung von virtuellen Routinen in Turbo Pascal den Aufruf eines Konstruktors vor der ersten Benutzung einer virtuellen Routine. Trotzdem sollten virtuelle Routinen nicht allzu

---

[15] Tatsächlich sind in einigen objektorientierten Programmiersprachen, wie zum Beispiel Smalltalk, grundsätzlich alle Routinen virtuell.

zurückhaltend verwendet werden, denn der Unterschied im Laufzeitverhalten ist minimal und die Verwendung von Konstruktoren ist ohnehin in vielen Fällen sinnvoll.

12   Ein vollständiges Beispiel

Bisher wurden die neu eingeführten Konzepte der objektorientierten Programmierung anhand von kurzen und knappen Programmfragmenten erläutert. Ein umfangreicheres Beispiel soll nun die Praxistauglichkeit der neuen Verfahren demonstrieren. Es handelt sich um ein einfaches Auftragsbearbeitungsprogramm. Der begrenzte Rahmen dieses Buches gebietet es, sich auf eine einfache Funktionalität zu beschränken. Sicherlich entsteht damit keine marktfähige Auftragsbearbeitungs-Software. Das entwickelte Programm könnte jedoch tatsächlich als Grundgerüst einer solchen kommerziellen Software dienen.

Aufgabenstellung Die Definition der Aufgabenstellung erfolgt über ein fiktives Gespräch mit einem Auftraggeber. Diese habe die Auftragsbearbeitung in seinem Betrieb folgendermaßen beschrieben:

> *„Wir beschäftigen eine Reihe von Mitarbeitern, von denen einige als Vertreter tätig sind. Diese führen Gespräche mit unseren Kunden und erstellen daraufhin Angebote. In jedem Angebot können ein oder mehrere unserer Produkte als Auftragspositionen erscheinen. Wenn der Kunde mit dem Angebot zufrieden ist, erteilt er uns einen entsprechenden Auftrag. Sobald die Auslieferung erfolgt, wird ein Lieferschein erstellt und vermerkt, daß eine bestimmte Produktmenge aus dem Lager entfernt wurde. Gleichzeitig wird für den Kunden eine Rechnung ausgestellt. Dem zuständigen Vertreter wird eine seinem Provisionssatz entsprechende Provision gutgeschrieben, welche ihm zusätzlich zum normalen Lohn ausgezahlt wird.“*

Ausgehend von dieser Beschreibung kann nun eine Problemanalyse, ein Programmentwurf und eine entsprechende Implementierung durchgeführt werden.

12.1   Problemanalyse

Die Problemanalyse identifiziert zunächst die verschiedenen Objektklassen und ihre gegenseitigen Beziehungen (vgl. auch

Abschnitt „3.2 Objektorientierte Programmentwicklung"). Dabei hilft eine Orientierung an den in der Problembeschreibung auftauchenden Substantiven. Das erste Ergebnis dieser Analyse könnte die folgende Abbildung sein:

Abb. 12.1:
Objektstruktur für die
Auftragsbearbeitung

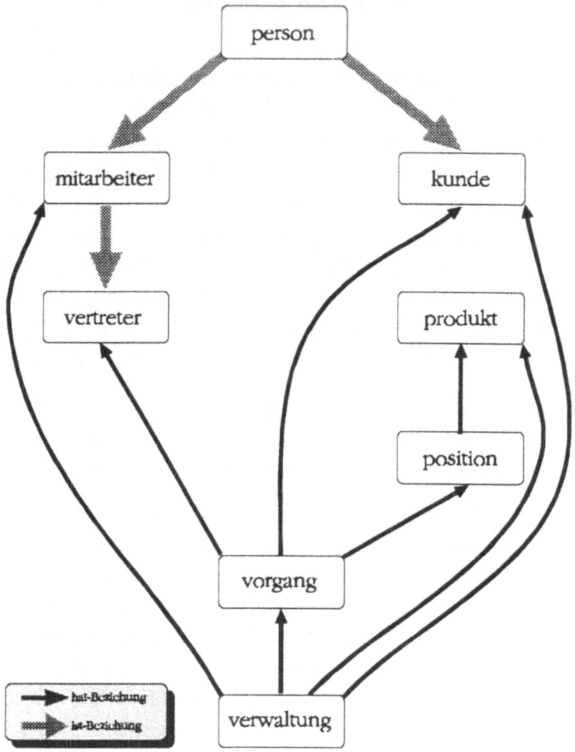

Personen

Bei der Betrachtung der Problembeschreibung fällt zunächst auf, daß hier von einer Reihe von Personen die Rede ist, nämlich von *Mitarbeitern, Vertretern* und *Kunden.* Die Einführung einer Basisklasse person erscheint daher naheliegend. Darüber hinaus ist aber jeder Vertreter gleichzeitig auch ein Mitarbeiter, so daß mitarbeiter als Basisklasse von vertreter festgehalten worden ist.

Vorgänge

Auf ähnliche Weise ist von Angeboten, Aufträgen, Lieferscheinen und Rechnungen die Rede. Anstatt diese wie bei den Personen als Ableitungen einer Basisklasse vorgang einzuführen, wurde hier nur die Klasse vorgang, jedoch keine Ableitungen eingeführt. Der Grund hierfür ist, daß die genannten Vorgangsarten eher *Stadien* während der Abwicklung eines Vertriebsprojekts darstellen, die auch an eine bestimmte Reihenfolge gebunden sind: Es macht zum Beispiel keinen Sinn, eine Rechnung zu schreiben, bevor der Kunde einen Auftrag erteilt hat. Es wurde deshalb nur eine Klasse für den Gesamtvorgang eingeführt, während das aktuelle Vorgangsstadium durch ein Attribut abgebildet wird (siehe unten). Eine Voraussetzung hierfür war auch, daß sich ein Vorgang im Angebotsstadium ansonsten nicht von einem Vorgang im Auftrags- oder Rechnungsstadium unterscheidet. Hingegen unterscheidet sich ein Vertreter von einem normalen Mitarbeiter zum Beispiel in der Art seiner Lohnabrechnung, so daß hier eine „Attributlösung" nicht angebracht gewesen wäre.

Beziehungen zwischen den beteiligten Objekten

Jeder vorgang enthält als Bestandteile einen Verweis auf den zuständigen vertreter, den betroffenen kunden und eine beliebige Anzahl von Vorgangspositionen. Jede position verweist wiederum auf ein bestimmtes produkt. Zu beachten ist, daß hier die hat-Beziehung eine etwas andere Bedeutung hat, als beim früheren Telefonbeispiel: Eine Tür war Bestandteil genau einer Telefonzelle. Ein produkt kann jedoch Bestandteil mehrerer Positionen und damit mehrerer Vorgänge sein. Außerdem kann ein vorgang viele positionen enthalten, ohne daß dafür entsprechend viele Pfeile gezeichnet werden müssen. Das hier gezeigte Diagramm hält nur die Grundbeziehungen fest, ohne auf Details einzugehen. Für ausdrucksfähigere Diagrammtechniken sei hier auf die im Literaturverzeichnis aufgeführten Werke von Coad, Yourdon, Booch und Rumbaugh verwiesen.

Verwaltung

Die Problembeschreibung enthält keine Angaben darüber, wer einige der dort genannten Aktionen („... wird ... eine Rechnung ausgestellt.", „... wird ... gutgeschrieben.") durchführt. Im „wirklichen Leben" müßten diese Punkte mit dem Auftraggeber geklärt werden. Für dieses Beispiel sei vereinfachend vorausgesetzt, daß diese Aktionen von einer verwaltung ausgeführt werden. Sie möge Informationen über alle mitarbeiter, kunden, produkte und vorgänge besitzen.

Nachdem nun eine erste Klassenstruktur erstellt worden ist, kann das Diagramm mit Informationen über das gewünschte Verhalten der Objekte erweitert werden (aus Gründen der Übersichtlichkeit werden in diesem und den folgenden Diagrammen nur noch die ist-Beziehungen dargestellt).

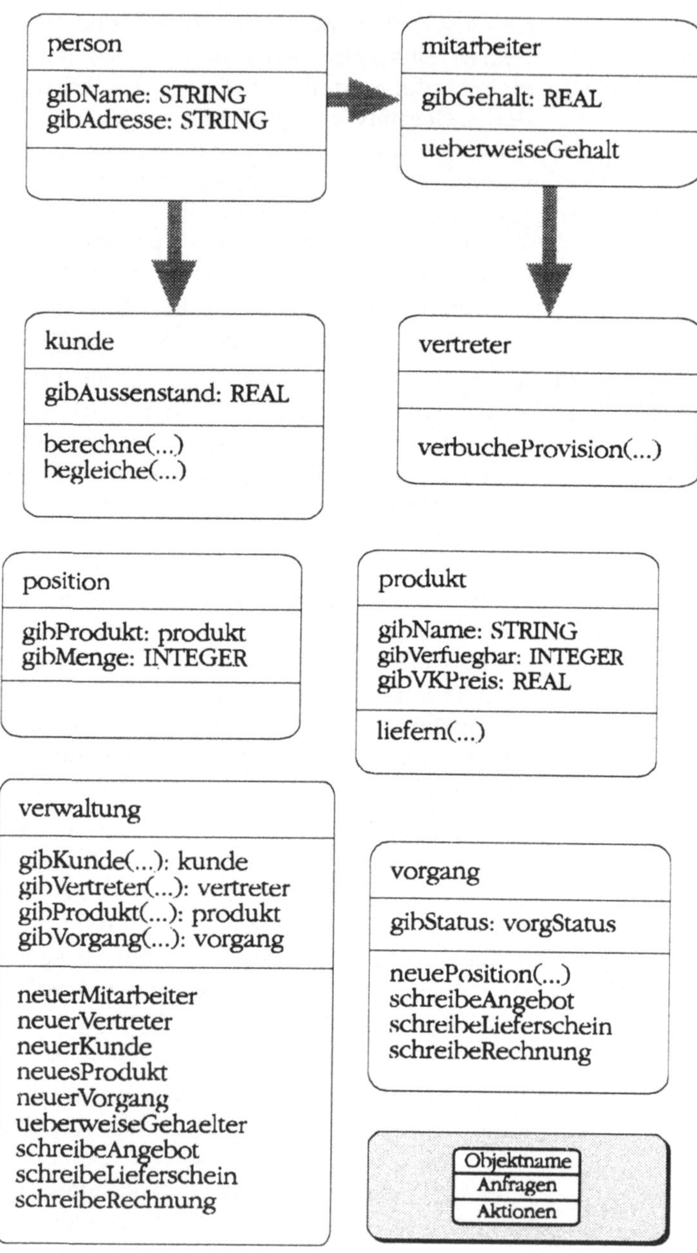

Abb. 12.2:
Verfeinerte
Objektstruktur

Eigenschaften von
Personen

Im Rahmen des Auftragsbearbeitungsbeispiels interessieren von einer Person lediglich der Name und die Adresse. Jede person-Instanz sollte daher auf die Anfragen `gibName` und `gibAdresse` reagieren. Dabei werden sowohl der Name als auch die Adresse jeweils durch einfache Zeichenketten repräsentiert. Jede `mitar-beiter`-Instanz, und damit auch Instanzen der Klassen `vertreter` und `kunde` reagieren durch die Vererbung ebenfalls auf diese Anfragen. Explizit muß dieses im Diagramm nicht angegeben werden.

Ein `mitarbeiter` unterscheidet sich von einer `person` durch sein Gehalt, das er regelmäßig erhält. Das Grundgehalt eines Mitarbeiters kann hierzu mit `gibGehalt` abgefragt werden. Die Aktion `ueberweiseGehalt` erlaubt es der Personalbuchhaltung, das Gehalt eines Mitarbeiters auf dessen Konto zu überweisen. Bei `vertretern` kommen dabei zum Grundgehalt noch alle Provisionen dazu, die seit der letzten Gehaltsüberweisung mit `verbucheProvision` gewährt worden sind.

Für jeden Kunden wird ein internes Kundenkonto geführt. Es kann durch `berechne` mit einem bestimmten Betrag belastet und mit `begleiche` entsprechend entlastet werden. Die Anfrage `gibAussenstand` liefert den noch ausstehenden Betrag.

Eigenschaften von Produkten

Von jeder `produkt`-Instanz können der Produktname, die verfügbare Stückzahl, sowie der Stück-Verkaufspreis abgefragt werden. Eine Aktion `liefern` kann benutzt werden, um den Abgang einer bestimmten Produktstückzahl zu vermerken. Der gesamte Bereich des Einkaufs, sowie die Verwaltung von Massengütern, soll an dieser Stelle vernachlässigt werden.

Eigenschaften von Positionen

Eine `position` ist gekennzeichnet durch ein `produkt` und eine Bestellmenge. Über `gibProdukt` und `gibMenge` können sie ermittelt werden. `positionen` sind Bestandteile von `vorgängen`, die jeweils durch einen Vorgangsstatus, wie zum Beispiel „angeboten", „geliefert" oder „berechnet", charakterisiert sind. Zusätzlich zu einer entsprechenden Anfrage sind Aktionen nötig, um Angebote, Lieferscheine und Rechnungen zu schreiben.

Eigenschaften der Verwaltung

Eine `verwaltungs`-Instanz soll mit der Verwaltung von Mitarbeitern, Vertretern, Kunden, Produkten und Vorgängen betraut werden. Hierzu sind Aktionen notwendig, um neue Instanzen dieser Klassen zu erzeugen, Angebote, Lieferscheine und Rechnungen zu schreiben, sowie die Gehälter zu überweisen. Eine darüber hinausgehende Pflege der verwalteten Daten, wie zum Beispiel Adressänderungen oder Verkaufspreiskorrekturen, sollen hier nicht behandelt werden.

Überarbeiten der Klassenstruktur

Hier endet die Problemanalyse. Normalerweise ist dies ein guter Zeitpunkt, um die Klassenstruktur nochmals zu überarbeiten.

Bei der Analyse von Objektverhalten zeigen sich nämlich häufig neue Gemeinsamkeiten, welche die Einführung neuer Klassen oder andere Änderungen an der Klassenstruktur rechtfertigt. Im Beispiel taucht an mehreren Stellen das Konzept eines *Kontos* auf, das durchaus ein lohnenswerter Kandidat für eine eigene Klasse wäre. Im Hinblick auf die hier durchgeführten, didaktischen Vereinfachungen bleibt die gezeigte Struktur jedoch unverändert.

12.2 Programmentwurf

Die Problemanalyse konzentrierte sich auf den untersuchten Problembereich. Der Programmentwurf dagegen wendet sich der Software-Umsetzung der Problemlösung zu. Folgende Punkte sind dabei von besonderem Interesse:

- *Benutzerinteraktion*
  Es muß entschieden werden, in welcher Form die Kommunikation zwischen Benutzer und Programm ablaufen soll. Möglichkeiten wäre eine Kommandosprache in einer zeichenorientierten Umgebung oder eine grafische Oberfläche mit Maussteuerung.

- *Datenverwaltung*
  Die geforderten Such- und Verwaltungsoperationen auf bestimmten Datenmengen bedingen verschiedene Formen der Datenrepräsentation, -strukturierung und -speicherung. Hierzu gehört zum Beispiel auch die Verwaltung von Dateien oder anderen externen Speichermedien.

Die Berücksichtigung dieser Aspekte bewirkt eventuell Änderungen an der bestehenden Klassenstruktur. Anfragen und Aktionen könnten hinzukommen, völlig neue Klassen könnten entstehen. Der Programmentwurf liefert eine Klassenstruktur, die möglichst direkt in ein Programm umzusetzen wäre.

Entwurf der Benutzungsoberfläche
Für das Beispiel wird eine möglichst einfach zu implementierende zeichenorientierte Benutzungsoberfläche gewählt. Ausgangspunkt für die Benutzerinteraktion soll ein Auswahlmenü sein. Aus ihm kann der Benutzer verschiedene Kommandos auswählen. Ein solches `verwaltungsMenue` kann als ein `verwaltungs`-Objekt mit hinzugefügter Interaktion betrachtet werden. Somit gilt es, eine neue Klasse `verwaltungsMenue` einzuführen, die

von verwaltung abgeleitet ist und eine zusätzliche Aktion interagiere besitzt.

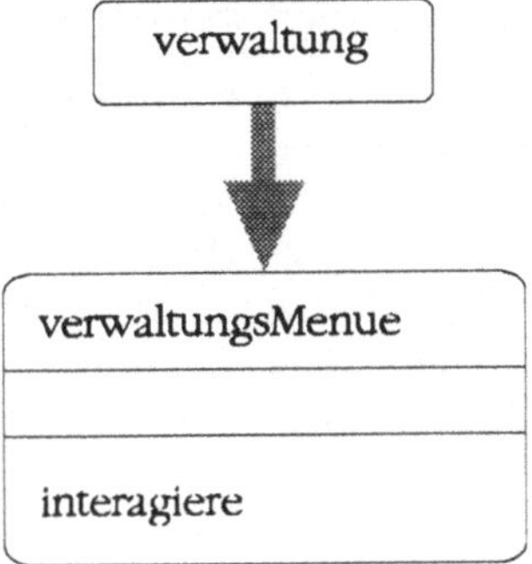

Abb. 12.3:
Hinzufügen der
Benutzungsoberfläche

Trennung von
Interaktion und
Funktion

Auf diese Weise wurde die Benutzerinteraktion deutlich von der problemorientierten Komponente verwaltung getrennt. Dies ist ein wichtiger Aspekt beim Entwurf interaktiver Programme. Dadurch wird es wesentlich einfacher, ein existierendes Programm mit einer neuen Benutzungsoberfläche zu versehen. Sollte die Auftragsbearbeitung alternativ mit einer zeichenorientierten oder mit einer grafischen Oberfläche mit Fenstern arbeiten können, wäre nur folgende Änderung der Klassenstruktur notwendig:

Abb. 12.4:
Mehrere Interaktions-
varianten

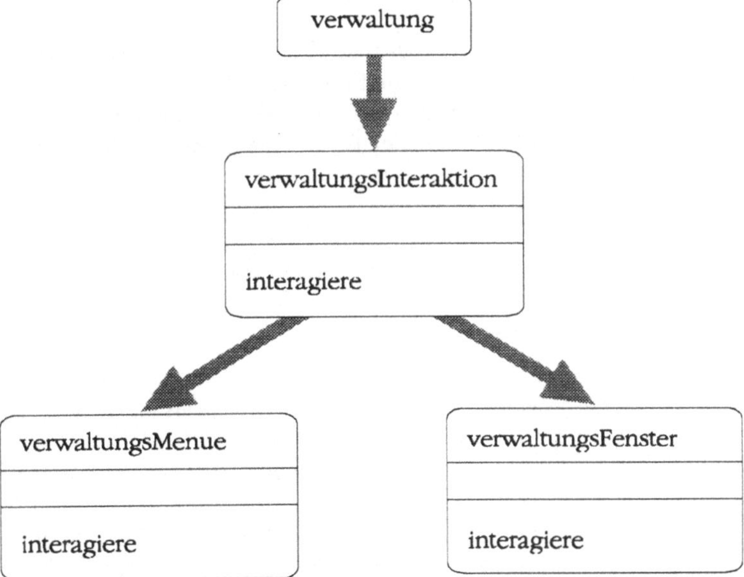

Die Klasse `verwaltungsInteraktion` deklariert hier die Prozedur `interagiere`, die sowohl von `verwaltungsMenue` als auch von `verwaltungsFenster` implementiert werden muß.

Im Beispiel soll jedoch die Trennung von Benutzungsoberfläche und problemorientierten Klassen aus Platzgründen nicht weiter fortgeführt werden. Vielmehr ist dafür zu sorgen, daß jedes Objekt einen Konstruktor erhält, der bei der Erzeugung einer Instanz alle relevanten Informationen vom Benutzer erfragt. Wird zum Beispiel eine neue `position` erzeugt, muß der Benutzer die Produktbezeichnung und die Bestellmenge über die Tastatur eingeben. Bei der Erzeugung einer neuen `mitarbeiter`-Instanz wird zunächst der `person`-Konstruktor ausgeführt, der vom Benutzer den Namen sowie die Adresse der neuen Person erfragt, gefolgt vom `mitarbeiter`-Konstruktor, der dann abschließend den Benutzer das Gehalt des `mitarbeiters` eingeben läßt. Dieses Verfahren ist sicher für ein kommerzielles Programm nicht ohne weiteres brauchbar, führt jedoch hier zu einem sehr kurzen und leicht verständlichen Programm.

Entwurf der Datenverwaltung

Zum Thema der Datenverwaltung gehören sowohl die internen Datenstrukturen des Programms, als auch die Verwaltung von Dateien, mit denen diese Datenstrukturen dauerhaft festgehalten werden können. Auf letzteres wird im Beispiel zunächst verzichtet. Eine einfache Dateiverwaltung unter Verwendung einer einfachen, sequentiellen Datei könnte aber dadurch eingeführt werden, daß alle speicherbaren Objekte zwei zusätzliche Aktionen erhalten: Einen Konstruktor `lesen`, der das Objekt aus der Datei liest, und eine Aktion `speichern`, welche die Daten eines Objekts in der Datei ablegt. Beiden Routinen wird hierzu jeweils ein Datei-Parameter übergeben. Bei Objekten, die Zeiger auf weitere Objekte enthalten, werden außerdem die entsprechenden `lesen`- und `speichern`-Aktionen ausgeführt, so daß auf der obersten Ebene ein einziger Aufruf von `verwaltung.lesen`, bzw. `verwaltung.speichern` genügt, um die gesamte Datei einzulesen, bzw. abzuspeichern.

Listen von Objekten

Für die interne Datenverwaltung ist von Bedeutung, daß sowohl `verwaltungs-` als auch `vorgangs`-Instanzen Listen von anderen Objekten (`kunden`, `mitarbeiter`, `produkte`, `vorgänge` und `positionen`) beinhalten. Es liegt nahe, hier eine neue Klasse `Liste` einzuführen. Turbo Pascal gestattet jedoch nur die Definition von Listenklassen für Elemente eines bestimmten Typs (z.B. `kunden-Liste`) oder ganz allgemein für Elemente des besonderen Zeigertyps POINTER, der mit allen Zeigern kompatibel ist[16]. Die erste Lösung ist hier zu aufwendig. Die zweite Lösung hat den Nachteil, daß keine Typüberprüfungen möglich sind. Ein Kompromiß könnte darin bestehen, zunächst eine allgemeine Listenklasse mit POINTER-Elementen zu implementieren. Dann wären von dieser Klasse weitere Listenklassen abzuleiten (z.B. kundenListe), deren Anfragen und Aktionen lediglich die entsprechenden Routinen der POINTER-Liste aufrufen. Bei der Benutzung der abgeleiteten Klassen wäre die Typenüberprüfung damit gewährleistet. Da aber auch diese Lösung für das Beispiel zu aufwendig ist, werden einfache Felder für die interne Datenhaltung verwendet. Hier muß allerdings darauf hingewiesen werden, daß die dabei notwendigen festen oberen Feldgrenzen wirklich nur für ein Beispielprogramm tragbar sind.

Wiederfinden von Daten über Kürzel In einigen Situationen muß sich der Benutzer des Programms auf Daten beziehen, die zuvor eingegeben worden sind. Beim Anlegen eines neuen Vorgangs muß er u.a. angeben, an welchen Kunden das Angebot zu richten ist. Nach bisheriger Analyse ist dies nur möglich, indem der volle Name des Kunden eingegeben wird. Dies ist aber nicht nur sehr mühsam und fehleranfällig, es könnte auch vorkommen, das zwei verschiedene Kunden den Namen „Hans Müller" tragen. Es ist deshalb sinnvoll, ein „Kundenkürzel" einzuführen, welches jeden Kunden eindeutig identifiziert. Die beiden Kunden mit dem Namen „Hans Müller" können dann zum Beispiel die Kürzel „müllerh1" und „müllerh2" erhalten. Da dieselbe Argumentation auch für alle Mitarbeiter gilt, ist das Kürzel-Attribut gleich bei der Basisklasse person einzuführen. Dazu wird um eine Anfrage gibNummer erweitert (da in der Praxis auch dann von einer „Kundennummer" die Rede ist, wenn es sich um eine alphanumerische „Nummer" handelt, kann hier die Formulierung „Nummer" anstatt „Kürzel" gewählt werden). Dasselbe Problem tritt außerdem auch bei Produkten und Vorgängen auf. Hier werden ebenfalls neue Anfragen produkt.gibNummer und vorgang.gibNummer eingeführt. Eine weitere Vereinfachung läßt sich erreichen, indem die Vorgangsnummern tatsächlich durch ganze Zahlen dargestellt werden. Vorgangspositionen werden im

---

16 Andere Programmiersprachen, wie zum Beispiel C++ und Eiffel, erlauben die Definition von *generischen Klassen,* die mit einem Datentyp parametrisiert werden können. Dies erlaubt eine elegante Formulierung von Listen und ähnlichen allgemeinen Datenstrukturen. Siehe M. A. Ellis, B. Stroustrup: *„The Annotated C++ Reference Manual"* und B. Meyer: *„Object-oriented Software Construction".*

Beispiel nur sequentiell angesprochen. Somit kann hier auf eine Positionsnummer verzichtet werden.

Damit sind die Überlegungen zum Programmentwurf abgeschlossen. Das Bild zeigt die Klassenstruktur mit allen während des Entwurfs durchgeführten Änderungen.

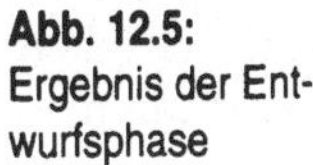

Abb. 12.5:
Ergebnis der Entwurfsphase

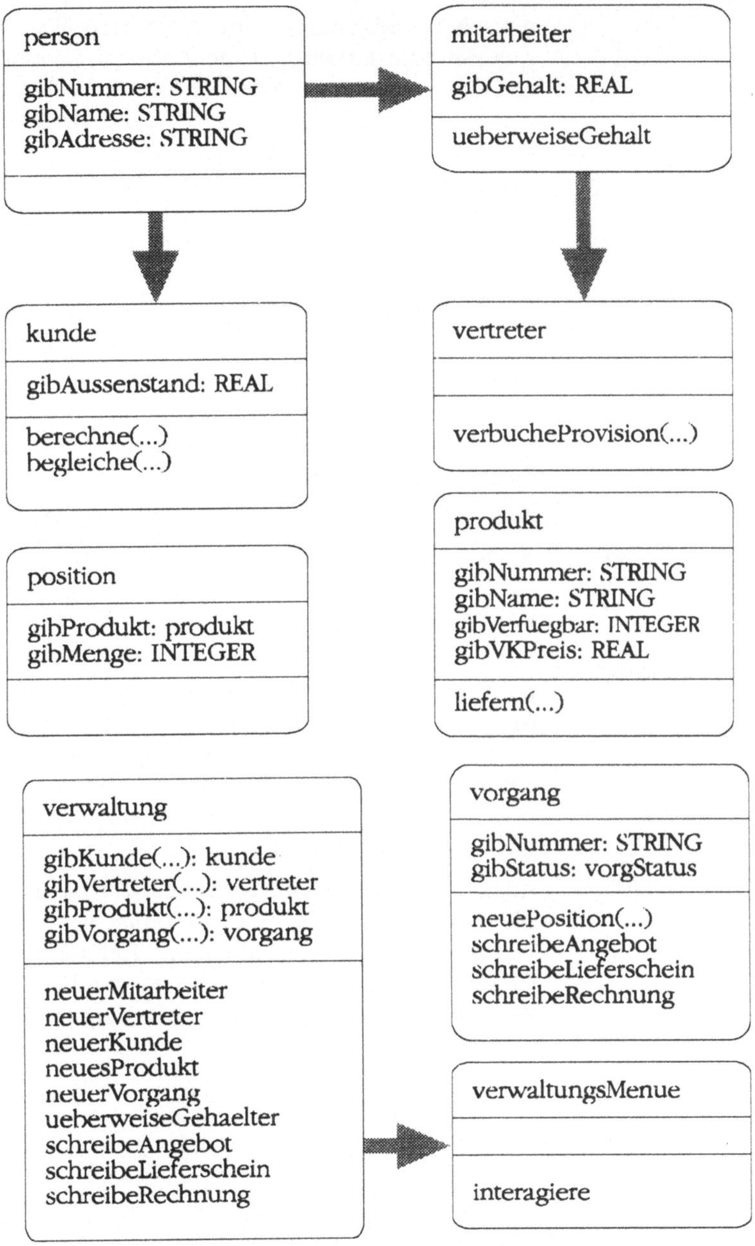

Übergabe von Analyse
zu Entwurf

Auffällig ist, daß sich das Ergebnis der Entwurfsphase nicht grundlegend von dem der Analysephase unterscheidet. Dies liegt zwar zu einem gewissen Teil an den hier vorgenommenen Einschränkungen und Vereinfachungen, ist jedoch trotzdem typisch für objektorienierte Methoden. Der Übergang von der Analyse zum Entwurf ist nicht abrupt, sondern besteht lediglich aus einer stetigen Erweiterung des Modells. Häufig wird auch — genau wie hier — dieselbe Darstellungstechnik in beiden Phasen verwendet. Bei älteren Software-Engineering-Methoden existierte oft ein Bruch zwischen diesen beiden Entwicklungsphasen. So wurde es schwierig, die Ergebnisse der Analyse in späteren Phasen weiterzuverwenden.

Bei größeren Entwicklungsprojekten oder bei Bedarf an detaillierter Dokumentation, kann der Programmentwurf noch eine Stufe weiter getrieben werden. Dazu werden die einzelnen Routinen der Objekte weiter spezifiziert. Hierzu eignen sich alle im Abschnitt „3.1 Strukturierte Programmentwicklung" dargestellten Verfahren. Aufgrund des Umfangs muß an dieser Stelle jedoch darauf verzichtet werden.

12.3

Implementierung

Zuordnung von Klassen zu Modulen

Um die bisher entworfene Klassenstruktur zu implementieren, muß zunächst eine Zuordnung von Klassen zu Modulen getroffen werden. Als Grundregel gilt: es ist sinnvoll, jede Klasse in einem eigenen Modul zu implementieren. Diese Strategie sorgt dafür, daß jedes Modul leicht zu überschauen ist. Außerdem lassen sich einzelne Klassen in anderen Programmen leichter wiederverwenden.

Auch im Beispiel eignet sich diese Aufteilung. Allerdings werden die Klassen `vorgang` und `position` wegen ihrer starken Verwandtschaft am besten in einem Modul implementiert. Immerhin ist `position` eher als „Hilfsklasse" zur Realisierung von `vorgang` zu verstehen und kann nicht ohne `vorgang` existieren.

Tab. 12.1:
Zuordnung von Klassen
und Modulen

Unit	Dateiname	Klasse(n)
PersonUnit	PERSONUN.PAS	person
MitarbeiterUnit	MITARBEI.PAS	mitarbeiter
VertreterUnit	VERTRETE.PAS	vertreter
KundeUnit	KUNDEUNI.PAS	kunde
ProduktUnit	PRODUKTU.PAS	produkt
VorgangUnit	VORGANGU.PAS	vorgang position
VerwaltungUnit	VERWALTU.PAS	verwaltung

Die Klasse verwaltungsMenue wird im Hauptprogramm implementiert, welches den Dateinamen AUFTRAG.PAS trägt.

12.3.1 Die PersonUnit

Die Implementierung des Moduls personUnit enthält keine Über-
raschungen. Wie bereits im Kapitel „12.2 Programmentwurf"
besprochen, initialisiert der Konstruktor jedes person-Objekt.
Dazu erfragt er die einzelnen Daten interaktiv vom Benutzer.

12.1:
Auftragsbearbeitung mit
Objekten (personUnit)

```
UNIT personUnit;

INTERFACE

TYPE
  z_person = ^person;
  person   = OBJECT
              CONSTRUCTOR init;
              FUNCTION    gibNummer:  STRING;
              FUNCTION    gibName:    STRING;
              FUNCTION    gibAdresse: STRING;
             PRIVATE
              nummer:  STRING;
              name:    STRING;
              adresse: STRING;
             END;
```

```
IMPLEMENTATION

CONSTRUCTOR person.init;
BEGIN
  Write('Nummer: ':20);    Readln(nummer);
  Write('Name: ':20);      Readln(name);
  Write('Adresse: ':20);   Readln(adresse);
END;  { person.init }

FUNCTION person.gibNummer: STRING;
BEGIN
  gibNummer := nummer;
END;  { person.gibNummer }

FUNCTION person.gibName: STRING;
BEGIN
  gibName := name;
END;  { person.gibName }

FUNCTION person.gibAdresse: STRING;
BEGIN
  gibAdresse := adresse;
END;  { person.gibAdresse }

END.
```

12.3.2 Die MitarbeiterUnit

Die Klasse `mitarbeiter` ist von der Klasse `person` abgeleitet. Jedes `mitarbeiter`-Objekt enthält dieselben Datenfelder wie ein `person`-Objekt, und zusätzlich ein `gehalt`-Datenfeld. Zur Initialisierung eines `mitarbeiters` wird daher zunächst der Konstruktor für eine `person` aufgerufen und danach das Gehalt vom Benutzer erfragt. Die Funktionen `gibNummer`, `gibName` und `gibAdresse` sind zwar auch für jeden `mitarbeiter` verfügbar, müssen aber nicht neu implementiert werden, da sie von `person` ererbt sind.

Die Überweisung eines Gehalts wird hier einfach durch die Ausgabe eines „Überweisungsbelegs" auf dem Bildschirm simuliert. Man beachte, daß die Prozedur `ueberweiseGehalt` als `VIRTUAL` deklariert ist. Dies stellt sicher, daß immer die richtige Überweisungsprozedur benutzt wird, wenn eine Überweisung für einen `mitarbeiter`-Zeiger verlangt wird. Wie noch zu sehen sein wird, unterscheidet sich nämlich die Gehaltsüberweisung eines Vertreters von der eines normalen Mitarbeiters.

12.2:
Auftragsbearbeitung mit
Objekten
(mitarbeiterUnit)

```
UNIT mitarbeiterUnit;

INTERFACE

USES personUnit;

TYPE
  z_mitarbeiter = ^mitarbeiter;
  mitarbeiter   = OBJECT(person)
                    CONSTRUCTOR init;
                    FUNCTION    gibGehalt: REAL;
                    PROCEDURE   ueberweiseGehalt; VIRTUAL;
                  PRIVATE
                    gehalt:     REAL;
                  END;


IMPLEMENTATION

CONSTRUCTOR mitarbeiter.init;
BEGIN
  person.init;
  Write('Gehalt (DM): ':20);  Readln(gehalt);
END;  { mitarbeiter.init }


FUNCTION mitarbeiter.gibGehalt: REAL;
BEGIN
  gibGehalt := gehalt;
END;  { mitarbeiter.gibGehalt }


PROCEDURE mitarbeiter.ueberweiseGehalt;
BEGIN
  Writeln;
  Writeln('***** Ueberweisung *****');
  Writeln('** An:      ', gibName);
  Writeln('**          ', gibAdresse);
  Writeln('** Betrag: ', gehalt:1:2);
  Writeln('**********************');
END;  { mitarbeiter.ueberweiseGehalt }

END.
```

12.3.3 Die VertreterUnit

Die Implementierung der Klasse vertreter ist jener von mitarbeiter sehr ähnlich. Sie enthält aber eine andere „Version" der
virtuellen Prozedur ueberweiseGehalt, die zum normalen Gehalt
eines Mitarbeiters auch noch die Provision addiert.

12.3:
Auftragsbearbeitung mit
Objekten (vertreterUnit)

```pascal
UNIT vertreterUnit;

INTERFACE

USES mitarbeiterUnit;

TYPE
  z_vertreter = ^vertreter;
  vertreter   = OBJECT(mitarbeiter)
                    CONSTRUCTOR init;
                    PROCEDURE   ueberweiseGehalt; VIRTUAL;
                    PROCEDURE   verbucheProvision(summe: REAL);
                  PRIVATE
                    provSatz:   REAL;
                    provBetrag: REAL;
                  END;


IMPLEMENTATION

CONSTRUCTOR vertreter.init;
BEGIN
  mitarbeiter.init;
  Write('Provisionssatz (%): ':20);      Readln(provSatz);
  provBetrag := 0;
END;  { vertreter.init }


PROCEDURE vertreter.ueberweiseGehalt;
BEGIN
  Writeln;
  Writeln('***** Ueberweisung *****');
  Writeln('** An:      ', gibName);
  Writeln('**          ', gibAdresse);
  Writeln('** Betrag: ', (gibGehalt + provBetrag):1:2,
          ' (=', gibGehalt:1:2, '+', provBetrag:1:2, ')');
  Writeln('************************');

  { Da die 'Ueberweisung' nun erfolgt ist, wird die   }
  { aktuelle Provisionssumme wieder auf Null gesetzt. }
  provBetrag := 0;
END;  { vertreter.ueberweiseGehalt }


PROCEDURE vertreter.verbucheProvision(summe: REAL);
BEGIN
  { Zur Provisionssumme wird ein prozentualer Betrag }
  { der Auftragssumme addiert.                        }
  provBetrag := provBetrag + (provSatz/100.0)*summe;
END;  { vertreter.verbucheProvision }


END.
```

12.3.4 Die KundeUnit

Ein kunde unterscheidet sich (im Beispiel) von einer normalen person durch den Geldbetrag, den die Verwaltung der fiktiven Firma von ihm noch erwartet. Dieser ergibt sich aus der Differenz zwischen dem berechneten und dem bereits bezahlten Geldbetrag.

12.4:
Auftragsbearbeitung mit
Objekten (kundeUnit)

```
UNIT kundeUnit;

INTERFACE

USES personUnit;

TYPE
  z_kunde = ^kunde;
  kunde   = OBJECT(person)
                CONSTRUCTOR init;
                PROCEDURE   berechne(betrag: REAL);
                PROCEDURE   begleiche(betrag: REAL);
                FUNCTION    gibAussenstand: REAL;
                PRIVATE
                berechnet: REAL;
                bezahlt:   REAL;
                END;


IMPLEMENTATION

CONSTRUCTOR kunde.init;
BEGIN
  person.init;
  berechnet := 0.0;
  bezahlt   := 0.0;
END;  { kunde.init }

PROCEDURE kunde.berechne(betrag: REAL);
BEGIN
   { Erhoehe den zu zahlenden Betrag }
   berechnet := berechnet + betrag;
END;  { kunde.berechne }

PROCEDURE kunde.begleiche(betrag: REAL);
BEGIN
   { Erhoehe den bereits bezahlten Betrag }
   bezahlt := bezahlt + betrag;
END;  { kunde.begleiche }
```

```
FUNCTION kunde.gibAussenstand: REAL;
BEGIN
   { Errechne den noch ausstehenden Betrag }
  gibAussenstand := berechnet - bezahlt;
END;  { kunde.gibAussenstand }

END.
```

12.3.5 Die ProduktUnit

Für jedes Produkt wird die verfügbare Stückzahl am Lager, sowie der Verkaufspreis pro Stück verwaltet. Die verfügbare Stückzahl wird verringert, sobald eine Lieferung an einen Kunden erfolgt. Das Wiederauffüllen des Lagers wird in diesem Beispiel vernachlässigt.

12.5:
Auftragsbearbeitung mit Objekten (produktUnit)

```
UNIT produktUnit;

INTERFACE

TYPE
  z_produkt = ^produkt;
  produkt   = OBJECT
                CONSTRUCTOR init;
                FUNCTION    gibNummer:      STRING;
                FUNCTION    gibName:        STRING;
                FUNCTION    gibVerfuegbar: INTEGER;
                FUNCTION    gibVKPreis:     REAL;
                PROCEDURE    liefern(anzahl: INTEGER);
              PRIVATE
                nummer:     STRING;
                name:       STRING;
                verfuegbar: INTEGER;
                vkpreis:    REAL;
              END;
```

```
IMPLEMENTATION

CONSTRUCTOR produkt.init;
BEGIN
  Write('Nummer: ':20);           Readln(nummer);
  Write('Name: ':20);             Readln(name);
  Write('Verfuegbar (St.): ':20); Readln(verfuegbar);
  Write('VK Preis (DM): ':20);    Readln(vkpreis);
END;  { produkt.init }


FUNCTION produkt.gibNummer: STRING;
BEGIN
  gibNummer := nummer;
END;  { produkt.gibNummer }


FUNCTION produkt.gibName: STRING;
BEGIN
  gibName := name;
END;  { produkt.gibName }


FUNCTION produkt.gibVerfuegbar: INTEGER;
BEGIN
  gibVerfuegbar := verfuegbar;
END;  { produkt.gibVerfuegbar }


FUNCTION produkt.gibVKPreis: REAL;
BEGIN
  gibVKPreis := vkpreis;
END;  { produkt.gibVKPreis }


PROCEDURE produkt.liefern(anzahl: INTEGER);
BEGIN
  { Vermindere die verfuegbare Menge am Lager }
  verfuegbar := verfuegbar - anzahl;
END;  { produkt.liefern }


END.
```

12.3.6 Die VorgangUnit

Die Zuordnung von Positionen zu Vorgängen erfolgt im Beispiel
einfach durch ein ARRAY-Datenelement in jedem vorgang-Objekt,
welches maximal 50 Positionen aufnehmen kann. Das
Datenelement anzPos gibt die Anzahl der gültigen Positionen in
diesem Feld an. Neue Positionen werden mit der Prozedur neue-
Position in dieses Feld eingetragen.

Das Datenelement `status` wird vom Konstruktor auf `erstellt` gesetzt und durch die Prozeduren `schreibeAngebot`, `schreibeLieferschein` und `schreibeRechnung` auf den jeweils folgenden Status weitergeschaltet. Dadurch kann zum Beispiel verhindert werden, daß eine Rechnung zweimal geschrieben und damit das Konto des Kunden zweimal belastet wird (obwohl in der Praxis zumindestens das wiederholte Schreiben eines Belegs sinnvoll sein kann, zum Beispiel wenn eine Rechnung auf dem Weg zum Kunden verloren geht).

Die drei `schreibe`-Prozeduren sind sich sehr ähnlich. Um diese Ähnlichkeit auszunutzen, wird von allen drei Prozeduren eine Prozedur `schreibeVorgang` benutzt, die als `PRIVATE` deklariert ist. Damit ist diese Prozedur außerhalb der `vorgangUnit` nicht sichtbar.

12.6:
Auftragsbearbeitung mit
Objekten (vorgangUnit)

```
UNIT vorgangUnit;

INTERFACE

USES kundeUnit, vertreterUnit, produktUnit;

CONST
   maxPositionenProVorgang = 50;

TYPE
  z_position = ^position;
  position   = OBJECT
                  CONSTRUCTOR init(prd: z_produkt; meng: INTEGER);
                  FUNCTION    gibProdukt: z_produkt;
                  FUNCTION    gibMenge:   INTEGER;
                PRIVATE
                  prod:  z_produkt;
                  menge: INTEGER;
                END;

  vorgangsStatus = (erstellt, angeboten, geliefert, berechnet);
```

```
z_vorgang = ^vorgang;
 vorgang   = OBJECT
                CONSTRUCTOR init(k: z_kunde; v: z_vertreter);
                FUNCTION    gibNummer: INTEGER;
                FUNCTION    gibStatus: vorgangsStatus;
                PROCEDURE   neuePosition(pos: z_position);
                PROCEDURE   schreibeAngebot;
                PROCEDURE   schreibeLieferschein;
                PROCEDURE   schreibeRechnung;
             PRIVATE
                status:     vorgangsStatus;
                nummer:     INTEGER;
                kun:        z_kunde;
                vert:       z_vertreter;
                positionen: ARRAY [1..maxPositionenProVorgang]
                               OF z_position;
                anzPos:     0..maxPositionenProVorgang;
                FUNCTION    schreibeVorgang(
                               vorgTitel: STRING;
                               preiseUndSumme: BOOLEAN): REAL;
             END;

IMPLEMENTATION

VAR
   { Diese globale Variable enthaelt die jeweils zuletzt }
```

```
                              { benutzte Vorgangsnummer.                    }
                aktuelleVorgangsNummer:  INTEGER;

CONSTRUCTOR position.init(prd: z_produkt; meng: INTEGER);
BEGIN
  prod  := prd;
  menge := meng;
END;  { position.init }

FUNCTION position.gibProdukt: z_produkt;
BEGIN
  gibProdukt := prod;
END;  { position.gibProdukt }

FUNCTION position.gibMenge: INTEGER;
BEGIN
  gibMenge := menge;
END;  { position.gibMenge }

CONSTRUCTOR vorgang.init(k: z_kunde; v: z_vertreter);
BEGIN
  aktuelleVorgangsNummer := aktuelleVorgangsNummer + 1;
  nummer := aktuelleVorgangsNummer;
  status := erstellt;
  kun    := k;
  vert   := v;
  anzPos := 0;
END;  { vorgang.init }

FUNCTION vorgang.gibNummer: INTEGER;
BEGIN
  gibNummer := nummer;
END;  { vorgang.gibNummer }

FUNCTION vorgang.gibStatus: vorgangsStatus;
BEGIN
  gibStatus := status;
END;  { vorgang.gibStatus }

PROCEDURE vorgang.neuePosition(pos: z_position);
BEGIN
    { Die maximale Anzahl der pro Vorgang zugelassenen Positionen
      ist erreicht }
  IF anzPos >= maxPositionenProVorgang THEN
    BEGIN
      Writeln('Es koennen keine weiteren Positionen in diesen ');
      Writeln('Vorgang aufgenommen werden.');
    END

  ELSE    { Es können für diesen Vorgang noch Positionen
             aufgenommem werden }
    BEGIN
      anzPos := anzPos + 1;
```

```pascal
      positionen[anzPos] := pos;
    END;
END;  { vorgang.neuePosition }

FUNCTION vorgang.schreibeVorgang(vorgTitel: STRING;
                              preiseUndSumme: BOOLEAN): REAL;
VAR
  summe:  REAL;
  n:      INTEGER;
  prod:   z_produkt;
BEGIN
  { Schreibe einen Beleg für den aktuellen Vorgang.     }
  { vorgTitel ist dabei 'ANGEBOT', 'LIEFERSCHEIN', etc. }
  { Wenn preiseUndSumme TRUE ist, schreibe auch die     }
  { Einzelpreise und die Summe.                         }
  Writeln('An');
  Writeln(kun^.gibName);
  Writeln(kun^.gibAdresse);
  Writeln;
  Writeln(vorgTitel, ' Nr. ', gibNummer, '/', vert^.gibNummer);
  Writeln;
  Write('Nr Menge Produkt');

    { Die Einzelpreise und die Summe sollen ausgegeben werden: }
  IF preiseUndSumme THEN
    Write('':33, 'Einzelpreis':12, 'Gesamt':12);

  Writeln;
  summe := 0.0;

  { Schreibe die einzelnen Positionen: }
  FOR n := 1 TO anzPos DO
  BEGIN
    prod := positionen[n]^.gibProdukt;

    WITH prod^ DO
    BEGIN
      Write(n:2, gibMenge:6, ' ', gibName);

        {Die Einzelpreise und die Summe sollen ausgegeben werden:}
        IF preiseUndSumme THEN
        BEGIN
          { Schreibe den Preis der Position: }
          Write('':(40 - Length(gibName)),
                gibVKPreis:12:2, (gibMenge*gibVKPreis):12:2);
          summe := summe + gibMenge*gibVKPreis;
        END;

      Writeln;
    END;
  END;

  Writeln;
```

```pascal
        { Die Einzelpreise und die Summe sollen ausgegeben werden: }
    IF preiseUndSumme THEN
    BEGIN
      { Schreibe die Vorgangssumme: }
      Writeln('Summe: ':61, summe:12:2);
      Writeln;
    END;


    schreibeVorgang := summe;
  END;  { vorgang.schreibeVorgang }


PROCEDURE vorgang.schreibeAngebot;
VAR
  summe:  REAL;
BEGIN
  summe := schreibeVorgang('ANGEBOT', TRUE);

  IF status = erstellt THEN
    status := angeboten  { Status weiterschalten }
  ELSE
    Writeln('ACHTUNG: Dieses Angebot wurde bereits geschrieben!');
END;  { vorgang.schreibeAngebot }


PROCEDURE vorgang.schreibeLieferschein;
VAR
  summe:  REAL;
BEGIN
  IF status = erstellt THEN
    Writeln(
      'Für diesen Vorgang wurde noch kein Angebot geschrieben!')
  ELSE
    BEGIN
      summe := schreibeVorgang('LIEFERSCHEIN', FALSE);

      IF status = angeboten THEN
        status := geliefert  { Status weiterschalten }
      ELSE
        Writeln('Dieser Lieferschein wurde bereits geschrieben!');
    END;
END;  { vorgang.schreibeLieferschein }


PROCEDURE vorgang.schreibeRechnung;
VAR
  summe:  REAL;
BEGIN
  IF status in [erstellt, angeboten] THEN
    Writeln('Für diesen Vorgang wurde noch kein');
    Writeln('Angebot oder Lieferschein geschrieben!')
  ELSE
    BEGIN
      summe := schreibeVorgang('RECHNUNG', TRUE);
```

```
              IF status = geliefert THEN
                BEGIN
                  status := berechnet;  { Status weiterschalten }
                  { Honoriere den erfolgreichen Vertreter: }
                  vert^.verbucheProvision(summe);
                END
              ELSE
                Writeln('Diese Rechnung wurde bereits geschrieben!');
            END;
        END;  { vorgang.schreibeRechnung }

        BEGIN
          { Initialiere die Vorgangsnumerierung. Der erste Vorgang }
          { erhaelt danach die Nummer 1.                           }
          aktuelleVorgangsNummer := 0;
        END.
```

12.3.7 Die VerwaltungUnit

Die Klasse verwaltung verwaltet Mitarbeiter, Kunden, Produkte
und Vorgänge. Zu diesem Zweck besitzt jede Instanz dieser
Klasse vier Felder, die ähnlich wie das Feld positionen der
Klasse vorgang benutzt werden. Die Prozeduren neuerMitarbei-
ter, neuerVertreter, neuerKunde, neuesProdukt und neuerVorgang
überprüfen jeweils, ob die Kapazität des betroffenen Felds noch
ausreicht und erzeugen gegebenenfalls eine neue Eintragung.
Da das Feld mitarbeiter Zeiger auf mitarbeiter-Instanzen
aufnimmt, können hier auch Zeiger der abgeleiteten Klasse
vertreter gespeichert werden, so daß die Benutzung eines
eigenen Vertreter-Felds nicht notwendig ist.

Die verschiedenen gib-Funktionen durchsuchen die jeweiligen
Felder nach einem Objekt mit der richtigen Nummer.

Ein Beispiel für Polymorphie

In der Prozedur ueberweiseGehaelter sind insbesondere folgende
Zeilen interessant, da sie ein Beispiel für einen polymorphen
Prozeduraufruf enthalten:

```
FOR n:=1 TO anzMit DO
  mitarbeiter[n]^.ueberweiseGehalt;
```

Hier wird für jedes gültige Element des Felds mitarbeiter die
Prozedur ueberweiseGehalt aufgerufen. Jede Eintragung in diesem Feld kann aber eine Zeiger auf eine mitarbeiter-Instanz,
oder auf eine vertreter-Instanz sein. Da ueberweiseGehalt als
virtuelle Prozedur vereinbart wurde, wird abhängig vom

genauen Typ des Zeigers auch die zugehörige Prozedurversion benutzt, für einen vertreter-Zeiger also tatsächlich auch die vertreter-Version von ueberweiseGehalt. Wäre ueberweiseGehalt nicht virtuell, würde grundsätzlich die mitarbeiter-Version benutzt.

Hinweis für MS-Windows

Für die Übersetzung dieses Moduls ist noch die Verwendung des korrekten crt-Moduls zu beachten, in welchem die Prozedur ClrScr zum Löschen des Bildschirms (bzw. zum Löschen eines Fensters) definiert ist. Soll das Modul für Microsoft-Windows übersetzt werden, muß anstatt von crt das Modul winCrt benutzt werden.

12.7:
Auftragsbearbeitung mit Objekten
(verwaltungUnit)

```
UNIT verwaltungUnit;

INTERFACE

USES mitarbeiterUnit, vertreterUnit, kundeUnit,
     produktUnit, vorgangUnit;

CONST
  maxMitarbeiter = 50;
  maxKunden      = 50;
  maxProdukte    = 50;
  maxVorgaenge   = 100;

TYPE
  z_verwaltung = ^verwaltung;
  verwaltung   = OBJECT
                     CONSTRUCTOR init;
                     FUNCTION  gibKunde(nummer: STRING): z_kunde;
                     FUNCTION  gibVertreter(nummer: STRING)
                                 : z_vertreter;
                     FUNCTION  gibProdukt(nummer: STRING)
                                 : z_produkt;
                     FUNCTION  gibVorgang(vnr: INTEGER): z_vorgang;
                     PROCEDURE neuerMitarbeiter;
                     PROCEDURE neuerVertreter;
                     PROCEDURE neuerKunde;
                     PROCEDURE neuesProdukt;
                     PROCEDURE neuerVorgang;
                     PROCEDURE ueberweiseGehaelter;
                     PROCEDURE schreibeAngebot;
                     PROCEDURE schreibeLieferschein;
                     PROCEDURE schreibeRechnung;
                  PRIVATE
                     mitarbeiter: ARRAY [1..maxMitarbeiter]
                                    OF z_mitarbeiter;
                     anzMit:      0..maxMitarbeiter;
                     kunden:      ARRAY [1..maxKunden]
                                    OF z_kunde;
```

```pascal
                        anzKun:        0..maxKunden;
                        produkte:      ARRAY [1..maxProdukte]
                                         OF z_produkt;
                        anzPro:        0..maxProdukte;
                        vorgaenge:     ARRAY [1..maxVorgaenge]
                                         OF z_vorgang;
                        anzVor:        0..maxVorgaenge;
                        FUNCTION erfrageVorgang(titel: STRING)
                                   : z_vorgang;
                END;

IMPLEMENTATION

  { Bei der Übersetzung für Microsoft Windows }
  { muß winCrt statt crt verwendet werden.    }
USES crt;

CONSTRUCTOR verwaltung.init;
BEGIN
  anzMit := 0;
  anzKun := 0;
  anzPro := 0;
  anzVor := 0;
END;  { verwaltung.init }

FUNCTION verwaltung.gibKunde(nummer: STRING): z_kunde;
VAR
  n: INTEGER;
BEGIN
  n := 1;

    { Suche in der Kundenliste nach einem Kunden
      mit der angegebenen Nummer: }
  WHILE (n <= anzKun) AND (kunden[n]^.gibNummer <> nummer) DO
    n := n + 1;

    { Der Kunde wurde gefunden: }
  IF n <= anzKun THEN
    gibKunde := kunden[n]

  ELSE    { Der Kunde wurde nicht gefunden }
    gibKunde := NIL;

END;  { verwaltung.gibKunde }

FUNCTION verwaltung.gibVertreter(nummer: STRING): z_vertreter;
VAR
  n: INTEGER;
BEGIN
  n := 1;

    { Suche in der Mitarbeiterliste nach einem
      Mitarbeiter mit der angegebenen Nummer: }
```

```
                        WHILE (n <= anzMit) AND (mitarbeiter[n]^.gibNummer <> nummer) DO
                          n := n + 1;

                          { Der Mitarbeiter wurde gefunden: }
                        IF n <= anzMit THEN
                          gibVertreter := mitarbeiter[n]

                        ELSE   { Der Mitarbeiter wurde nicht gefunden }
                          gibVertreter := NIL;

                    END;   { verwaltung.gibVertreter }

                    FUNCTION verwaltung.gibProdukt(nummer: STRING): z_produkt;
                    VAR
                      n: INTEGER;
                    BEGIN
                      n := 1;

                        { Suche in der Produktliste nach einem
                          Produkt mit der angegebenen Nummer: }
                        WHILE (n <= anzPro) AND (produkte[n]^.gibNummer <> nummer) DO
                          n := n + 1;

                        { Das Produkt wurde gefunden: }
                        IF n <= anzPro THEN
                          gibProdukt := produkte[n]

                        ELSE   { Das Produkt wurde nicht gefunden }
                          gibProdukt := NIL;

                    END;   { verwaltung.gibProdukt }

                    FUNCTION verwaltung.gibVorgang(vnr: INTEGER): z_vorgang;
                    VAR
                      n: INTEGER;
                    BEGIN
                      n := 1;

                        { Suche in der Vorgangsliste nach einem
                          Vorgang mit der angegebenen Nummer: }
                        WHILE (n <= anzVor) AND (vorgaenge[n]^.gibNummer <> vnr) DO
                          n := n + 1;

                        { Der Vorgang wurde gefunden: }
                        IF n <= anzVor THEN
                          gibVorgang := vorgaenge[n]

                        ELSE   { Der Vorgang wurde nicht gefunden }
                          gibVorgang := NIL;

                    END;   { verwaltung.gibVorgang }

                    PROCEDURE verwaltung.neuerMitarbeiter;
```

```
BEGIN
  ClrScr;

    { Die zugelassene Anzahl von Mitarbeitern ist erreicht: }
  IF anzMit >= maxMitarbeiter THEN
    BEGIN
      Writeln('Es koennen keine weiteren Mitarbeiter');
      Writeln('eingestellt werden. Weiter mit ENTER ...');
      Readln;
    END

  ELSE   { Es können noch Mitarbeiter aufgenommen werden }
    BEGIN
      Writeln('Geben Sie die Daten des neuen Mitarbeiters ein:');
      Writeln;
      anzMit := anzMit + 1;
        { Erzeuge ein neues Mitarbeiter-Objekt: }
      mitarbeiter[anzMit] := New(z_mitarbeiter, init);
    END;
END;  { verwaltung.neuerMitarbeiter }

PROCEDURE verwaltung.neuerVertreter;
BEGIN
  ClrScr;

    { Die zugelassene Anzahl von Mitarbeitern - und damit
      möglicher Vertreter - ist erreicht: }
  IF anzMit >= maxMitarbeiter THEN
    BEGIN
      Writeln('Es koennen keine weiteren Vertreter');
      Writeln('eingestellt werden. Weiter mit ENTER ...');
      Readln;
    END

  ELSE   { Es können noch Mitarbeiter - und somit Vertreter -
            aufgenommen werden }
    BEGIN
      Writeln('Geben Sie die Daten des neuen Vertreters ein:');
      Writeln;
      anzMit := anzMit + 1;
        { Erzeuge ein neues Vertreter-Objekt: }
      mitarbeiter[anzMit] := New(z_vertreter, init);
    END;
END;  { verwaltung.neuerVertreter }

PROCEDURE verwaltung.neuerKunde;
BEGIN
  ClrScr;

    { Die zugelassene Anzahl von Kunden ist erreicht: }
  IF anzKun >= maxKunden THEN
    BEGIN
      Writeln('Es koennen keine weiteren Kunden');
```

```
            Writeln('registriert werden. Weiter mit ENTER ...');
            Readln;
          END

      ELSE   { Es können noch Kunden aufgenommen werden }
        BEGIN
          Writeln('Geben Sie die Daten des neuen Kunden ein:');
          Writeln;
          anzKun := anzKun + 1;
            { Erzeuge ein neues Kunden-Objekt: }
          kunden[anzKun] := New(z_kunde, init);
        END;
  END;  { verwaltung.neuerKunde }

  PROCEDURE verwaltung.neuesProdukt;
  BEGIN
    ClrScr;

      { Die zugelassene Anzahl von Produkten ist erreicht:}
    IF anzPro >= maxProdukte THEN
      BEGIN
        Writeln('Es koennen keine weiteren Produkte');
        Writeln('registriert werden. Weiter mit ENTER ...');
        Readln;
      END

    ELSE   { Es können noch Produkte aufgenommen werden }
      BEGIN
        Writeln('Geben Sie die Daten des neuen Podukts ein:');
        Writeln;
        anzPro := anzPro + 1;
          { Erzeuge ein neues Produkt-Objekt: }
        produkte[anzPro] := New(z_produkt, init);
      END;
  END;  { verwaltung.neuesProdukt }

  PROCEDURE verwaltung.neuerVorgang;
  VAR
    nummer:  STRING;
    kun:     z_kunde;
    vert:    z_vertreter;
    prod:    z_produkt;
    pos:     z_position;
    menge:   INTEGER;
  BEGIN
    ClrScr;

      { Die zugelassene Anzahl von Vorgängen ist erreicht: }
    IF anzVor >= maxVorgaenge THEN
      BEGIN
        Writeln('Es koennen keine weiteren Vorgaenge');
        Writeln('angelegt werden. Weiter mit ENTER ...');
        Readln;
```

```
      END

ELSE    { Es können noch Vorgänge aufgenommen werden }
  BEGIN
    Writeln('Geben Sie die Daten des neuen Vorgangs ein:');
    Writeln;
    Write('Kundennummer: ':20);
    Readln(nummer);
    kun := gibKunde(nummer);

        { Der Kunde wurde gefunden: }
    IF kun <> NIL THEN
    BEGIN
      Write('Vertreternummer: ':20);
      Readln(nummer);
      vert := gibVertreter(nummer);

          { Der Vertreter wurde gefunden: }
      IF vert <> NIL THEN
      BEGIN
        anzVor := anzVor + 1;
          { Erzeuge ein neues Vorgangs-Objekt: }
        vorgaenge[anzVor] := New(z_vorgang, init(kun, vert));

        Writeln;

            { Ausgabe der Nummer des Vorgangs, des
              Kundennamens und des Vertreternamens}
        Writeln('Vorgangsnummer: ':20,
                vorgaenge[anzVor]^.gibNummer);
        Writeln('Kunde: ':20, kun^.gibName);
        Writeln('Vertreter: ':20, vert^.gibName);
        Writeln;

        Writeln('Geben Sie nun die Positionsdaten ein.');
        Writeln('Eine leere oder unbekannte Produktnummer');
        Writeln('beendet die Eingabe:');
        Writeln;

         { Erfrage die Positionsdaten: }
        REPEAT
          Write('Produktnummer: ':20);  Readln(nummer);
          prod := gibProdukt(nummer);

             { Das Produkt wurde gefunden: }
          IF prod <> NIL THEN
          BEGIN
            Write('Menge (Stueck): ':20); Readln(menge);
             { Erzeuge ein neues Positions-Objekt: }
            pos := New(z_position, init(prod, menge));
             { Trage die Position im Vorgang ein: }
            vorgaenge[anzVor]^.neuePosition(pos);
          END;
```

```
                        UNTIL prod = NIL;
                  END;
              END;
          END;
  END;   { verwaltung.neuerVorgang }

  PROCEDURE verwaltung.ueberweiseGehaelter;
  VAR
    n:  INTEGER;
  BEGIN
    ClrScr;

      { Ueberweise das Gehalt aller Mitarbeiter: }
    FOR n:=1 TO anzMit DO
      mitarbeiter[n]^.ueberweiseGehalt;

    Writeln;
    Writeln('Weiter mit ENTER ...');
    Readln;
  END;   { verwaltung.ueberweiseGehaelter }

  FUNCTION verwaltung.erfrageVorgang(titel: STRING): z_vorgang;
  VAR
    vnr:  INTEGER;
  BEGIN
    ClrScr;

    Writeln(titel);
    Writeln;
    Write('Vorgangsnummer: ':20);  Readln(vnr);
    Writeln;
    erfrageVorgang := gibVorgang(vnr);
  END;   { verwaltung.erfrageVorgang }

  PROCEDURE verwaltung.schreibeAngebot;
  VAR
    vorg: z_vorgang;
  BEGIN
    vorg := erfrageVorgang('Angebot schreiben');

        { Der gewünschte Vorgang wurde nicht gefunden: }
    IF vorg = NIL THEN
      Writeln('Unbekannte Vorgangsnummer.')

    ELSE
      vorg^.schreibeAngebot;

    Writeln('Weiter mit ENTER ...');
    Readln;
  END;   { verwaltung.schreibeAngebot }

  PROCEDURE verwaltung.schreibeLieferschein;
  VAR
```

```
      vorg: z_vorgang;
   BEGIN
      vorg := erfrageVorgang('Lieferschein schreiben');

         { Der gewünschte Vorgang wurde nicht gefunden:}
      IF vorg = NIL THEN
         Writeln('Unbekannte Vorgangsnummer.')

      ELSE
         vorg^.schreibeLieferschein;

      Writeln('Weiter mit ENTER ...');
      Readln;
   END;  { verwaltung.schreibeLieferschein }

   PROCEDURE verwaltung.schreibeRechnung;
   VAR
      vorg: z_vorgang;
   BEGIN
      vorg := erfrageVorgang('Rechnung schreiben');

         { Der gewünschte Vorgang wurde nicht gefunden:}
      IF vorg = NIL THEN
         Writeln('Unbekannte Vorgangsnummer.')

      ELSE
         vorg^.schreibeRechnung;

      Writeln('Weiter mit ENTER ...');
      Readln;
   END;  { verwaltung.schreibeRechnung }

   END.
```

12.3.8 Das Hauptprogramm

Das Hauptprogramm definiert die Klasse verwaltungsMenue,
initialisiert eine Variable dieses Typs und ruft die Prozedur
interagiere auf. Diese steuert den eigentlichen Programmablauf.

interagiere zeigt auf dem Bildschirm ein Funktionsmenü an
und ruft abhängig von den Eingaben des Benutzers
verschiedenen Routinen auf, welche die Klasse verwaltungsMenue
von der Klasse verwaltung erbt.

Auch in diesem Modul muß der Verweis auf das Modul crt auf
winCrt umgeändert werden, wenn das Programm unter
Microsoft-Windows lauffähig sein soll.

12.8:
Auftragsbearbeitung mit
Objekten
(Hauptprogramm)

```pascal
PROGRAM VerwaltungsDemonstration;

{ Bei der Übersetzung für Microsoft Windows }
{ muß winCrt statt crt verwendet werden.    }
USES crt, verwaltungUnit;

TYPE
  verwaltungsMenue = OBJECT(verwaltung)
                        CONSTRUCTOR init;
                        PROCEDURE   interagiere;
                     END;

CONSTRUCTOR verwaltungsMenue.init;
BEGIN
  verwaltung.init;
END; { verwaltungsMenue.init }

PROCEDURE verwaltungsMenue.interagiere;
VAR
  ende:     BOOLEAN;
  kommando: CHAR;
BEGIN
  ende := FALSE;

  REPEAT
    ClrScr;

    Writeln('Verwaltungsprogramm - Hauptmenue');
    Writeln;

      { Menüpunkte für die Bearbeitung
        von Mitarbeitern und Kunden: }
    Writeln('Mitarbeiter                 Kunde');
    Writeln('  A - Neuer Mitarbeiter        D - Neuer Kunde');
    Writeln('  B - Neuer Vertreter');
    Writeln('  C - Gehaelter ueberweisen');
    Writeln;

      { Menüpunkte für die Bearbeitung
        von Vorgängen und Produkten: }
    Writeln('Vorgang                     Produkt');
    Writeln('  E - Neuer Vorgang            I - Neues Produkt');
    Writeln('  F - Angebot schreiben');
    Writeln('  G - Lieferschein schreiben');
    Writeln('  H - Rechnung schreiben');
    Writeln;

      { Menüpunkt für die Beendigung des Programms: }
    Writeln('Steuerung');
    Writeln('  Z - Programmende');
    Writeln;
    Write('Geben Sie nun das gewuenschte Kommando ein -> ');
```

```
          { Lese einen einzelnen Tastendruck: }
   kommando := ReadKey;

          { Aufruf der Prozeduren abhängig von dem eingegebenen
            Kommando: }
   CASE kommando OF
     'a', 'A':  neuerMitarbeiter;
     'b', 'B':  neuerVertreter;
     'c', 'C':  ueberweiseGehaelter;
     'd', 'D':  neuerKunde;
     'e', 'E':  neuerVorgang;
     'f', 'F':  schreibeAngebot;
     'g', 'G':  schreibeLieferschein;
     'h', 'H':  schreibeRechnung;
     'i', 'I':  neuesProdukt;
     'z', 'Z':  ende := TRUE
   ELSE
       { Erzeuge einen Warnton: }
     Write(chr(7));
   END
  UNTIL ende;
END;  { verwaltungsMenue.interagiere }

VAR
  menue:  verwaltungsMenue;

BEGIN
  menue.Init;
  menue.Interagiere;
END.
```

Literaturverzeichnis

BELLI, F.:   Pascal (Band 1 / Band 2), B.I. Hochschultaschenbücher, 1989.

BOOCH, G.: Object Oriented Design with Applications, Bejamin/Cummings Publishing Company Inc., Redwood City, California, USA, 1991.

CARDELLI, L. / WEGENER, P.: On Understanding Types, Data Abstraction and Polymorphism, ACM Computing Surveys, Vol. 17, No. 4, Dezember 1985.

COAD, P. / YOURDON, E.: Object-Oriented Analysis, Yourdon Press, Prentice Hall, Englewood Cliffs, New Jersey, USA, 1991.

COAD, P. / YOURDON, E.: Object-Oriented Design, Yourdon Press, Prentice Hall, Englewood Cliffs, New Jersey, USA, 1991.

DWORATSCHEK, S.: Grundlagen der Datenverarbeitung, 8., durchges. Aufl, Berlin/ New York: de Gruyter, 1989 (De-Gruyter-Lehrbuch).

DWORATSCHEK, S. / SCHNORRENBERG, U.: Programmierkurs PASCAL, Fernuniversität Hagen, 1992.

ELLIS, M.A. / STROUSTRUP, B.: The Annotated C++ Reference Manual, Addison-Wesley, Reading, Massachsetts, USA, 1990.

MEYER, B.: Object-Oriented Software Construction, Prentice Hall, Englewood Cliffs, New Jersey, USA, 1988.

RUMBAUGH, J. / BLAHA, M. / PREMERLANI, W. / EDDY, F. / LORENSON, W.: Object-Oriented Modelling And Design, Prentice Hall, Englewood Cliffs, New Jersey, USA, 1991.

SCHAUER, H.: Pascal für Anfänger, 3. Aufl., Wien/ München: Oldenbourg, 1979 (Fortbildung durch Selbststudium).

SCHMIDT, P.: SAA − die IBM-System-Anwendungsarchitektur: Grundlagen, Konzepte, Trends, Vaterstetten: IWT, 1990.

TURBO PASCAL 6.0, Band 1/2: Benutzerhandbuch, hrsg. von Borland GmbH, München, 1992.

WIRTH, N. / JENSEN, K.: PASCAL User Manual and Report, Berlin/ Heidelberg/ New York: Springer, 1978.

WIRTH, N.: Algorithmen und Datenstrukturen, 3., überarb. Aufl., Stuttgart: Teubner, 1983.

ZAKS, R.: Einführung in PASCAL - und UCSD-PASCAL, dt. Übersetzung von: Bernd Pol, 3. Aufl., Düsseldorf: Sybex, 1983.

ANHANG A: Das Turbo Pascal-System

Turbo Pascal

Turbo Pascal (TP) wurde 1984 auf dem Markt eingeführt. Der Pascal-Dialekt basiert auf dem ISO-Standard (s. auch Abschnitt „4.2 Pascal, eine Einführung"). TP gehört sicherlich zu den verbreitetsten Pascal-Systemen für den Personal Computer. Dieses liegt nicht zuletzt an dem Preis-Leistungsverhältnis.

Ständige Erweiterungen am Sprachumfang und am Komfort der Benutzerführung führten inzwischen zur *Version 7.0*, die in zwei Varianten zur Verfügung steht. Die eine Variante ist unter dem *Betriebssystem MS-DOS* lauffähig. Die andere kann ausschließlich unter *der graphischen Benutzungsoberfläche MS-Windows* eingesetzt werden. Der Beispieldialog bezieht sich auf die Oberfläche der DOS-Variante.

Sprachumfang von Turbo Pascal

Die Befehle, die Turbo Pascal zur Verfügung stellt, überschreiten bei weitem den Standard-Befehlssatz. So sind erhebliche Erweiterungen im Ein-Ausgabe-Bereich, in den Graphikmöglichkeiten, in der Möglichkeit zur Integration verschiedener Programmiersprachen (etwa Assembler, C und PROLOG) und in der Möglichkeit maschinennaher Programmierung vorzufinden. Desweiteren wurde in Turbo Pascal das Konzept der Modularisierung über sogenannte UNITs umgesetzt (s. Kapitel „10 Modularisierung") sowie die Möglichkeit objektorientierter Programmierung geschaffen (s. Kapitel „11 Objektorientierte Programmierung").

Den diversen Vorteilen der Turbo Pascal-Erweiterungen steht ein Nachteil gegenüber: Programme, die einmal unter Turbo Pascal geschrieben wurden und die von speziellen Turbo Pascal-Erweiterungen Gebrauch machen, sind nur unter großen Schwierigkeiten auf andere Pascal-Systeme zu übertragen. Häufig sind die dann notwendigen Anpassungen derart aufwendig, daß es vorteilhafter wird, die Programme gänzlich neu zu schreiben.

Philosophie des Entwicklungssystems

Das Entwicklungssystem von Turbo Pascal besteht aus den drei wesentlichen Komponenten Editor, Compiler und Linker. Über den *Editor* können *Quellprogramme eingegeben und verändert* werden. Der *Compiler übersetzt* diesen Quelltext, so daß das Programm ausgeführt werden kann. Der *Linker ergänzt* dieses Programm noch *um weiteren Maschinencode*, so daß das Programm später ohne das Entwicklungssystem (Turbo Pascal) lauffähig ist. Über den Linker werden *also unabhängige Programme* generiert.

Integriertes Entwicklungssystem

Eine besondere Stärke von Turbo Pascal liegt in der *Integration von Editor und Compiler.* Das Quellprogramm wird über den Editor erfaßt und bearbeitet. Danach versucht der Compiler, das Programm in Maschinensprache zu übersetzen. Er überprüft das Quellprogramm auf mögliche Syntaxfehler und verzweigt, falls Fehler gefunden wurden, automatisch in den Editor. Hier wird, unter Angabe des Fehlers, auf die entsprechende Fehlerstelle im Quelltext verwiesen. Erst wenn kein Syntaxfehler gefunden wurde, kann das Programm ausgeführt werden. Die Übersetzung in Maschinencode ist jetzt erfolgreich.

SAA

Die Menüführung des Entwicklungssystems von Turbo Pascal erfolgt in Anlehnung an den von IBM konzipierten Standard zur Anwendungsarchitektur: System Application Architecture (SAA). Darin werden Konventionen für Software-Schnittstellen, Interaktionen und Kommunikationsprotokolle festgelegt. SAA gilt somit als eine „Richtlinie" sowohl für SAA-Benutzer als auch für -Programmierer.

Programm-Start

Nach dem Start von Turbo Pascal befindet sich der Programmierer im Editor und kann mit der Programmeingabe beginnen.

Beispieldialog

Anhand eines kleinen Programms, welches das Wort „Hallo" auf dem Bildschirm ausgeben soll, wird die Arbeitsweise mit Turbo-Pascal (für DOS) erläutert. Die Vorgehensbeschreibung ist wahrscheinlich leichter nachvollziehbar, wenn die Schritte praktisch am Computer durchgeführt werden!

Als Grundlage des Beispieldialogs diene folgendes Programm:

```
PROGRAM Hallo_Welt;

BEGIN
   Writeln ('Hallo')
END.
```

12.9: TP Einstiegsbeispiel

Eingabe

Zur Eingabe und ggf. Korrektur des Programmtextes stehen verschiedene Editor-Kommandos zur Verfügung:

Tab. A.1:
Editor-Kommandos

Aufgabe	Kommando	übliche Funktionstaste
CURSOR-Kommandos		
Cursor ein Zeichen nach links	Strg+S	←
Cursor ein Zeichen nach rechts	Strg+D	→
Cursor eine Zeile nach oben	Strg+E	↑
Cursor eine Zeile nach unten	Strg+X	↓
Cursor an linken Zeilenrand	Strg+Q-S	Pos 1
Cursor an rechten Zeilenrand	Strg+Q-D	Ende
Cursor zur linken, obere Bildschirmecke	Strg+Q-E	Strg+Pos 1
Cursor zur rechten, unteren Bildschirmecke	Strg+Q-X	Strg+Ende
Text eine Zeile nach oben rollen	Strg+W	
Text eine Zeile nach unten rollen	Strg+Z	
Eine Seite weiter	Strg+C	Bild ↓
Eine Seite zurück	Strg+R	Bild ↑
An den Textanfang	Strg+Q-R	Strg+Bild ↑
An das Textende	Strg+Q-C	Strg+Bild ↓
Letzte Cursorposition	Strg+Q-P	
EINFÜGEN/LÖSCHEN		
Einfügemodus ein/aus	Strg+V	Einfg
Zeichen links löschen		⇐
Zeichen unter Cursor löschen	Strg+G	Entf
Zeile vollständig löschen	Strg+Y	
Zeile ab Cursor löschen	Strg+Q-Y	
Zeile wiederherstellen	Strg+Q-L	
Zeile einfügen	Strg+N	

BLOCK-Kommandos		
Blockanfang markieren	[Strg]+K-B	
Blockende markieren	[Strg]+K-K	
Block kopieren	[Strg]+K-C	
Block bewegen	[Strg]+K-V	
Block löschen	[Strg]+K-Y	
Block extern speichern	[Strg]+K-W	
externen Block integrieren	[Strg]+K-R	
Block drucken	[Strg]+K-P	
TEXT-Kommandos		
Text suchen	[Strg]+Q-F	
letztes Suchen wiederholen	[Strg]+L	
Text suchen und ersetzen	[Strg]+Q-A	
Abbruch eines Kommandos	[Strg]+U	

Eingabekorrektur

Eine besondere Eigenschaft von Turbo Pascal (ab Vers. 7.X) ist, daß bereits während der Programmeingabe der Editor erkennt, ob es sich bei eingegebenen Wort um ein Schlüsselwort oder um einen Namen handelt. „Erkennt" der Editor ein Wort als Schlüsselwort (nach Eingabe des letzten Buchstabens) wird dieses (entsprechend des benutzten Bildschirms) markiert (hell, farbig etc.). Geht der Programmierer also davon aus, daß es sich bei dem eingegebenen Wort um ein Schlüsselwort handelt, der Editor dieses aber nicht markiert, kann der Syntaxfehler schnell behoben werden.

[Strg] + [F1]

Wenn der Cursor auf einem Wort positioniert ist, kann durch Eingabe der Tasten [Strg] und [F1] eine Hilfe zu dem aktuellen Wort, falls dieses ein Turbo Pascal-Wort ist, angezeigt werden. Diese Funktion ist immer dann hilfreich, wenn man die Syntax des zu verwendenden Befehls nicht kennt, oder sich nicht sicher ist.

Ausführen

Nach der Eingabe des Programms wird die Ausführung über das Menü gestartet:

- mit der Taste F10 gelangt der Nutzer in die Menüzeile —
  und jederzeit mit Esc wieder zurück in den Editor.

- Mit mit Hilfe der Cursor-Tasten (←, →) kann sich der
  Nutzer zum Menüpunkt *START* bewegen.

- Nach Auswahl des Menüpunktes mit RETURN (←)
  erscheint ein Pulldown-Menü.

- Hier wird wiederum über die Cursor-Tasten (↑, ↓) und
  durch Bestätigung mit RETURN (←) der Punkt *AUSFÜH-
  REN* gewählt.

Daraufhin beginnt Pacal den Programmtext zu übersetzen
(*compilieren*). Wird ein *Syntaxfehler* entdeckt, wird die Übersetzung unterbrochen, die (ungefähre) Fehlerstelle markiert
(Cursor) und eine Fehlermeldung erscheint:

Abb. A.1:
Turbo Pascal:
Syntaxfehler

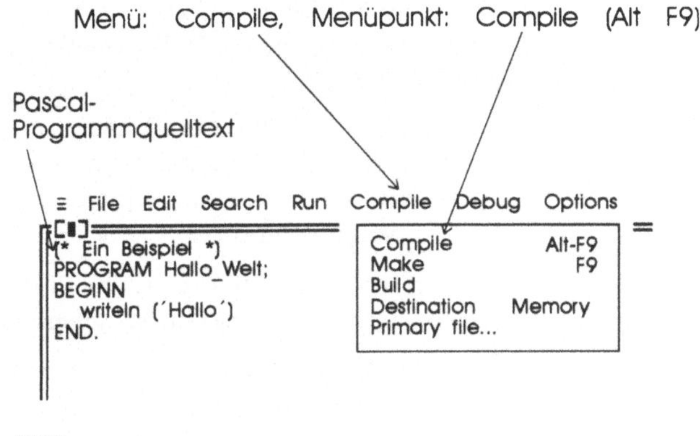

In diesem Beispiel findet der Übersetzer einen Syntaxfehler
(`BEGINN` darf nur mit einem „N" geschrieben werden)

Nach Behebung des Fehlers kann die Ausführung erneut gestartet werden. Ist die Übersetzung erfolgreich, wurde also kein
Syntaxfehler mehr entdeckt, wird das Programm ausgeführt —
in diesem Fall allerdings zunächst mit enttäuschendem Ergebnis:
es passiert nichts sichtbares!

Nutzer-Fenster

Das liegt daran, daß Turbo Pascal den auszugebenden Text
(Hallo) auf einem anderen Bildschirmausschnitt (*Nutzer-Fenster*)
ausgibt. Dieses Fenster befindet sich quasi *hinter* dem aktuellen
Editor-Fenster. Das Nutzer-Fenster ist nur während der Programmausführung aktiv (sichtbar). Da die Programmausführung
des kleinen (Beispiel-)Programms so schnell ist, kann die Ausgabe nicht wahrgenommen werden. Wird das Programm um

einen Befehl erweitert, der das Programm zwingt, auf einen Tastendruck zu warten, so wird der Programmablauf „gebremst":

```
PROGRAM Hallo_Welt;

BEGIN
   Writeln ('Hallo');
   Readln
END.
```

Über den zusätzlichen Befehl Readln wird erreicht, daß die Programmausführung nach dem Write-Befehl auf die Eingabetaste ([←]) wartet. So bleibt das Nutzer-Fenster solange aktiv, bis die Eingabetaste vom Nutzer betätigt wird. Erst danach wechselt Turbo Pascal wieder zum Editor-Fenster.

Speichern

Der erstellte Programmtext sollte jetzt auch gespeichert werden:

- Hierfür wird der Menüpunkt *DATEI* gewählt und aus dem dann erscheinenden Pull-Down-Menü den Punkt *SPEICHERN UNTER ...* .

- Daraufhin erscheint ein Fenster, in dem der Dateiname (DOS-Konvention) eingegeben werden kann. Dem Beispiel kann der Name hallo gegeben werden. Nach Eingabe des Namens wird dieser mit RETURN ([←]) bestätigt.

Danach befindet man sich wieder im Editor. Der Programmtext ist jetzt unter dem Namen hallo.PAS gespeichert.

Laden

Soll der Programmtext später, z.B. zum Bearbeiten oder Ausführen, wieder geladen werden, muß

- aus dem *DATEI*-Menü der Punkt *ÖFFNEN* gewählt werden.

- In dem sich öffnenden Fenster wird der Dateiname (hier: hallo.PAS) angegeben und mit RETURN ([←]) bestätigt.

Das Fenster zum Laden der Datei schließt sich wieder und ein Editorfenster mit dem Programmtext von hallo.PAS öffnet sich. Der Cursor befindet sich wieder im Editor.

Ausführbares Programm

Soll das Programm auch unabhängig von Turbo Pascal lauffähig sein, muß es *compiliert und gelinkt* (Linken erfolgt in Turbo Pascal automatisch) werden. Hierbei werden dem Programmcode zusätzliche Informationen hinzugefügt (s. „Linker", S.291), die eine von Turbo Pascal unabhängige Ausführung ermöglichen. Die so erzeugte Datei erhält die Namenserweiterung .EXE. Um diese Datei zu erzeugen muß

- aus dem Menü der Punkt *COMPILER* ausgewählt werden. Dort muß zunächst das *AUSGABEZIEL* auf *FESTPLATTE* geändert werden (soweit dies nicht bereits der Fall ist): hierfür muß der Punkt *AUSGABEZIEL* nur ausgewählt und mit RETURN (⏎) bestätigt werden.

- Danach muß (leider) erneut in die Menüzeile „gesprungen" und wiederum der Punkt *COMPILER* gewählt werden. Zur Erzeugung der Datei muß jetzt der Punkt *COMPILIEREN* aufgerufen werden.

Nach erfolgreicher Compilierung wird eine Meldung ausgegeben, die Name, Größe und Ziel (hier: Festplatte) des Programms enthält. Das ausführbare Programm `hallo.EXE` ist jetzt auf der Festplatte verfügbar und ohne den „Umweg" über Turbo Pascal ausführbar.

Den Unterschied der beiden Programmausführungsarten zeigt die folgende Abbildung:

Abb. A.2:
Lauffähige Pascal-
Programme

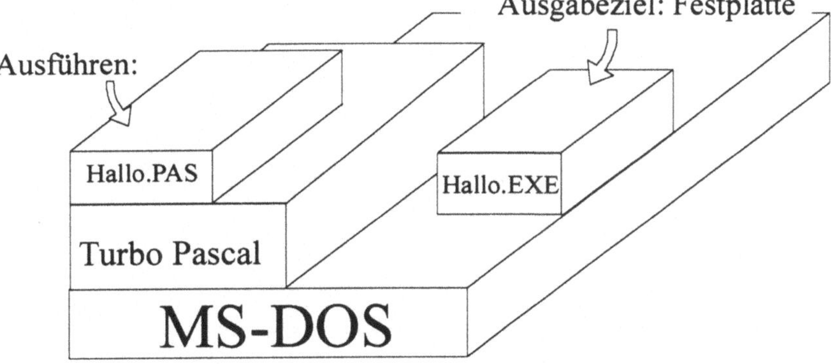

Hot-Keys

Tab. A.2:
Hot-Keys

Für häufig benötigte Befehle gibt es sogenannte Hot-Keys. Die wichtigsten sind in der folgenden Tabelle aufgeführt:

Hauptmenü	F10
Hilfe	F1
Index der Hilfe	Shift+F1
Hilfe zur Syntax des Befehls unter dem Cursor	Strg+F1
Text speichern	Shift+F2
Text laden	F3
Text übersetzen	Alt+F9

Programm übersetzen und ausführen	Strg + F9

ANHANG B: Nützliche Tips

Eine der Hauptanforderungen an ein gutes Programm ist, daß es weitgehend selbstdokumentierend sein sollte. Eine gute Selbstdokumentation hängt in starkem Maße vom stilistischen Aufbau des Programms ab. Darunter ist sowohl die Schreibweise der Befehle und Namen, als auch die äußere Form des Programms, wie etwa das Einrücken, die Leerstellen und -zeilen usw. zu verstehen. Natürlich nicht zu vergessen sind die Kommentare. Für den stilistischen Aufbau existieren keine Vorgaben, d.h. ein Pascal-Programm kann im Extremfall z.B. in einer Zeile geschrieben werden. Man sollte sich aber frühzeitig für einen bestimmten Stil entscheiden, um so eine fest eingeübte Schreibweise zu erreichen. Außerdem wird ein späteres Lesen des Programms dadurch erheblich vereinfacht.

Grundsätzliches zur Schreibweise

Schlüsselwörter, Standard-Prozeduren/-funktionen und Namen dürfen in Groß- oder Kleinbuchstaben geschrieben werden. Um die Namen differenzieren zu können, sollte — besonders der Ungeübte — eine konsequent unterscheidende Groß-/Kleinschreibung wählen.

Schlüsselwörter

Pascal-Schlüsselwörter (z.B. BEGIN, END) sollten in Großbuchstaben geschrieben werden.

Standard-Prozeduren und -funktionen

Um Standard-Prozeduren und -funktionen als solche zu erkennen, können diese mit einem Goßbuchstaben begonnen werden, während die übrigen Zeichen in Kleinbuchstaben (im Gegensatz zu den Schlüsselwörtern) geschrieben werden:

```
Readln (unrunde_Zahl);
Writeln ('Ergebnis des Rundens: ', Round(unrunde_Zahl));
```

Namen

Für selbstdefinierte Namen sollten möglichst sprechende Begriffe gewählt werden, um die Bedeutung der Variablen, Konstanten oder Typen deutlich werden zu lassen. Sollen z.B. in einer Variablen monatliche Kosten gespeichert werden, könnte man diese Variable einfach m nennen. Natürlich beschreibt m in keinster Weise, was gemeint ist — bekanntlich ist es aber „schön einfach", solche kurzen Namen zu wählen.

Besser wäre es hier den Namen „monatliche Kosten" zu wählen. Da ein Leerzeichen in Namen syntaktisch nicht erlaubt ist, sollte man sich des Unterstrichs („_"), anstelle des Leerzeichens bedienen: monatliche_Kosten ist ein syntaktisch korrekter Name, der auch gut den semantischen Sinn der Variablen „verrät". Ebenso kann eine Trennung der Klein- und Großbuchstaben innerhalb eines Namens (ggf. Anstelle des Unterstrichs) die Übersicht erleichtern: `monatlicheKosten`.

Namen sollten — insbesondere für „Pascal-Neulinge" — mit einem Kleinbuchstaben beginnen, um sie von Befehlen, Standard-Funktionen und -Prozeduren besser unterscheiden zu können.

So ergibt sich folgender Vorschlag zur Schreibweise:

Tab. B.1
Beispiel für eine unterscheidende Schreibweise

Konstrukt	Schreibweise	Beispiele
Befehl	Großbuchstaben	`BEGIN, END, IF`
Standard-Funktion/-Prozedur	Erster Buchstabe groß, übrige klein	`Round, Write, Read`
Name	Erster Buchstabe klein, übrige beliebig	`monatliche_Kosten, lieferPreis`

Natürlich kann diese Schreibweise nur als Vorschlag verstanden werden. Es hat sich aber gezeigt, daß besonders für den Anfänger solche Regeln hilfreich sind, um eine Programmiersprache schneller zu erlernen: Beispiele werden leichter verstanden und ein Programm wird übersichtlicher.

Formatierung der Anweisungen

Ein weiteres entscheidendes Merkmal von Programmen ist die Formatierung des Programmtextes. Hierbei kann eine geschickte Einrückung die Lesbarkeit erheblich erleichtern. Auch die Fehlersuche wird durch konsequent angewandtes Einrücken einzelner Befehle erheblich vereinfacht.

Eine Anweisung je Zeile

Ein Programm wird gut lesbar, wenn möglichst nur eine Anweisung je Zeile geschrieben wird. Das Programm wirkt zwar länger, ist aber übersichtlicher.

Einrücken der Verbundanweisungen

Alle Anweisungen innerhalb einer Verbundanweisung sollten ca. 2 Leerzeichen ausgehend vom Anfangsbefehl der Verbundanweisung, eingerückt werden:

```
BEGIN
  Readln (eingabeZahl);
  summe := summe + eingabeZahl
END;
```

oder

```
REPEAT
  summe := summe + i;
  i := i - 1
UNTIL summe > 10
```

Einrücken bei bedingten Anweisungen

Für die Schreibweise bedingter Anweisungen müssen zwei Fälle unterschieden werden: innerhalb der bedingten Anweisung ist entweder nur eine einfache Anweisung oder eine Verbundanweisung angegeben. So könnte der Fall, in dem die IF-Anweisung nur zwischen zwei einfachen Anweisungen unterscheidet, wie folgt angegeben werden:

IF-Anweisung

```
IF x <> 0
  THEN Write ('Ergebnis: ', zahl/x)
  ELSE Write ('Division ist nicht möglich!');
```

Soll nun innerhalb der Zweige eine Verbundanweisung angegeben werden, könnte etwa folgende Schreibweise empfohlen werden:

IF-Anweisung mit Anweisungsblock

```
IF x <> 0
  THEN BEGIN
    ergebnis := zahl/x;
    Write (ergebnis)
  END
  ELSE BEGIN
    Write ('Division ist nicht möglich!');
    ergebnis := 0
  END;
```

Für geschachtelte IF-Anweisungen könnte dann etwa folgendes Bild enstehen:

geschachtelte IF-Anweisung

```
IF geld_vorhanden
  THEN IF guter_Zinsatz
    THEN IF mut_zum_Risiko
      THEN investieren
      ELSE empfehlungen_abgeben
    ELSE warten_bis_besserer_Zinsatz;
{ letzte ELSE-Anweisung ist entfallen }
```

Ebenso könnte die WHILE-Anweisung formatiert werden:

WHILE-Anweisung

```
WHILE i < 10 DO i:=i+1;
```

oder

WHILE-Anweisung mit Anweisungsblock

```
WHILE i < 10
  DO BEGIN
    summe := summe + i;
    i := i +1
  END
```

**Kommentare unbedingt
verwenden**

Eine Grundregel für die optimale Selbstdokumentation ist die Verwendung vieler Kommentare. Diese sollen unübersichtliche oder komplexe Passagen des Programms beschreiben. Auch hier gilt natürlich wieder der Hinweis, daß es zwar einfacher ist Kommentare im Kopf zu behalten, als sie hinzuschreiben jedoch wird ein unbedarfter Leser des Programms dankbar für jeden Kommentar sein, der ihm die Zusammenhänge beschreibt. Auch der Autor eines Programms wird nach längerer Zeit und/oder zunehmender Größe des Programms seine eigenen Kommentare sehr zu schätzen wissen.

ANHANG C: Syntaxdiagramme

Programm

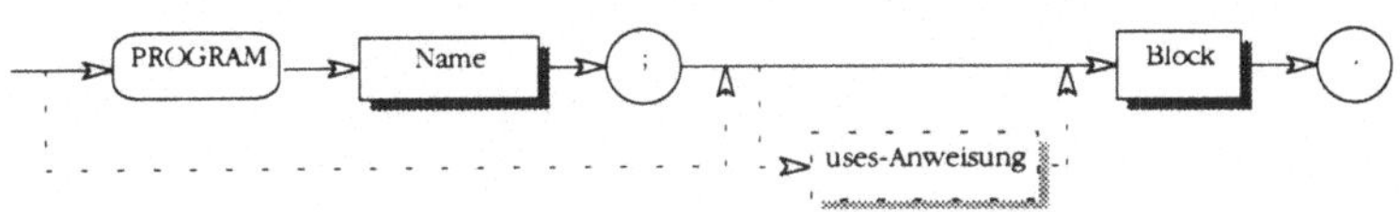

aktueller Parameter

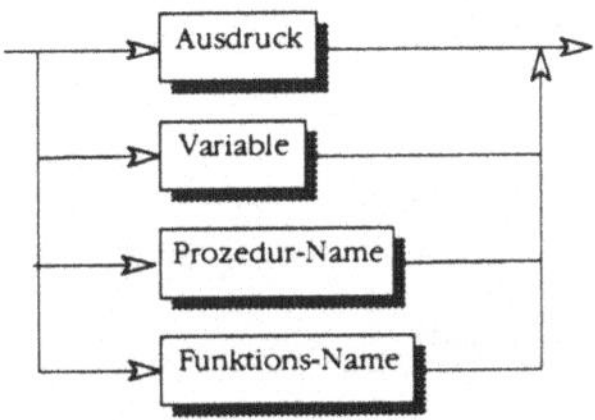

Anweisung

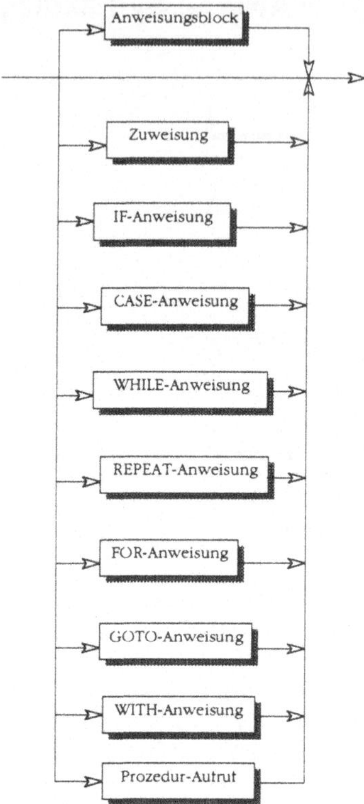

Anweisungsblock

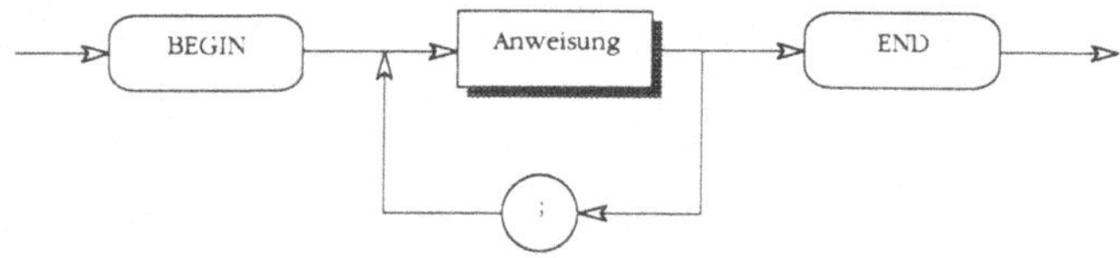

Aufzählungstyp

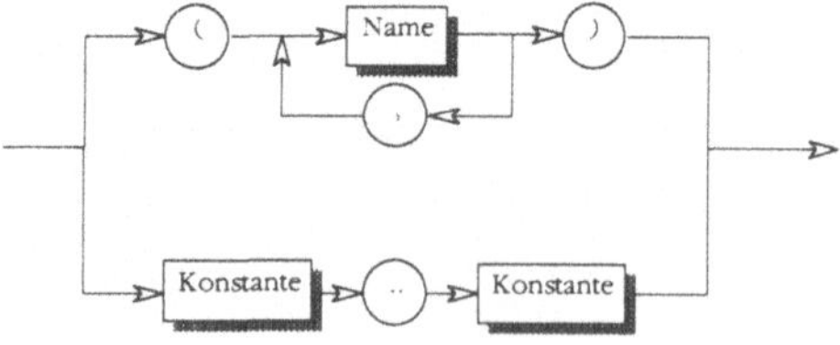

Ausdruck

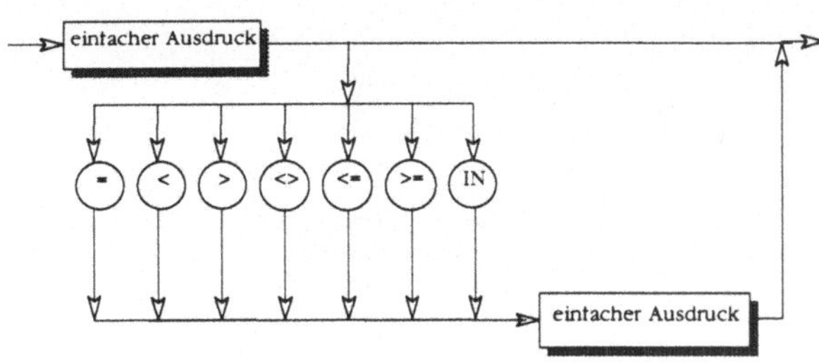

Basis-Typ

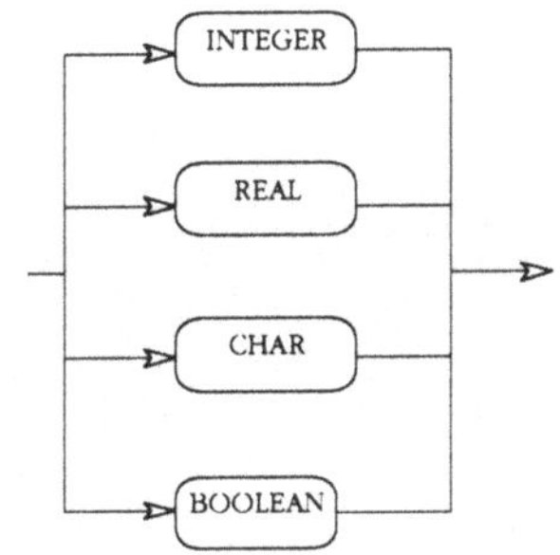

bedingte Felder-Liste

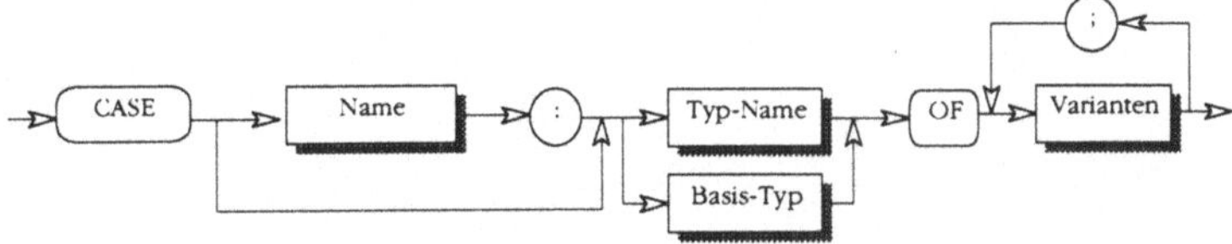

Block

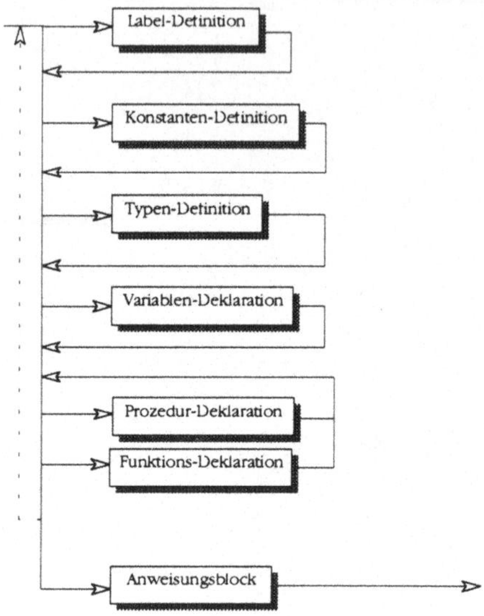

Buchstabe

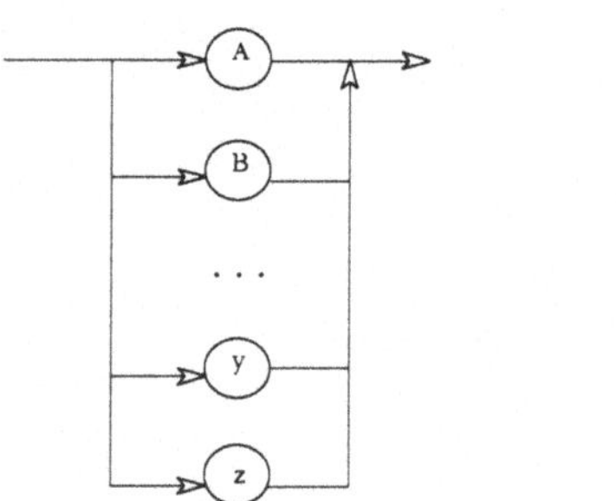

Case-Anweisung

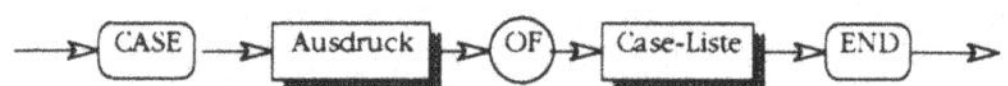

Case-Liste

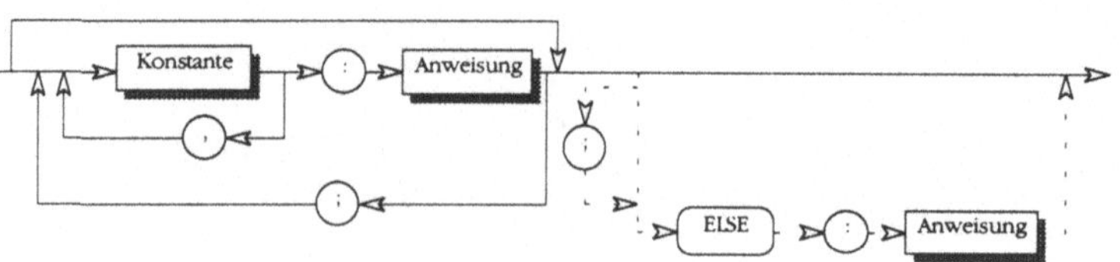

Destruktorkopf

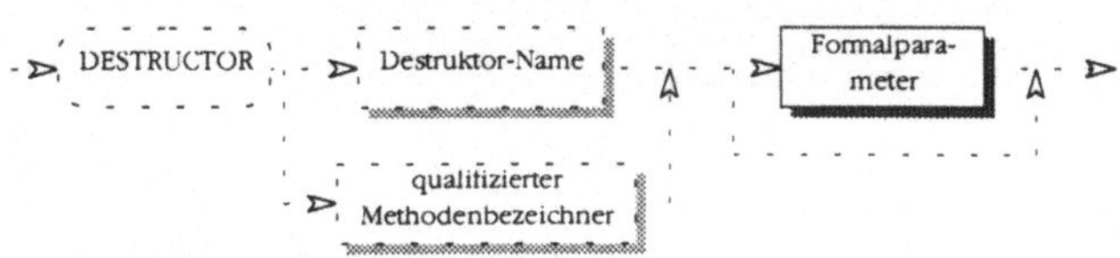

Destruktor-Name

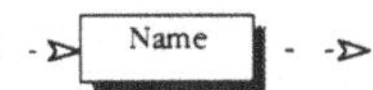

einfacher Ausdruck

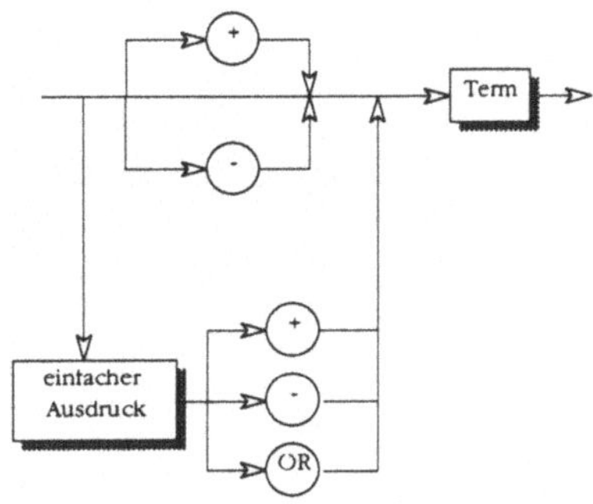

Erbe

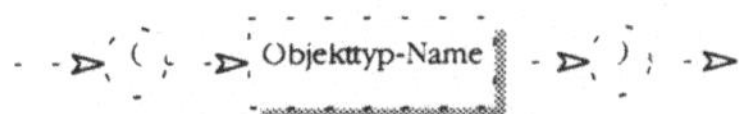

Faktor

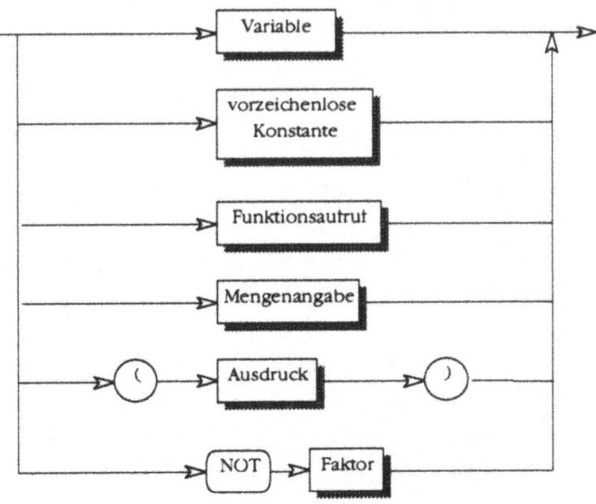

Feld-Name

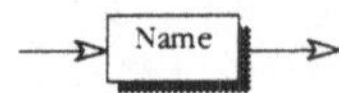

Feld-Typ

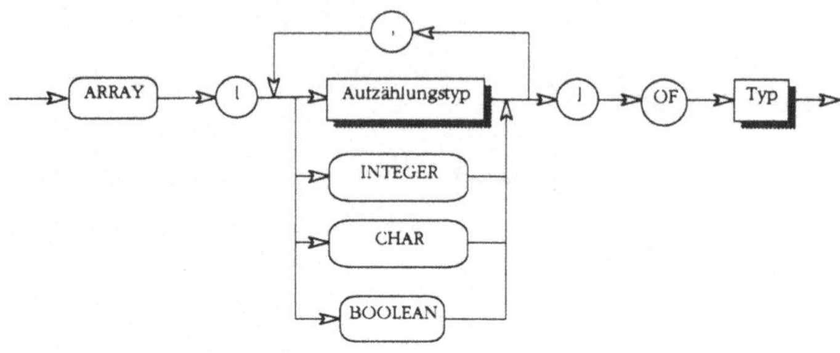

Feld-Variable

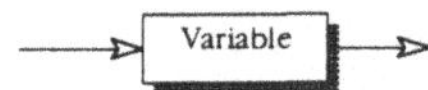

Felder-Liste

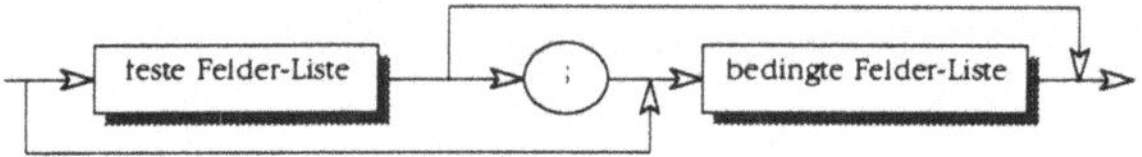

feste Felder-Liste

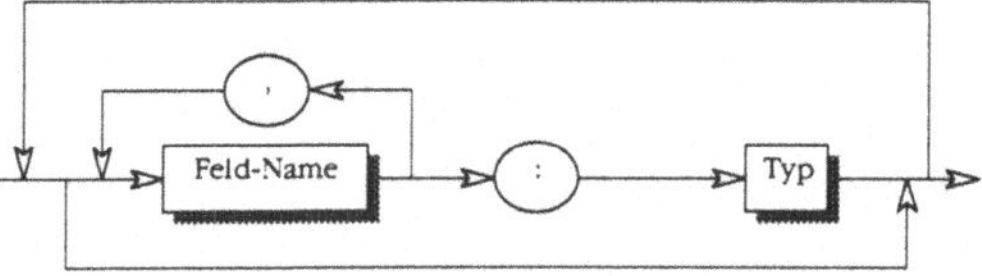

File-Typ

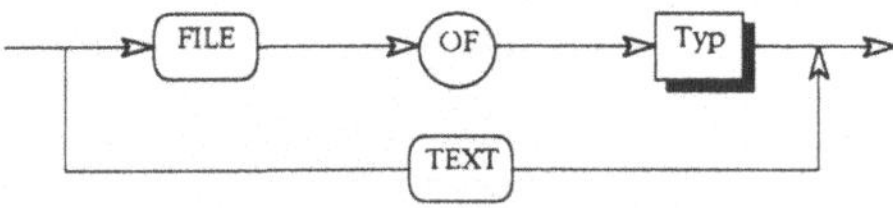

File-Variable

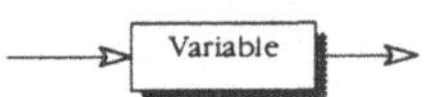

For-Anweisung

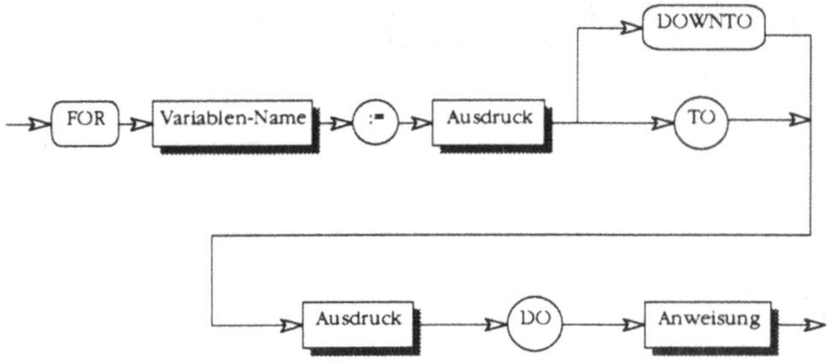

Formalparameter

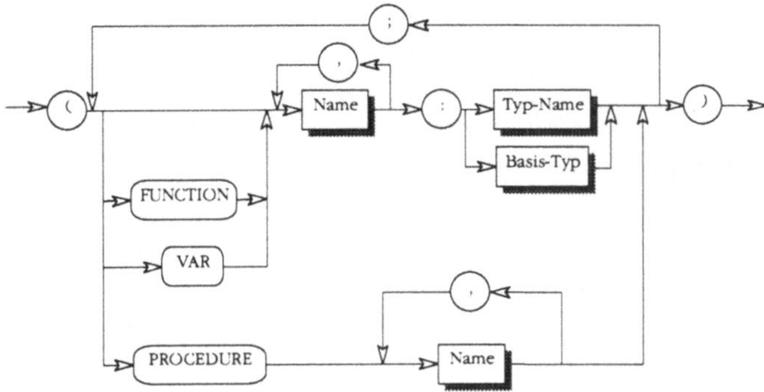

Format-Option

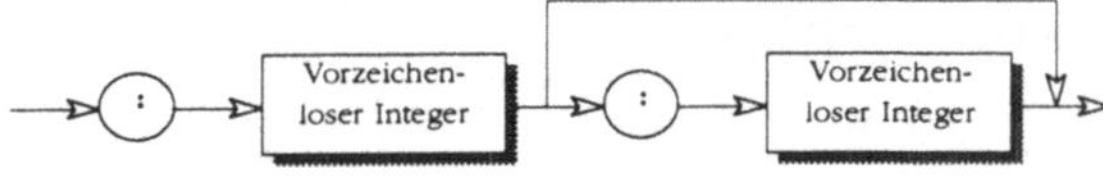

Funktions-Deklaration

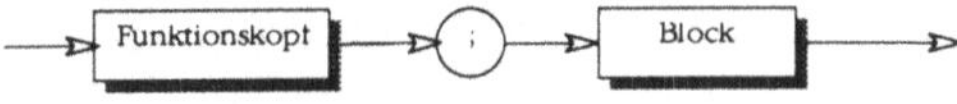

Funktions-Name

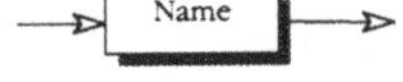

Funktionsaufruf

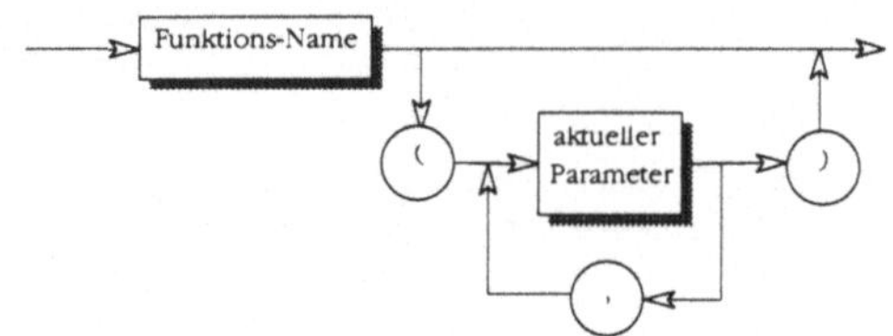

Funktionskopf

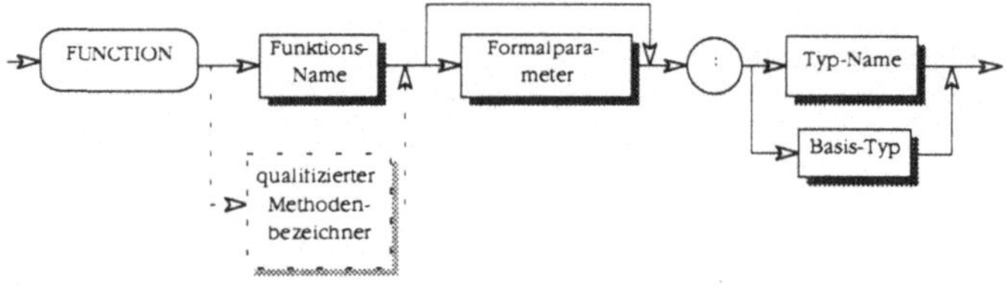

ganze Zahl

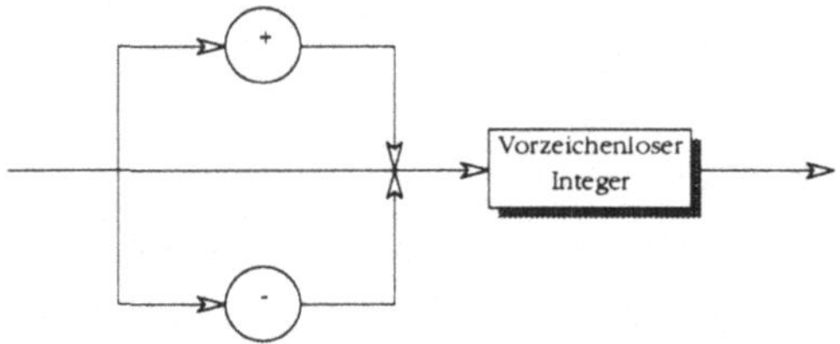

geschweifter Kommentar

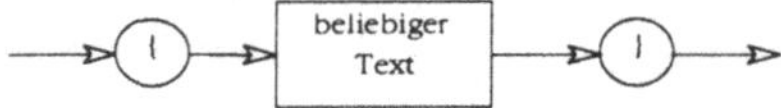

Goto-Anweisung

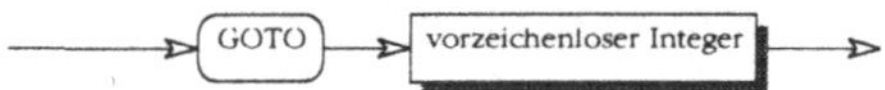

IF-Anweisung

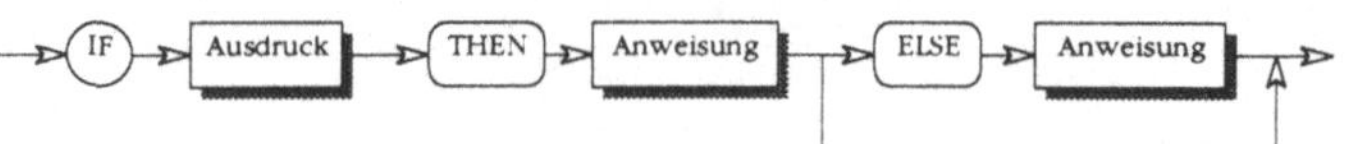

Implementierungs-Teil

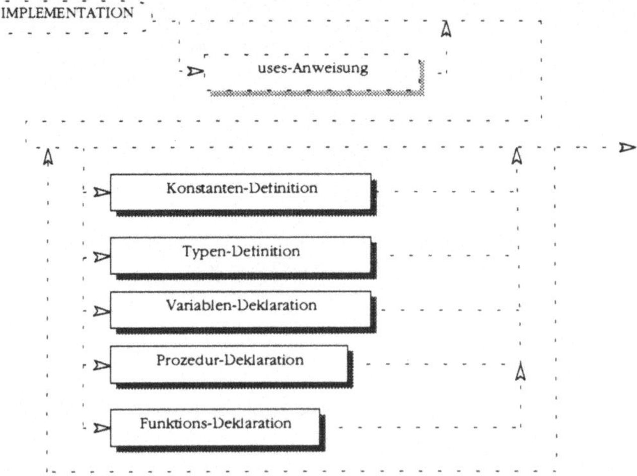

Initialisierungs-Teil

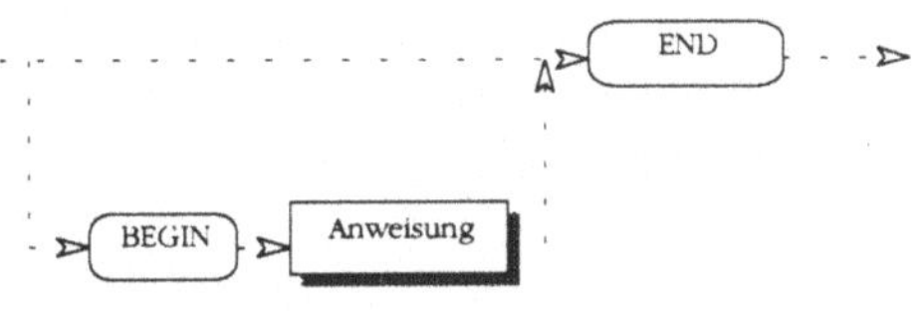

Interface-Teil

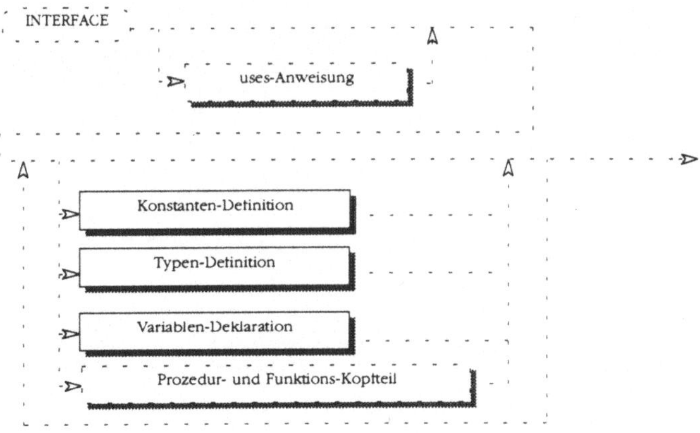

Kommentar

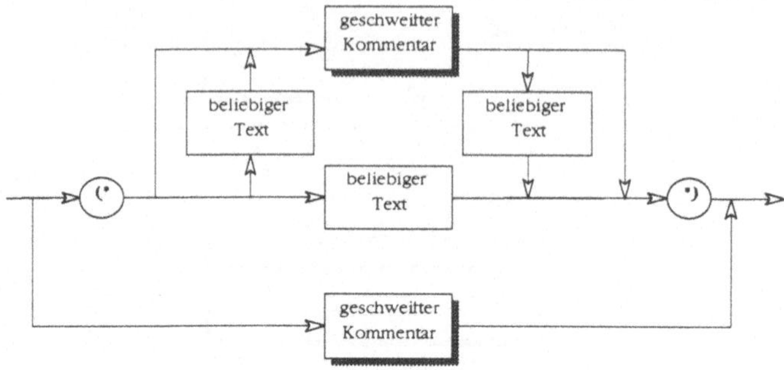

Komponentenbereich

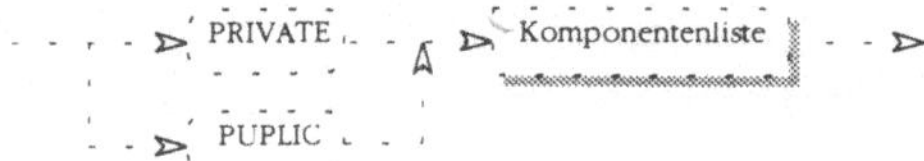

Komponentenliste

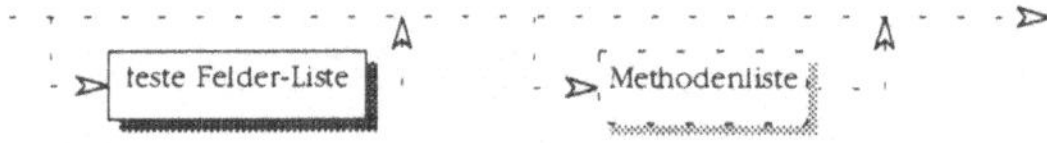

Konstante

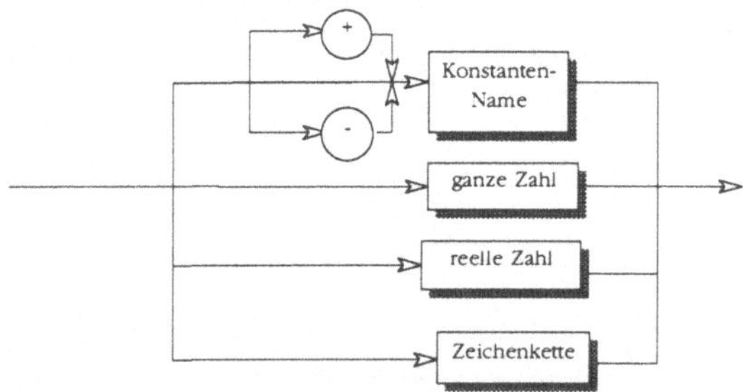

Konstanten-Definition

Konstanten-Name

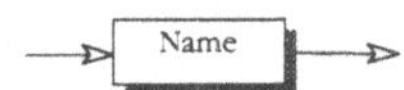

Konstruktorkopf

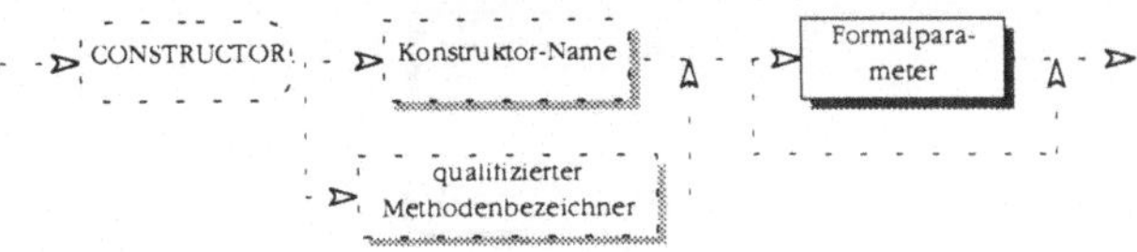

Konstruktor-Name

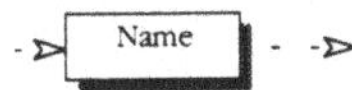

Label-Definition

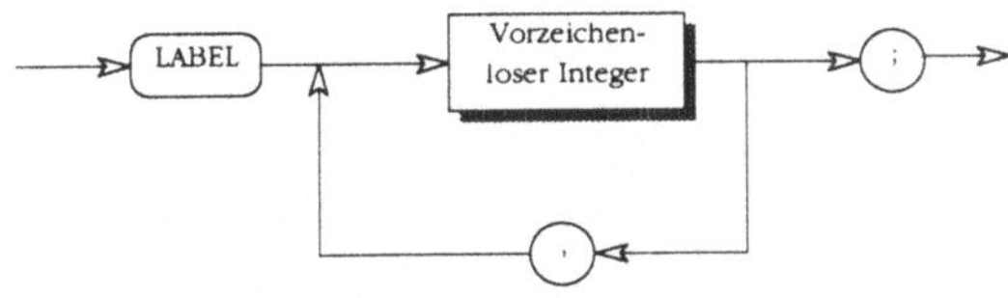

Mengen-Typ

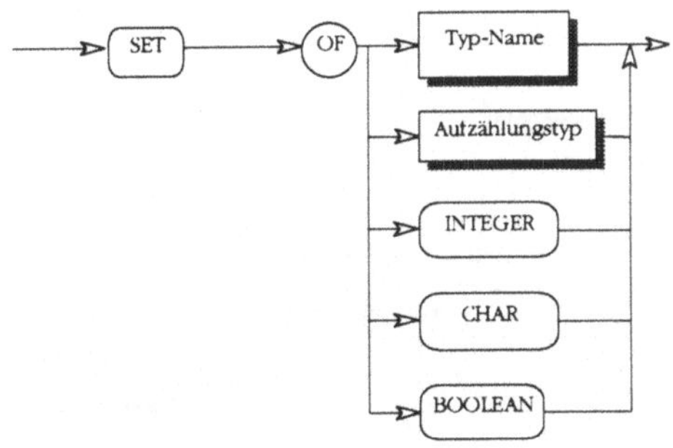

Mengenangabe

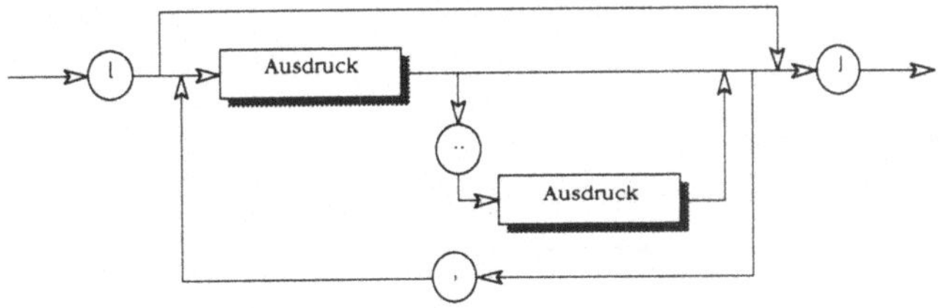

Methodenkopf

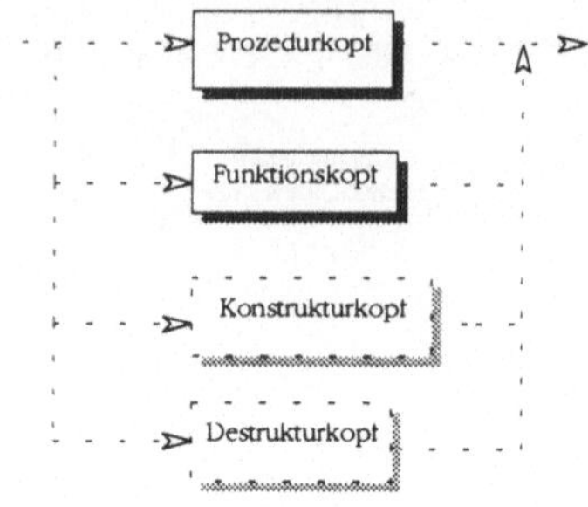

Methodenliste

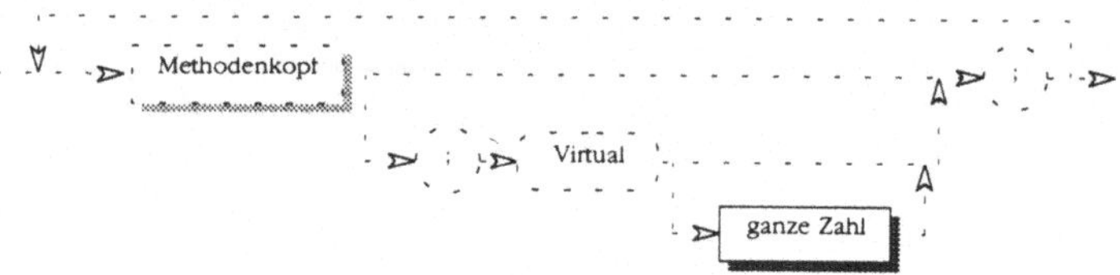

Methoden-Name

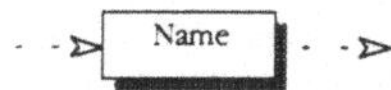

Name

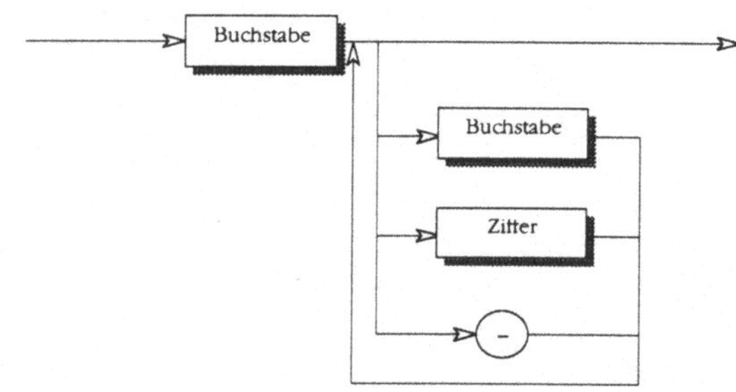

Objekttyp-Name

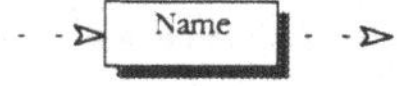

Objekt-Typ

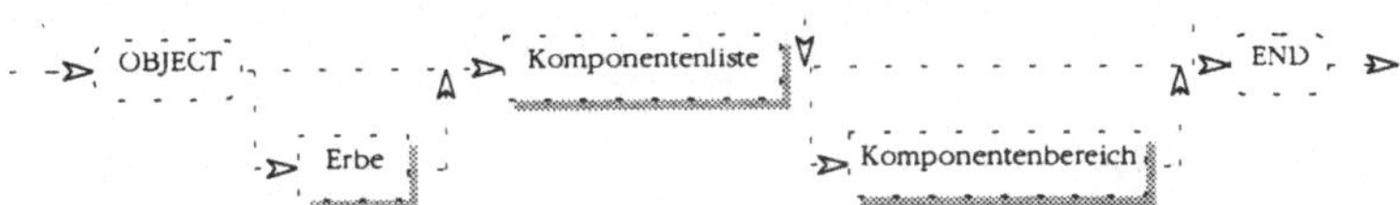

Prozedur- und Funktionskopfteil

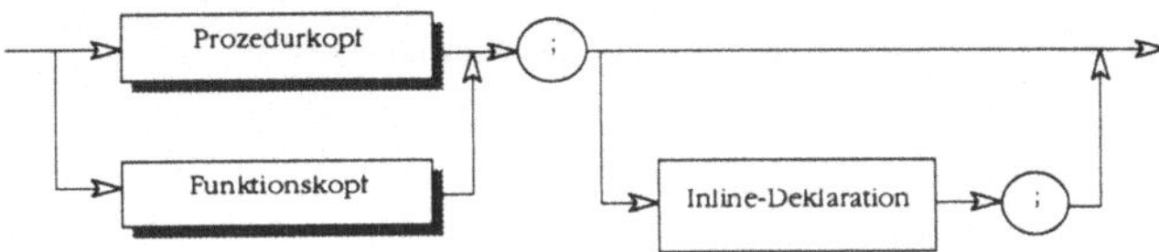

Prozedur-Deklaration

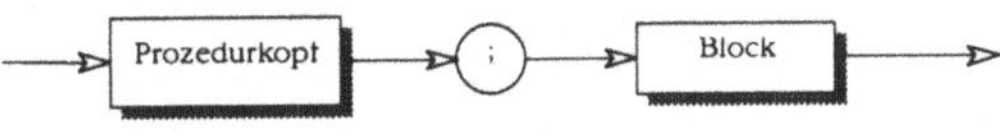

Prozedur-Name

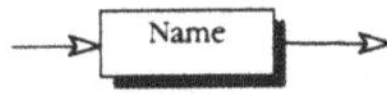

Prozeduraufruf

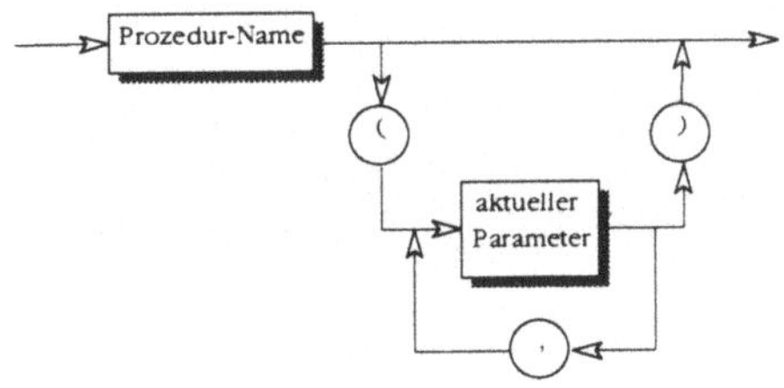

Prozedurkopf

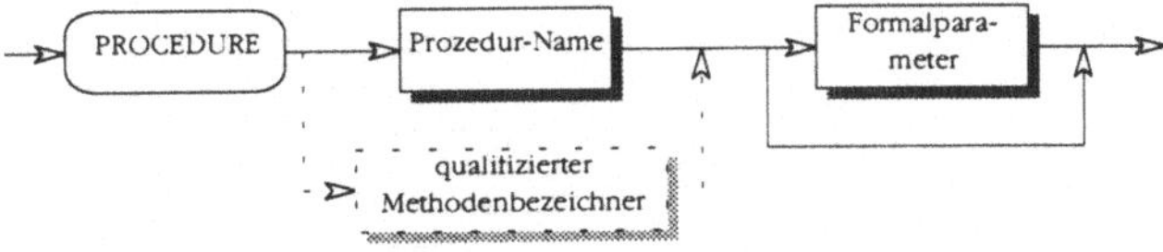

qualifizierter Methodenbezeichner

Record-Variable

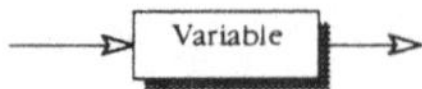

reelle Zahl

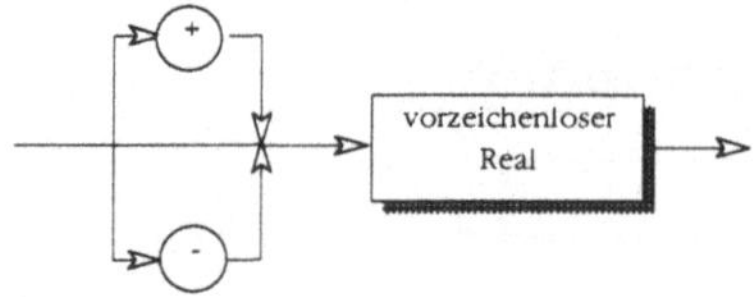

Repeat-Anweisung

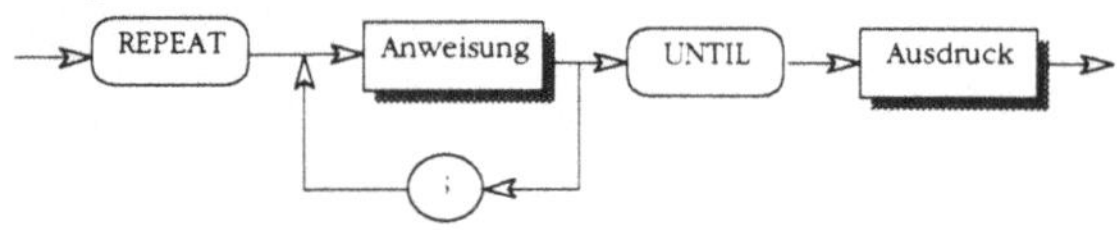

Sonderzeichen

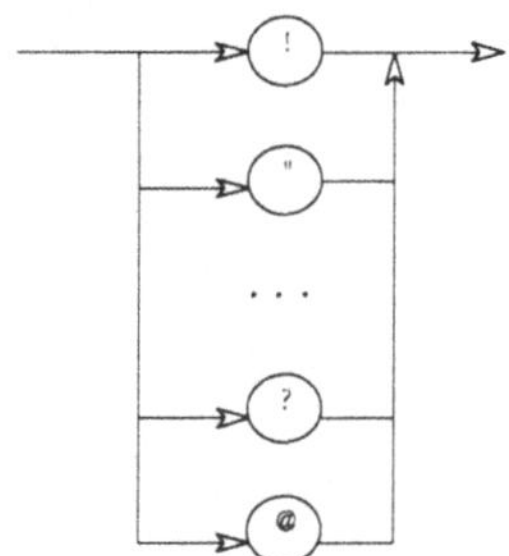

String-Typ

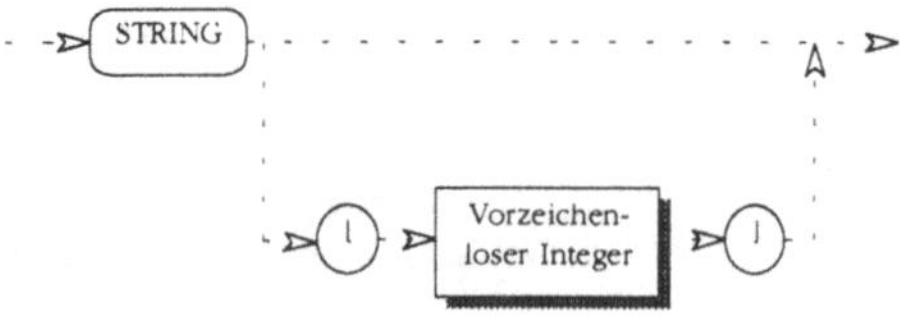

strukturierter Typ

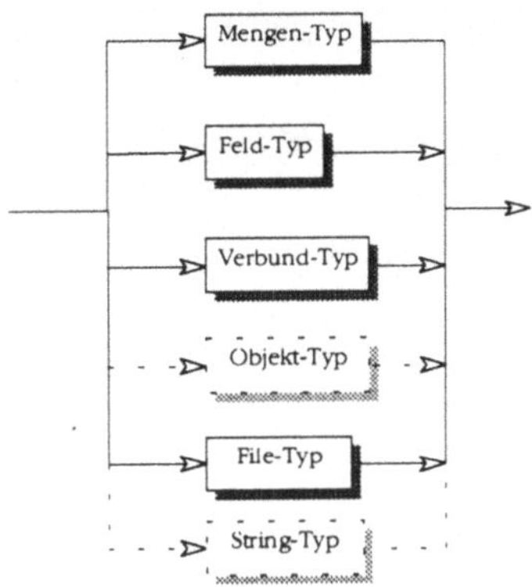

Term

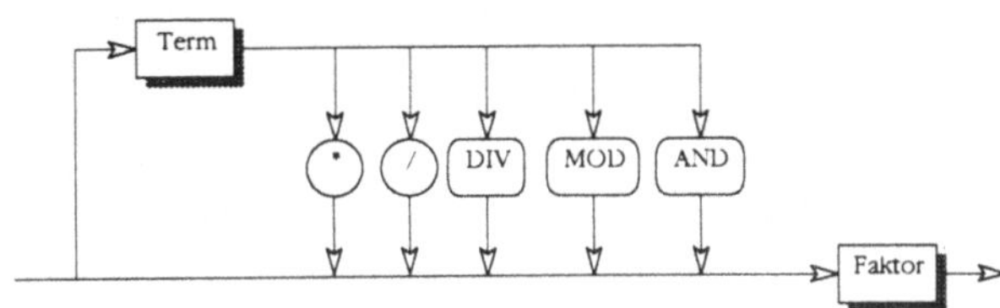

Typ

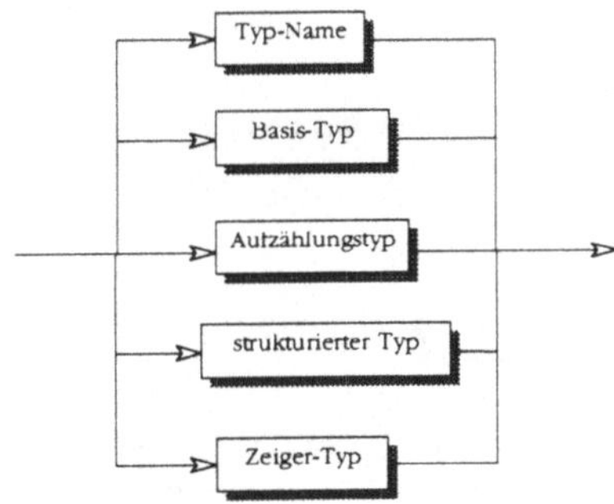

Typ-Name

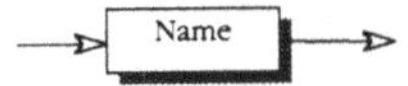

Typen-Definition

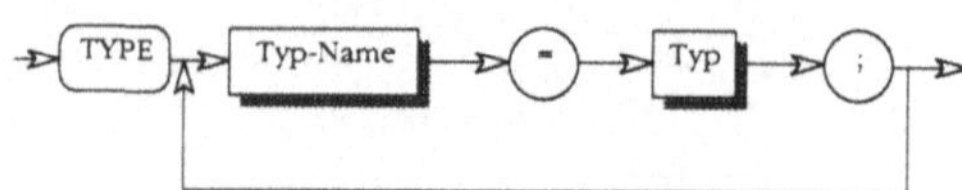

Unit

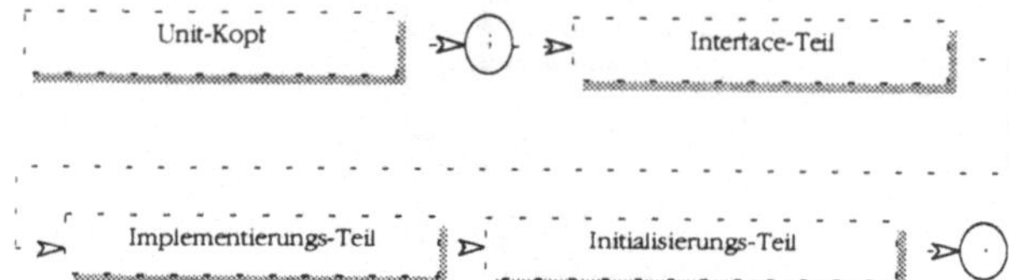

Unit-Kopf

Unit-Name

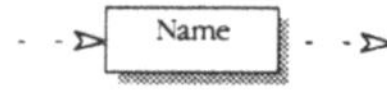

Uses-Anweisung

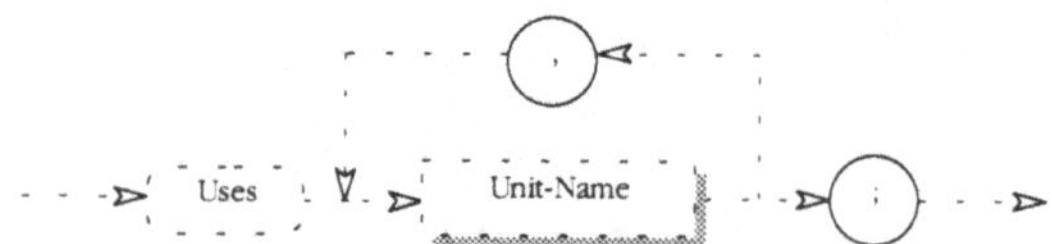

Variable

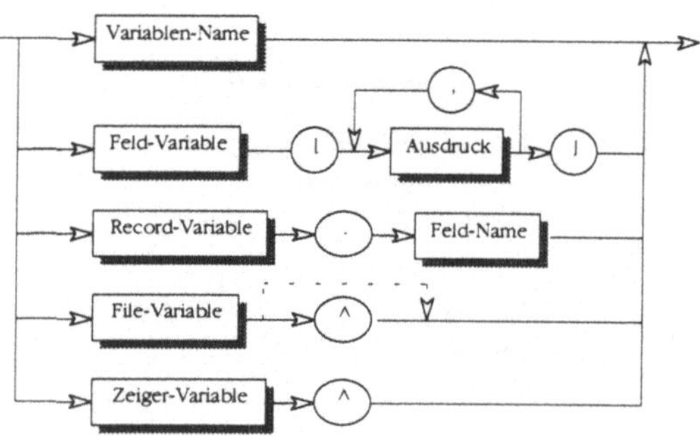

Variablen-Deklaration

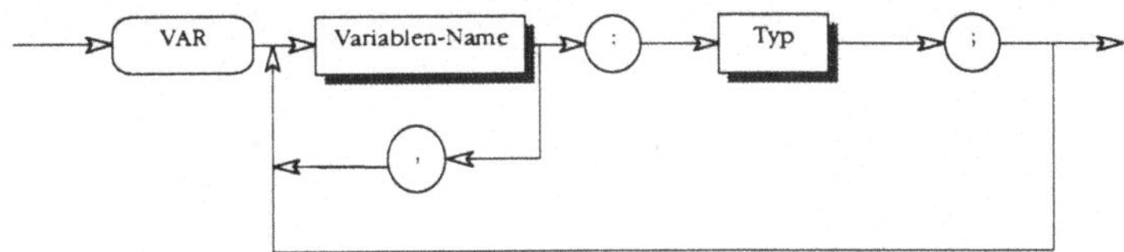

Variablen-Name

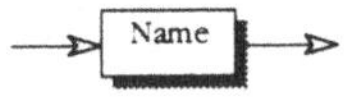

Varianten

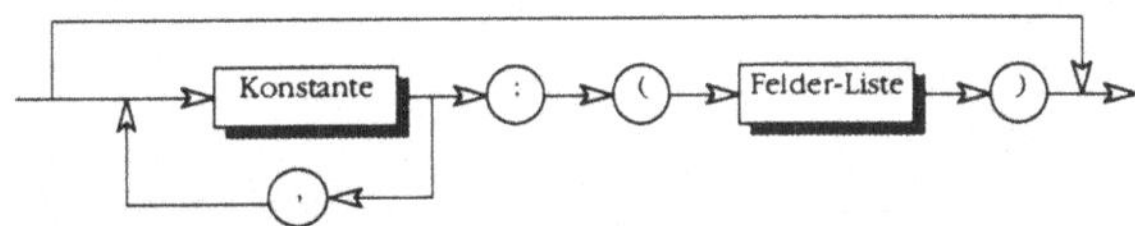

Verbund-Typ

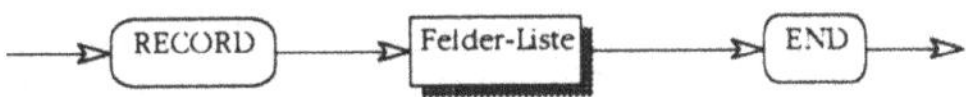

vorzeichenlose Konstante

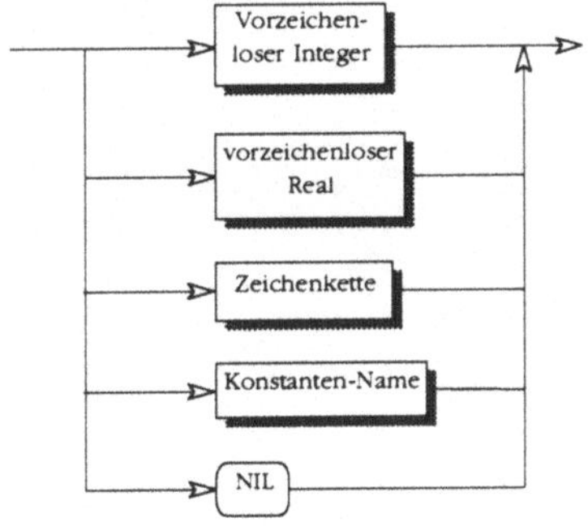

vorzeichenloser Integer

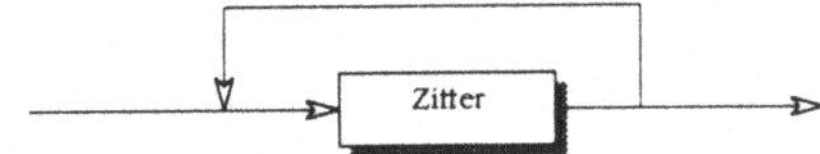

vorzeichenloser Real

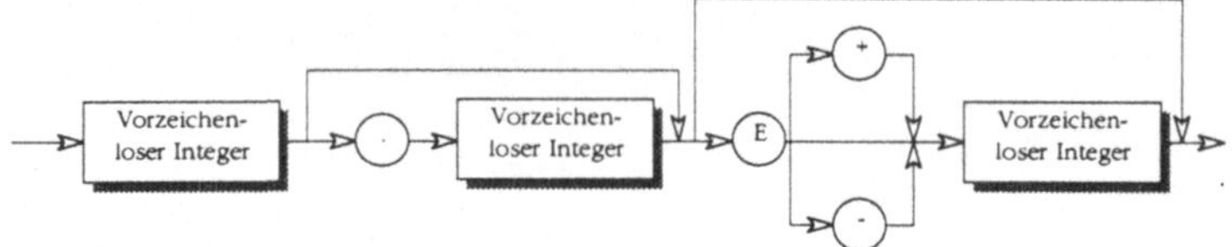

Wahrheitswert

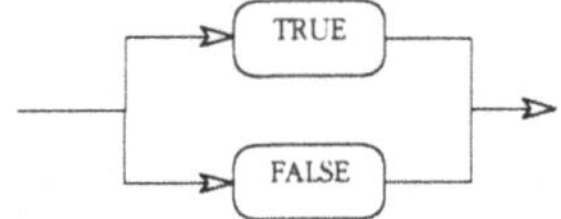

While-Anweisung

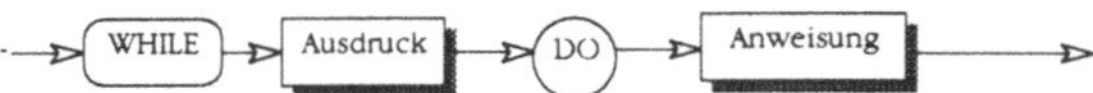

With-Anweisung

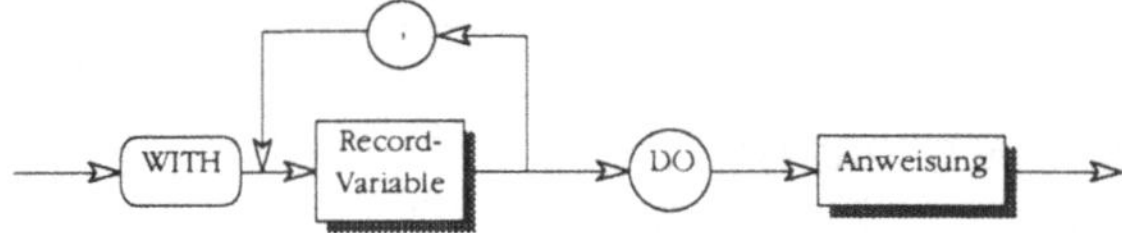

Write

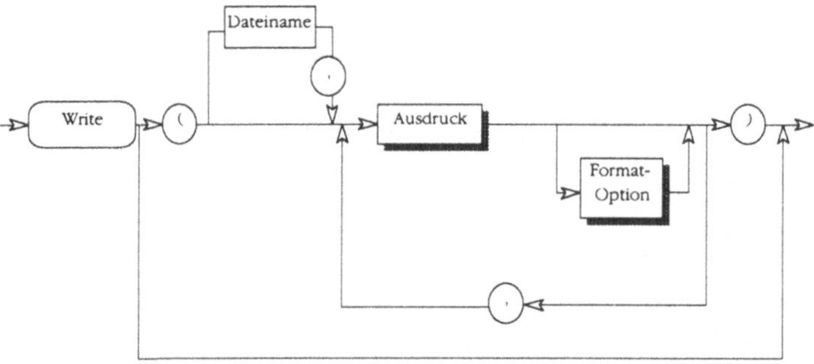

Zeichen

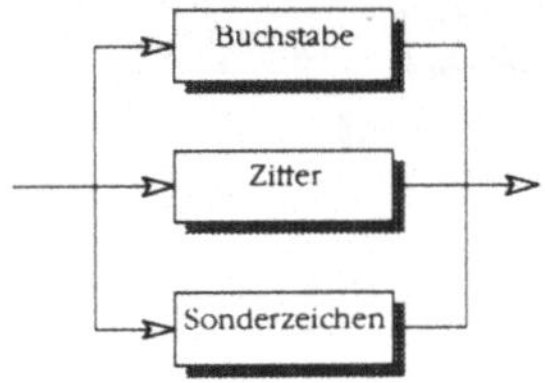

Zeichenkette

Zeiger-Typ

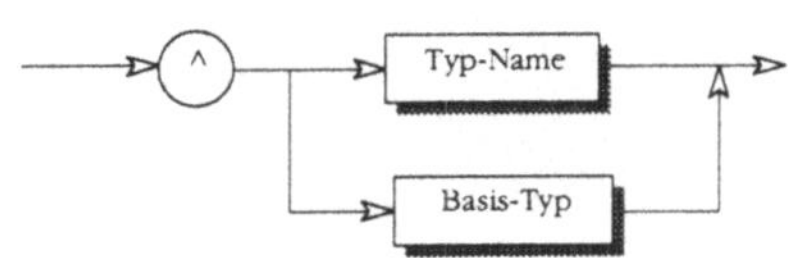

Zeiger-Variable

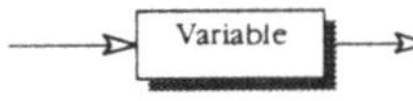

Ziffer

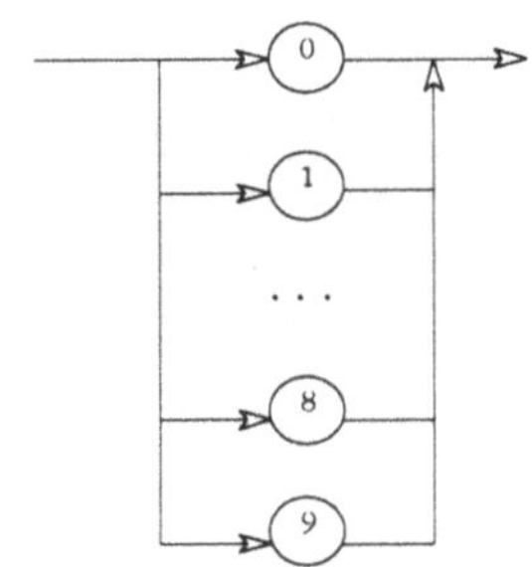

Zuweisung

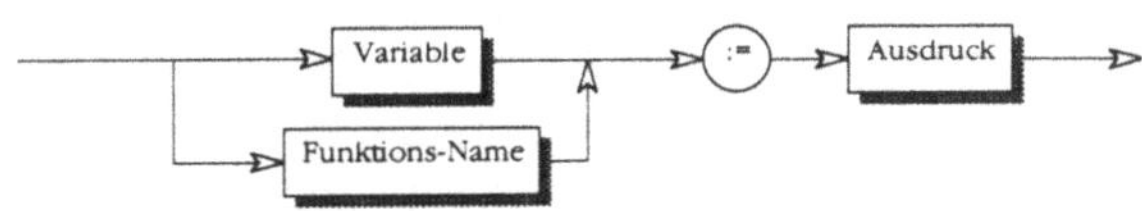

Zuweisung

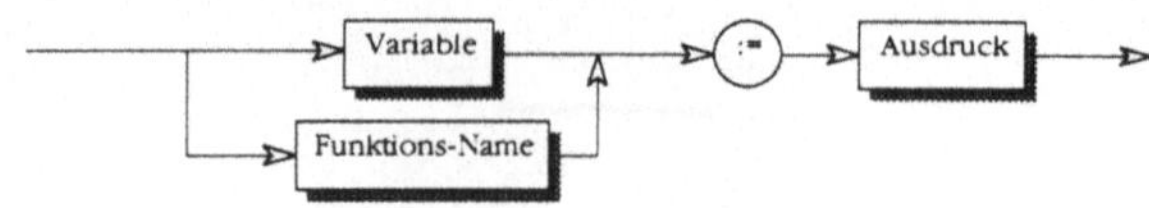

Index

I

K

L

Systemnahe Programmierung mit Borland Pascal

Mit vollständiger „Turbo Vision im Grafikmodus" auf Diskette

von Christian Baumgarten

*1994. XII, 468 Seiten mit Diskette. Gebunden.
ISBN 3-528-05406-9*

Aus dem Inhalt: Programmierung der PC-Hardware (inkl. EGA/VGA) – Nutzung des DPMI unter Borland Pascal 7.0 – Extended Memory effektiv nutzen – Eine „Turbo Vision" für den Grafikmodus – Aufbau und Funktion eines Fließkommaemulators.

Das Buch führt den Pascal- und Assemblerprogrammierer in die Möglichkeiten und Techniken systemnahen Programmierens ein. Anhand zahlreicher Beispiele aus dem praktischen Umfeld des professionellen Software-Designs werden vor allem die Bereiche Grafikkarten, Timer, Keyboard- und Speicherverwaltung sowie die Nutzung des DPMI (DOS-Protected Mode Interface) erläutert und dem Entwickler nutzbar gemacht. Als besonderes Highlight stellt das Buch dem Leser einen objektorientierten „Werkzeugkasten" zur Verfügung, mit dem die Entwicklung von Benutzerschnittstellen im Grafikmodus problemlos möglich wird. Die entsprechenden Units liegen, ebenso wie alle anderen Sourcecodes des Buches, einsatzbereit auf Diskette vor.

Verlag Vieweg · Postfach 58 29 · 65048 Wiesbaden

DV-gestützte Produktionsplanung

Grundlagen, Verfahren und Lösungen komplexer Aufgaben
der betrieblichen Planung

von Stefan Oeters und Oliver Woitke

*1994. XII, 246 Seiten mit Software SOLOS für Windows. Gebunden.
ISBN 3-528-05470-0*

Aus dem Inhalt: Einsatzbereiche von PPS-Systemen – Theorie der Material-
wirtschaft – Teilpläne der Produktionsprogrammplanung – Theorie der Los-
größen- und Reihenfolgeplanung – Lösungsansätze und ausgewählte Verfahren für lineare Fertigungsstrukturen – Interdependenzen und Hierarchie
der Entscheidungskriterien der Losgrößen- und Reihenfolgeplanung – Hand-
buch zu SOLOS für Windows – Anwendungsbeispiel zu SOLOS für Windows.

Der Leser erhält mit diesem Buch grundlegende Einblicke in die Strukturen
und Fähigkeiten von PPS-Systemen. Die Autoren gehen dabei folgenden
Fragestellungen nach: – Was sollen moderne PPS-Systeme im Hinblick auf
ihren betrieblichen Einsatz leisten? – Inwieweit erfüllen bestehende Systeme
die Bedürfnisse und Erwartungen der Anwender? – Wie können allgemeine
Mängel von PPS-Systemen beseitigt werden? Bisher wurde in PPS-Systemen
besonders die Planung wirtschaftlicher Fertigungsmengen weitgehend vernachlässigt. Gerade für diesen Teilbereich der DV-gestützten Produktionsplanung wurden in der betriebswirtschaftlichen Forschung unzählige mathematische Lösungsverfahren entwickelt. Deren Anwendung scheitert in der
Praxis oftmals an ihrer Komplexität. Das beiliegende Programm schließt diese
Lücke zwischen Theorie und Praxis, indem ein grundlegend neuer Ansatz
geboten wird, durch den die strukturierte Lösung der häufigsten Problem-
stellungen in dieser Planung ermöglicht wird.

Verlag Vieweg · Postfach 58 29 · 65048 Wiesbaden